南京大学考古文物系
系　列　教　材

中国古代建筑史纲要

（上）

周学鹰　李思洋　编著

南京大学出版社

代序[1]:

我们为什么要研究东方建筑[2]

自某种意义上说,建筑是一种重要的文化载体。许多文化现象,如哲学、宗教信仰、社会制度、社会生活、艺术美学以及生产经济活动等等,或多(多至全体)或少(一些象征符号和手段)通过建筑表露出来。于是,可以认为,建筑自身就是文化的一种存在形式。因此,研究建筑的深层,必然接触其文化内核。而文化的具体存在千姿百态,在不同深度层次相互影响,互为因果,互相交流,萌生出新品种新形态,精彩纷呈,从而构成了我们这个五彩缤纷的世界。线型发展的思想,只知其一不知其二的眼界,不足以完整地认识世界,也不足以正确地认识中国建筑自身。我们可以说,研究东方建筑是当中国建筑的研究达到一定阶段时必然要提出的问题。这样做,既是为了进一步理解自身,也是为了更全面地认识世界,是非常有必要的。

把地中海海东视作东方,是欧洲人的说法。又分之为远东、中东、近东,大体上指的是亚洲和一部分北非,我们说的东方,大体上也是指这一范围,只不过有我们的侧重点和划分方法。中国作为古代东方文明中心之一,本身就是被研究的重点,我们自己理所当然已有不少研究。然而这里提到的东方,却主要是指中国以外和中国毗邻或接壤的地区。在我们的计划中,大致分为:

一、东北亚。包含日本、朝鲜、蒙古等国,自古这里是中国文化圈,关系密切。这里也是古代几个重要的游牧民族发祥地。

二、东南亚。包括中印半岛(Indo-China Peninsula)、马来半岛、印度尼西亚群岛、菲律宾群岛等。民族划分复杂,大体上属马来人种。早期传播小乘佛教,后来伊斯兰教进入,近代欧洲文化影响甚大。也是中国早期移民较多,华侨移民文化发达的地区。

三、南亚。包含喜马拉雅山南麓山地国家和地区(尼泊尔、不丹、锡金、拉达克等)、印

---

[1] 先师郭湖生先生此文,全面、深刻地解答了我们为什么要继承先师爷刘敦桢先生的遗志,重新展开东方建筑研究。"既是为了进一步理解自身,也是为了更全面地认识世界"。催人奋进,历久弥新。

[2] 郭湖生:《我们为什么要研究东方建筑?——(东方建筑研究)前言》,《建筑师》47期,北京:中国建筑工业出版社,1992年,第46-48页。

度次大陆、锡兰岛等是古代佛教的发祥地，对中国文化有深刻影响。喜马拉雅山地则与我国西藏地区关系密切。

四、中亚。大体上是里海、伊朗高原、阿富汗以东以迄中国的新疆地区。古代是北方诸游牧民族活动的场地，又是丝绸之路经由之地，古代多民族文化在此交流传播。早期有佛教、祆教、聂斯脱里教，中世以后，则为伊斯兰化的诸民族（包含突厥语系与伊朗语系）的主要活动区域。在海上交通发展以前，这里是东西方交通、贸易主要通道，文化的交流十分频繁。

何以研究东方建筑文化是为了正确认识中国自身的建筑文化呢？曾有人认为中国建筑的研究已经够多了，似乎没有更多的事可做了。其实不然，对中国建筑的研究总体而言虽粗具规模，但浅尝辄止，不求甚解，乃至以讹传讹的情况尚多。许多问题至今若明若暗，似是而非。除了继续深入之外，另辟途径也是必要的。东方建筑的研究可以有助于此。

我们知道，作为中国历史文化主体的汉族，本身就是融合若干古代民族而成。汉族在其发展过程中，语言语音、服饰、起居习惯、饮食等方面大为改变，离开其最初形态已经很远很远。最显著的改变之一是起居方式。汉族自古采取席地危坐的习惯。由甲骨文可以证实。这种习惯现今日本和朝鲜尚可见到，而中国的汉族则早已改为高坐方式。最早高坐的出现，是汉代的"胡床"，源于古希腊的绳椅经中亚传至汉地。当时仅在军中临时使用。至两晋南北朝，采用高坐的北方民族进入中原，一部分融入汉族，使汉族起居方式渐起变化。高坐到唐代中期才完全取代危坐，导致古代起居习惯的大变化，室内布置家具形式也随之根本改变。这一变化的动因是外来文化经北方民族中介传入和民族的融合，单纯从汉族自身是无法解答的。但这一过程至今仍不很清晰。

来自南方的影响。例如我国西南诸省至长江中下游民间普遍采用的穿斗架结构，最先也是西南盛产杉木地区的古代先民所发展，尔后传入了汉地，而部分西南古代先民也融入了汉族，以致穿斗架成为一种广泛的区域现象。这类因民族融合交流而导致起居方式居住形式的变化还可以举一些例，如壁衣、毡罽、帐幕以及竹材竹具的运用等等。

可以说，汉族兼有一些北方民族和一些南方民族的文化特征，许多原先的族别特征经融化吸收变形只残存为地区特征。这种地方性用单一祖源是说明不了的。而我们在研究中会发现，若干先民从境外迁来，若干为跨场而居。这些文化如不超出国界加以宏观大系统考察，即无从正确认识。

越出国界、区界作宏观大系统的考察，例如近年来日本学者提出的"照叶林文化"，包含东南亚，中国南部以迄日本本土及冲绳这一广大弧形地带。其共同特征是气候与自然植被的相似，水稻栽植、牛耕、竹器与竹编工艺等。中国古代的滇文化、闽越（粤）文化、巴蜀文化、楚文化等也属于这一大系统。宏观地研究这一系统的萌生、发展、在中国境内的存在与变化，其文化形态，信仰崇拜，聚居形式，建筑艺术等问题，必然要和同一系统的其他支系比较而后，才能更深刻准确地认识其位置、阶段和特殊性质。我们的研究必须既考察一般，也考察特殊，既有全局，也有局部。然而理顺其中关系，谈何容易。需要长期的努力。

中国也直接受到外来文化影响。最为明显的莫过于以佛教为媒介的印度文化和希腊化的罽宾文化（今阿富汗地区）的影响。中国境内佛教建筑如寺、塔、石窟等类型的出现，中国的哲学、文学、音韵、绘画、雕刻、装饰等方面所受到的巨大影响，是大家熟知的。然而，佛教最初经由"西域"传入。西域民族杂处，文化、宗教情况相当复杂，却被《汉书》上用一个"胡"字概括。我们今天必须宏观地在较大范围内细心分析西域各族，才能正确理解中国佛教文化特色的由来与形成，特别是佛教寺塔方面。

外来文化之又一例：河南巩县有一种"锢窑"，平地用砖或土坯砌筑拱券，不用模架，券身倾斜，贴砌而成。这和新疆吐鲁番土坯拱的斜砌法一样，中亚的"阿以旺"式也属同一系统。但追溯其源，据考古资料，竟早于四五千年前的幼发拉底河上游（今叙利亚境）即已出现。究竟链的两端：西亚的两河流域和中国黄河流域中游，如何联系起来？通过哪些中介？迄今仍待研究。

由上所述，我们可以理解，在研究中国建筑时，不可避免地要遇到外来文化因素，接壤跨境者固不少，来自远方者亦多。文化的交流早在文字出现以前很久就已开始，我们看到的只是历史长洞中一小片段。何况中国是一个多民族国家，多民族的总和才是完整的中国建筑历史。我国少数民族中跨境的如东北的朝鲜族和蒙古族，西北的乌孜别克族、哈萨克族、塔吉克族、吉尔吉斯族、塔塔儿族，西南的苗族、傣族、傈僳族、佤族、拉祜族、景颇族等等，对他们的研究，成为东方建筑研究的重要部分。这就是我们说的"研究东方建筑文化是研究中国建筑文化到一定阶段时必然的引申"这句话的一个道理。

东方文化的许多方面，国外已有大量研究。特别宗教方面主要的佛教、伊斯兰教、早期基督教都产生于东方，尔后传播世界，不乏专门论述。东方的一些国家如日本、印度，对其自身也做了详尽的研究。但是，我们也有研究东方的特殊优势。中国历史悠久，文献典籍丰富，在历代学者研究订正下，编年准确，考证翔实，可谓信史。中国很早就与周边地区交往，所谓中国文化圈，所谓以丝绸之路为主的东西方贸易文化交流，在中国历史中留下大量记载，成为研究东方必需的资料，而其丰富内容迄今仍在搜剔阐发之中。我们可以对于东方研究特别是涉及中国文化方面做出自己应有的贡献。这是我们为什么要研究东方建筑的理由之二。

以日本为例。日本对自身早就详尽研究，似乎已经没有更多的事可做。对中国的研究也先于我国，早就开始。如伊东忠太、关野贞、常盘大定诸氏等等。饭田须贺斯的《古代中国建筑对日本的影响》是一本很详细的专著。即令如此，还不能说毫无遗憾。1983 年，我同浅野清教授一道参观奈良药师寺修复工程现场，大工西冈常一先生向我展示日本木工工具。其中钢制曲尺，一面为公制，另一面分为八寸，赫然刻着"财、病、利、义、官、劫、害、本"八个字，分明就是中国的鲁班尺。他们不知此尺传自中国，只知沿用已久，称为"天星尺"，迄今仍用于佛坛一类小木作（大木用公制）。鲁班尺的运用表示中国匠师在日本的存在，这对日本建筑影响到什么程度？是一个有待解决的很有趣的问题。这例说明我们易于发现他人之所未见，也较有可能解决他人之所不易解。我们还要问会不会还有类似的问题呢？

再举一例。琉球（19 世纪中归属日本）受到中国文化的影响也很深。冲绳的多处"石敢当"，已为大家所知。其实中国文化的痕迹远不止此。那霸市中心有座蔡温桥。蔡温是福建人,清初移民琉球,被当时琉球国王尊为国师,《琉球国志》有传。迄今冲绳岛北部名濑市入口处仍矗立着国师蔡温所书标有乾隆年号的石碑。那霸波上宫附近公园山头上有几座古墓,葬着琉球音乐舞蹈几种"流"(流派)的始祖。他们名字旁注明中国原有姓氏和籍贯,均为福建移民。波上宫附近的孔子庙,首里王宫的"守礼之门",王宫附近的圆觉寺,琉球王室王陵的石刻,那霸崇元寺门外的明代碑记,处处表明中国文化的影响。二战中冲绳战争激烈,许多文化遗迹毁坏不可复睹,但是如此深厚的中国文化累积绝不是无可进一步追踪无可更加研究之处的。

朝鲜半岛的平壤、汉城(今首尔)和庆州,越南的河内和顺化等地,都是中国文化影响集中之处。我们如能参加研究,相信也会有有趣的发现。

中国领域广大,历史悠久,许多古代民族在此生息繁衍,交流往来。中国成为东方学研究的重要对象。世界上许多国家都有造诣高深的汉学家,对中国文化包括建筑文化作了精彩的分析论证,贡献很大。中国的学界也应凭借独厚的条件对世界文化首先是东方文化的研究做出自己的贡献。尤其因为某些西方学者囿于以希腊罗马为正统主流、东方则为非正统非主流的成见(如以往版本的 Fletcher 的《比较建筑史》即是一例),对东方认识有欠缺或曲解而有不完整不科学的论断,迄今未能彻底更正,更谈不上根本改观了。至于我们自己,如果看一下《中国大百科全书》,建筑、园林、城市规划卷的条目表,就会发现,情况好不了多少,也是对东方的认识相当欠缺。一部新的、完整的、如实的世界建筑史,离不了建立一部崭新的东方建筑史。现在已是 20 世纪之末尾,但是迟做总比不做好。

上面说的分区划块并不是研究东方唯一的方法。横向时期分段的方法(例如元代或蒙古帝国时期问题就相当集中突出),按宗教作专项研究的方法都是有益的、可取的。宗教建筑的研究和宗教教义、戒律、传法等方面的研究并不尽同。宗教的建筑存在及艺术表现带给我们的信息,常伴同着宗教以外特定的社会和民族的文化特征因素。我们说载体,就指的是这种多属性的信息传达。例如,我们从西藏的密教中可感受到印度婆罗门教的影响,而日本的密宗则更多是唐代汉文化的影响。又如,同为伊斯兰教寺院,而北非、西亚和中亚、印度次大陆、中国、马来亚、印度尼西亚就各具特色。这一类问题,值得我们重视研究。

在中国,研究东方建筑的倡始者是已故建筑学家刘敦桢先生。他曾于 1959 年初率我国文化代表团访问印度,参观了阿旃陀石窟寺等多处佛教遗址。回国后当年招收印度建筑史研究生一人,并亲自讲授印度建筑史课。我们参加了旁听。先生渊鉴卓识,高屋建瓴,多次谈到开展东方建筑研究的必要性。先生学问似海,于佛教建筑尤为精深,他选择印度为始点当与此有关。可惜 1962 年中印关系恶化,以致影响向印度派遣留学生的计划,随后不久的十年动乱更使这一研究被搁置起来。现在我们追随先生开辟的道路,重新展开东方建筑的研究,缅怀先师,不禁感慨万端。

近年来我们在东南大学建立了东方建筑研究室,招收博士研究生,以学位论文形式开始从事这方面的研究。其间曾派遣研究生赴日本爱知工业大学,在日本古建筑权威之一浅野清教授指导下进行共同培养。浅野先生为学严谨、待人宽厚,酷爱中国建筑文化,至老弥深。他为中日学术友好交流、支持东方建筑研究做出重大贡献。老人不幸于去年病逝,我们深为悼念,并在此表示衷心感谢。

我们的研究得到国家自然科学基金的资助。这项研究显然意义深远,但谈不上实际应用和可预期的物质效益。我国社会主义建设百事待举,许多更为急迫的基础研究已提上日程,众多项目争向自然科学基金伸手。在此情况下,取得基金的支持实属不易。我们衷心感谢基金委员会及时而有远见的支持。

我们面前并没有现成的路。只能一边收集资料,一边熟悉地理、民族、宗教、文化、历史情况,一边发现问题、整理问题、分析问题。从与中国关系较密切的邻近地区开始,逐步扩大范围。现在呈现于读者面前的研究论文集,就是这一过程的初步成果。热切期待读者给以指正、批评和支持。

我们期待和各界的交流,主要是资料和情况的交流。首先是与研究东方的文化、宗教、社会、民族、艺术、历史等方面的机构及学者专家之间的联系与交流。

其次,希望和世界各国首先是东方各国研究东方的机构和学者个人联系和交流。特别是建立有东方研究机构的国家如日本、朝鲜(南北方)、新加坡、泰国、独联体中亚国家等等。也期望和美国、英国、法国、荷兰等国的东方研究机构建立联系。特别是设在美国和瑞士的专门研究提倡伊斯兰建筑的阿加汗基金组织建立学术联系,和其他研究东方宗教或艺术的团体或个人联系。我们的目的是:建立崭新的、如实的东方建筑文史体系,借以充实、补足现代的世界建筑史。

郭湖生
1992 年 2 月 22 日于东南大学东方建筑研究室

目　录

第一章　中国建筑概述

中华文明,源远流长。如地处吉林省的后套木嘎一期遗存的陶器,碳十四测年数据显示为 BC11000—BC9000 年之间,是迄今我国东北发现年代最早的新石器遗存[1]。

久享盛名的黄河流域仰韶文化半坡遗址、长江流域河姆渡遗址等,距今约 7000 年。目前,比它们更早、更多的遗址,各地多有呈现。

第一节　发展历程

一、初创(原始时期)

远古人类起源于约 400 万年前[2]。

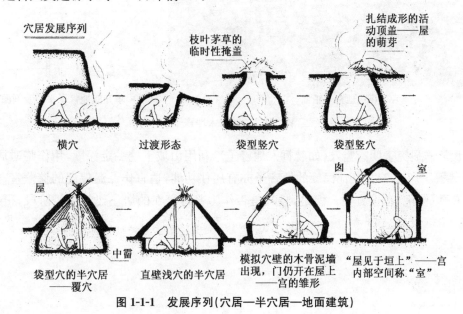

图 1-1-1　发展序列(穴居—半穴居—地面建筑)

---

〔1〕 王立新:《吉林大安后套木嘎遗址的发掘与综合研究》,《吉林大学社会科学学报》2016 年第 1 期。
〔2〕 "约公元前 400 万年到公元前 4000 年",安德烈·比尔基埃:《家庭史·第 1 卷(上册)》,上海:三联书店,1998 年,第 135 页。

旧石器时代,约结束于距今1.2万年至1万年[1],考古发现几乎遍布全国。

原始人多用天然洞穴作栖身之所,谓之"穴居"(表1-1)。或认为"随着原始人营建经验的不断积累和技术提高,穴居从竖穴逐步发展到半穴居,最后又被地面建筑所代替"[2],即我国古建筑发展序列为:穴居—半穴居—地面建筑(图1-1-1)。

实际上,文献中的穴居应为横穴。考古及人类学资料表明,远古人利用天然穴居多横穴,中外皆然。横穴不仅利于出入、抵御毒蛇猛兽,更免受日晒雨淋,能合理、有效地解决防水。

再者,不少半穴居建筑,实际是在屋顶承重与稳定尚未完全解决,即屋顶与墙身合一、或墙身过低情况下,往下挖掘土壁以支撑倾斜的屋顶,并部分代替墙身功能,提高靠近土壁处室内空间高度,便于使用。此非"竖穴"的"合理发展",应是对横向洞穴崖壁的合理模仿。

或认为"可能是由于不同文化系统所属部落间的不平衡,在同一地区,竖穴、半穴居和地面建筑有先后交替出现的现象"。

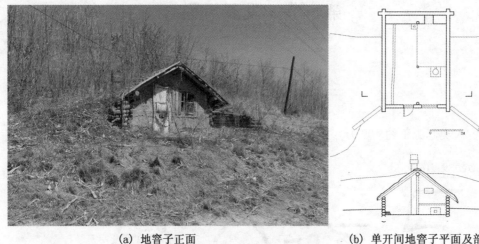

(a) 地窖子正面   (b) 单开间地窖子平面及剖面图

图1-1-2 赫哲人地窖子

民族志研究表明有竖穴(如赫哲人地窖子),利用山坡下挖一定深度,用作临时居所,利于御寒(图1-1-2)。其他民族的地窖子亦有居住功能,适宜作保温保湿的储藏室;竖穴用于墓葬(阴宅)也极方便。但是,竖穴是否作为普遍存在的居住建筑必经阶段,很值得商榷。

---

[1] 马利清:《考古学概论》,北京:中国人民大学出版社,2010年,第58页。

[2] 潘谷西:《中国建筑史》(第四版),北京:中国建筑工业出版社,2001年,第16页。

表 1-1　"穴居""巢居"文献举例

序号	文献	内容	资料出处
1	《墨子·辞过》	古之民,未知为宫室时,就陵阜而居。穴而处,下润湿伤民,故圣王作为宫室。为宫室之法,曰:高足以辟润湿,旁足以圉风寒,上足以待霜雪雨露,宫墙之高,足以别男女之礼[1]	孙诒让:《墨子闲诂》,北京:中华书局,2009 年,第 30-31 页
2	《墨子·节用中》	古者人之始生,未有宫室之时,因陵丘堀穴而处焉。圣王虑之,以为堀穴,曰:冬可以避风寒,逮夏,下润湿,上熏蒸,恐伤民之气,于是作为宫室而利	孙诒让:《墨子闲诂》,第 168 页
3	《礼记·礼运篇》	昔者先王,未有宫室,冬则居营窟,夏则居橧巢。未有火化,食草木之实,鸟兽之肉,饮其血,茹其毛。未有麻丝,衣其羽皮。后圣人作,然后修火之利。范金合土,以为台榭、宫室、牖户……	孙希旦撰,沈啸寰、王星贤点校:《礼记集解》,北京:中华书局,1989 年,第 587 页
4	《孟子·滕文公·章句下》	天下之生久矣,一治一乱。当尧之时,水逆行,泛滥于中国,蛇龙居之,民无所定。下者为巢,上者为营窟	朱熹注:《孟子》,上海:上海古籍出版社,1987 年,第 57 页
5	《韩非子·五蠹》	上古之世,人民少而禽兽众,人民不胜禽兽虫蛇。有圣人作,构木为巢,以避群害,而民悦之,使王天下,号曰有巢氏[2]	韩非子著,高华平、王齐洲、张三夕译注:《韩非子》,北京:中华书局,2010 年,第 698 页
6	《易经》	上古穴居而野处,后世圣人易之以宫室,上栋下宇,以待风雨,盖取诸大壮	(明)来知德集注:《周易集注》,北京:民主与建设出版社,2015 年,第 444 页

　　新石器聚落遗址发现众多,突出者如西安半坡、余姚河姆渡遗址,南北辉映。西安半坡、宝鸡北首岭、临潼姜寨(图 1-1-3)等遗址中,发现半穴居住宅呈圆形或环状向心布局,该布局亦见于"东下冯类型文化"遗址和北极爱斯基摩人的冰屋组合中[3]。

　　"增巢"(干栏)为考古所证。早期"巢居"可利用自然树木——"树居",为探索居住使用需要而自由建造住房。在自然树木支撑启示下,人们在巢居基础上发展人工栽立桩、柱[4]——干栏产生。

　　此时干栏广泛用于湖沼地带。如湖州钱山漾遗址、浙江余姚河姆渡遗址等。江浙一带类似遗址表明,干栏多栽柱架屋。因地基潮湿、松软,柱脚下多垫木板块(或长木)作基,以免柱脚沉陷。

　　在河姆渡遗址中还发现了目前我国已知最早的榫卯技术,建造较成熟的干栏。在排

---

[1]　此句堪称中国古代建筑功能论的最佳注释。

[2]　"构木为巢",几乎成了中国古建筑的代名词。

[3]　周星:《"营窟"新解》,《中国社会科学院研究生院学报》1986 年第 3 期。

[4]　李希凡:《中华艺术通史·原始卷》,北京:北京师范大学出版社,2006 年,第 130-131 页。

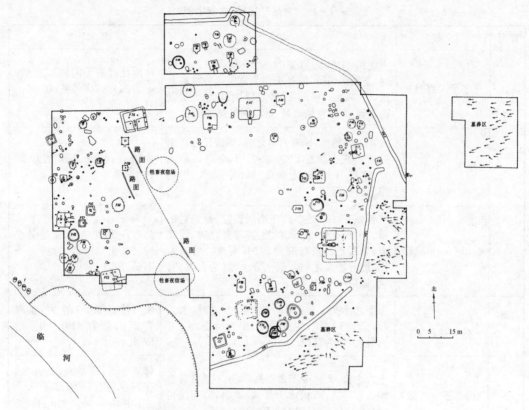

图 1-1-3 临潼姜寨遗址聚落布局概貌平面图

列较密的桩、柱与地板梁和屋架梁、枋之间,置穿插构件(图 1-1-4)[1],预示木构件的交接节点主要由扎结逐渐改进为榫卯,出现穿斗式构架雏形[2]。

图 1-1-4 河姆渡遗址建筑房屋复原场景(框架形式,应可商榷)

〔1〕 浙江省文物管理委员会、浙江省博物馆:《河姆渡遗址第一期发掘报告》,《考古学报》1978 年第 1 期。

〔2〕 刘叙杰:《中国古代建筑史·第一卷》,北京:中国建筑工业出版社,2003 年,第 27 页。

二、形成(夏商周)

公元前 2070 年,夏王朝出现[1]。文献与考古均表明,夏代单体、群体及聚落,均取得相当发展:

单体:"禹卑宫室,致费于沟洫"。颂扬夏禹不把有限的财力用在宫室上,而是关注民生;或说明此时建筑比起原始时有重大发展。

群体:帝舜所居,"一年成聚,二年成邑,三年成都"。

目前,"二里头文化是夏文化,在考古界已基本上获得共识"[2]。二里头遗址出现廊庑环绕的院落雏形(图 1-1-5)[3]。

《孟子·滕文公(下)》载"汤十一征"而灭夏,立商(BC1600)。有商一代,建筑持续发展,夯筑技术相当成熟。商后期建造了规模巨大的宫室和陵墓,"夯土台基上置石柱础的木架结构房屋,是殷代建筑的特点,过去在小屯北地发现了很多,当是宫殿的建筑遗址"[4]。一般奴隶居住在地面或浅穴居建筑中,社会阶层分化。

西周"封疆建藩"。此时不论单体、群体及聚落,已基本成熟。陕西岐山凤雏村出土的西周宗庙遗址,大门外有屏(照壁),四合院布局井然(图 1-1-6)[5]。傅熹年先生[6]、杨鸿勋先生[7]等,分别探究。

春秋时营建了不少以宫室为中心的大、小城市。《管子·度地》:"内为之城,城外为之郭";《吴越春秋》:"鲧筑城以卫君,造廓以守民,此城廓之始也"。或许,这是对当时城市发展的真实写照。此时平原城市城墙多夯筑,宫室层层环绕着夯筑的高大台基——高台建筑[8]。水网地带,出现层层防护的水城,如常州淹城(图 1-1-7)[9]。

战国时铁器广泛使用,社会工农业、商业和文化发展迅速,城市规模急速扩大。多大小都城结合体系:小城住君、大城居民。此制度至魏晋南北朝,仍普遍采用[10],并为隋唐长安城继承。单体而言,此时高台建筑愈趋普及,装饰更加发达。

---

[1] 夏商周断代工程专家组:《夏商周断代工程 1996—2000 年阶段成果概要》,《文物》2000 年第 12 期。

[2] 陈旭:《二里头一期文化是早期夏文化》,《中国历史文物》2009 年第 1 期。

[3] 中国科学院考古研究所二里头工作队:《河南偃师二里头早商宫殿遗址发掘简报》,《考古》1974 年第 4 期。

[4] 安志敏、江秉信、陈志达:《1958—1959 年殷墟发掘简报》,《考古》1961 年第 2 期。

[5] 陕西周原考古队:《陕西岐山凤雏村西周建筑基址发掘简报》,《文物》1979 年第 10 期。

[6] 傅熹年:《陕西岐山凤雏西周建筑遗址初探——周原西周建筑遗址研究之一》,《文物》1981 年第 1 期。

[7] 杨鸿勋:《西周岐邑建筑遗址初步考察》,《文物》1981 年第 3 期。

[8] 高台建筑需要消耗大量的人力、物力、财力,财力不够时或会欠债,应是"债台高筑"一词的来源。

[9] 彭适凡、李本明:《三城三河相套而成的古城典型——江苏武进春秋淹城个案探析》,《考古与文物》2005 年第 2 期。

[10] 任重、陈仪:《魏晋南北朝城市管理研究》,北京:中国社会科学出版社,2003 年,第 27 页。

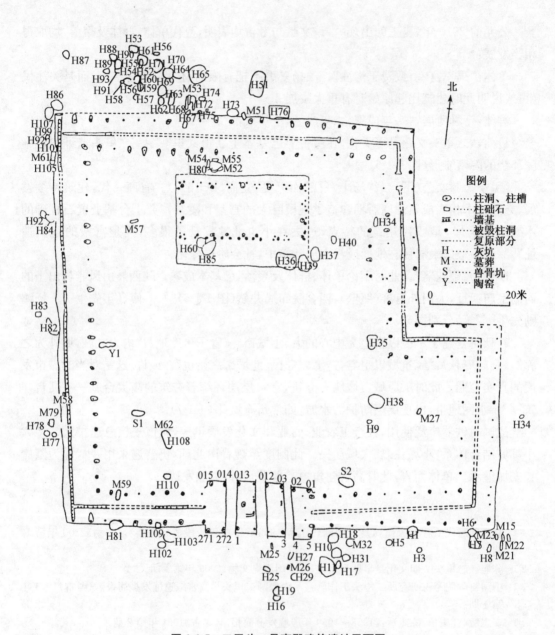

图例

- ⬭ …… 柱洞、柱槽
- ⬜ …… 柱础石
- ⊞ …… 墙基
- ● …… 被毁柱洞
- - - …… 复原部分
- H …… 灰坑
- M …… 墓葬
- S …… 兽骨坑
- Y …… 陶窑

0　　　　　20米

图 1-1-5　二里头一号宫殿建筑遗址平面图

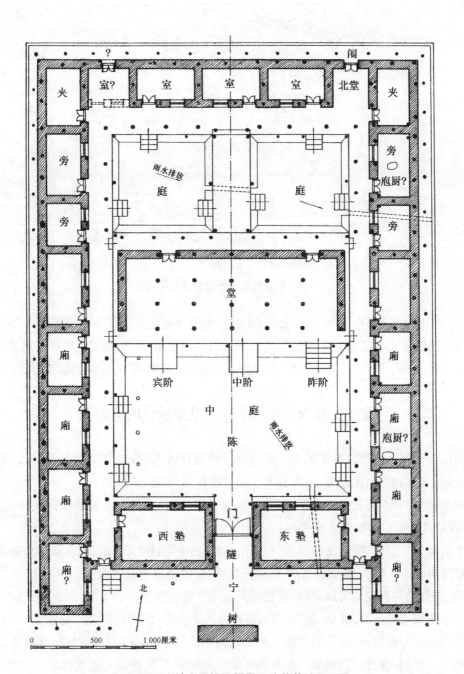

图 1-1-6 岐山凤雏西周甲组建筑基址平面图

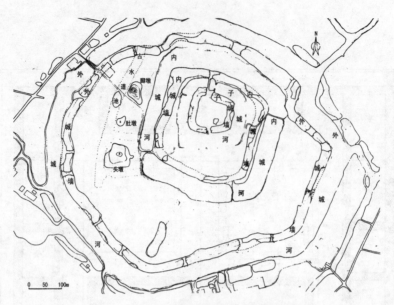

图 1-1-7　常州淹城遗址城墙现状平面图

成书于战国的《周礼·考工记》表明，此时社会等级制已相当完备。城市而言，天子都城、公国都城、侯伯国都城、子男都城等大小不一的城市建制；版筑城墙高矮、道路宽窄、门道多少和主要宫室内部标准尺度均有等。出现以工程管理为专职的"司空"，开历代工官制先河。

三、发展（秦汉三国两晋南北朝隋唐辽宋金）

秦汉是我国古代建筑发展的第一个高峰。始皇好大喜功，建规模空前的宫殿、陵墓、万里长城、驰道和水利工程等，前无古人。然过度疲民，二世而亡。

汉高祖刘邦，立都长安。西汉（BC201）时令天下"每县筑城"，县城肇始。此时高台仍然盛行[图 1-1-8(a)]，楼阁逐步兴起。

东汉时高台建筑衰落，使用不多[1]。由文献、出土资料可知，东汉建筑取得众多进展。如大量使用成组的斗栱，类型丰富；木构楼阁增多，楼橹坞壁遍及各地[图 1-1-8(b)][2]；砖石建筑、砖券结构有较大发展，传西汉初楚元王刘交陵石拱券已达 6 米[3]。

汉末曹魏邺城（即邺北城，图 5-1-2），城市分区更明确，对后代都城影响较大。

晋朝建立与晋室南迁，至隋灭陈一统南北为止的 316 年，是战乱频仍、民族融合、文化勃兴的又一时期，建筑有新成就。如北魏洛阳城规划在邺城基础上逐渐推进，"北魏洛阳无疑是隋唐长安的先声"[4]。

〔1〕　周学鹰：《汉代高台建筑技术研究》，《考古与文物》2006 年第 4 期。

〔2〕　周学鹰：《从出土文物探讨汉代楼阁建筑技术》，《考古与文物》2008 年第 3 期。

〔3〕　周学鹰：《"因山为陵"葬制探源》，《中原文物》2005 年第 1 期。

〔4〕　郭湖生：《中华古都》，台北：空间出版社，1997 年，第 25 页。

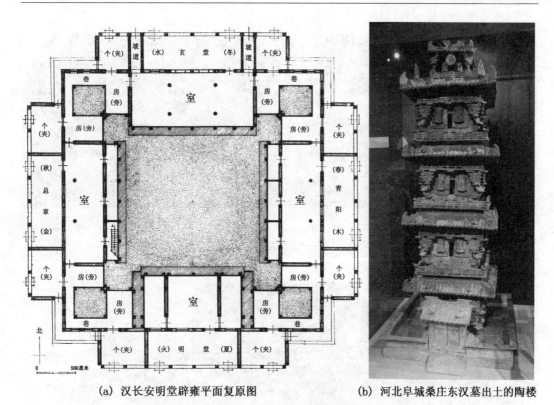

(a) 汉长安明堂辟雍平面复原图　　　　(b) 河北阜城桑庄东汉墓出土的陶楼

图 1-1-8　汉代高台、楼阁

社会动荡,朝不保夕,时人在宗教中寻求慰藉,宗教建筑特别是佛教建筑大盛。"南朝四百八十寺,多少楼台烟雨中",实际远超此数[1]。南北各地均出现不少巨大的寺、塔、石窟及精美的雕塑与壁画(图 1-1-9)[2],继承传统又吸收外来文化,成就辉煌。

隋一统全国,开凿贯通东西、南北大运河,促进各地物质与文化交融,影响及后世历代都城选址。文帝感"洪水没都"噩梦而迁建大兴[3]。大兴城规划详密,规模宏巨、分区明确、里坊谨严、街道整齐,远超前代。

唐承隋荫,更上层楼。此时经济、文化发展迅速,许多内陆与沿海城市兴盛。唐中期,由于通西域交通受阻和全国经济重心逐渐南移,海上丝路渐代陆路,成为我国对外交通和贸易的主要渠道,东南港市因之发展[4]。此期我国农业、手工业、商业、音乐、艺术等均空前繁荣、独领风骚,辐射世界。唐长安是当时世界上最大的都市;外邦人士深略中华文化博大,由衷钦羡。遗存下的陵墓、木构殿堂[图 1-1-10(a)]、石窟、塔幢[图 1-1-10(b)]、桥梁等均技艺高超;雕塑[图 1-1-10(c)]、壁画尤其精美[图 1-1-10(d)],充分显示唐代建筑之成熟,是我国古代建筑之又一高峰。

〔1〕熊承芬:《南朝四百八十寺辨析》,《南京史志》1995 年第 Z1 期。
〔2〕中国大百科全书出版社编辑部:《中国大百科全书·文物博物馆》,北京:中国大百科全书出版社,1993 年,第 176 页。
〔3〕杨鸿年:《隋唐两京考》,武汉:武汉大学出版社,2000 年,第 3 页。
〔4〕卢山、郭湖生:《宋代东南港市研究》,《新建筑》2004 年第 5 期。

(a) 内景   (b) 窟顶

图 1-1-9   北朝宗教建筑——天水麦积山石窟第 4 窟上七佛阁之一

(a) 佛光寺东大殿前檐局部   (b) 西安大雁塔

(c) 南禅寺大殿内唐塑   (d) 敦煌盛唐第217窟北壁

图 1-1-10   唐代建筑遗存

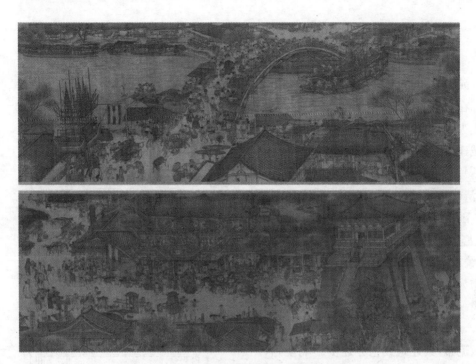

图 1-1-11　北宋张择端《清明上河图》(局部)

两宋我国传统文化发生重大变革,由豪放、自信、外向与精湛,向婉约、自赏、内敛与精致转变,加以世俗化抬头,立功边疆让位于生活享受,阳春白雪。大体而言,北宋与契丹族的辽对峙于华北北部,南宋与女真族的金相持于淮河以南,然经济、文化以两宋居先。

宋初农业、手工业等持续发展,商品经济萌芽,商业资本出现[1]。国内商业和国际贸易活跃,中等城市数量增多,"宋代的城市生活是自由奢华的"[2]。晚唐里坊制松动,至北宋都城东京(今开封,图 1-1-11)不少改为沿街设店,"邸店、酒楼和娱乐性建筑也大量沿街兴建"[3]。《东京梦华录》《武林旧事》《梦粱录》等可佐证,而《营造法式》记载、描绘逼真的界画等展现宋代建筑辉煌,遗留至今的大量辽宋金佛寺道观更为确证。

宋金单体由隋唐雄浑、奔放而趋向柔和绚丽,"以材为祖"的大木模数制与丈尺为主的开间、进深之"尺度制",并行不悖,提高了营造效率。

其时建筑组群布局上出现新方法。如寺院钟鼓楼对峙、前殿后阁、以阁为主等,变化丰富。

建筑技艺而言,大木作、小木作、砖石作、彩画作等,成熟定型。

砖、石建筑也有不少新发展。如防火性能优越的砖身木檐楼阁式塔、全砖石塔等,开始流行。

生活方式改变,席地而坐已近消失,室内家具增高,箱式家具逐渐向简洁的框式家具转变。

---

〔1〕　王玉德、姚伟钧:《新时期中国史研究争鸣集》,武汉:华中师范大学出版社,1988 年,第 191 页。
〔2〕　费正清、赖肖尔著,陈仲丹等译:《中国传统与变革》,南京:江苏人民出版社,2012 年,第 125 页。
〔3〕　徐学初、吴炎:《中国历史文化要略》,成都:西南交通大学出版社,2006 年,第 100 页。

四、持续（元明清）

元世祖忽必烈灭南宋，统一全国。元大都在北京城建筑史上占重要地位——首次成为统一、多民族的国家首都，也是后期都城建设典范，基本依照《考工记·匠人营国》[1]。明北京在元大都基础上改造、扩建，清代沿用。

随着统一国家内多民族经济、文化交流，尤其是西藏正式归入版图，因多方需要，蒙古贵族阶层尊喇嘛教为国教，封西藏高僧为帝师，喇嘛教顿时在中原高居人上，盛极一时[2]。元代确立穆斯林仅次于蒙古人，予较高地位[3]。据此，喇嘛教、伊斯兰教流布，其建筑技艺亦逐步影响全国（图1-1-12）。中亚各族的能工巧匠们，为内地的文化、艺术等带来鲜活的养分，使内地工匠在宋辽金传统上创造，展现出若干新貌[4]。元曲繁盛，戏台遍布，至今山西、江西等地还有不少遗存。

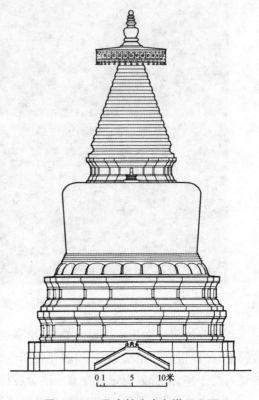

图 1-1-12　北京妙应寺白塔正立面

明太祖朱元璋以正统自居，革蒙元遗俗。但对蒙元遗民一视同仁，以取民心[5]。明代砖产量大增，增建宏大的长城、中都和南北二京，其他县城墙多用砖包砌；民间单体多用青瓦、砖墙，大量出现全部砖砌的无量（梁）殿（无梁殿至迟金朝已出现[6]）。

明初定都南京，修建宫殿主要倚仗本地匠师，明初南京官式在江浙地方传统基础上形成。永乐帝修北京宫殿，拆毁元宫，按南京宫殿形制重建，明初南京官式遂北传而为北京

---

[1]　侯仁之：《元大都城与明清北京城》，《故宫博物院院刊》1979 年第 3 期。

[2]　王泸生：《元代喇嘛教在汉地的传播与影响》，《社会科学家》2005 年第 3 期。

[3]　姜歆：《试论元代伊斯兰教的传播与发展》，《宁夏社会科学》2009 年第 6 期。

[4]　如喇嘛教、伊斯兰教建筑，宫殿建筑中盝顶殿、棕毛殿和畏兀尔殿等，前所未有；以及相应的建筑装饰等。

[5]　谢贵安：《从朱元璋的正统观看他对元蒙的政策》，《华中师范大学学报》（哲学社会科学版）1994 年第 1 期。

[6]　山西现存较古老的无梁殿，是始建于金明昌元年（1190 年）的太原清徐县马峪乡东马峪村北的"香岩寺"建筑群。见郭晋峰：《我国现存最古老的院落式无梁殿建筑群——太原藏山神庙》，《古建园林技术》2012 年第 4 期。

明官式[1]。此时官式建筑已完全程式化、定型化,装饰渐趋琐碎繁丽。但是,建筑组群布局、空间场所及结合水体、地形山势等颇富变化,如北京故宫(图 1-1-13)、曲阜孔庙、五台

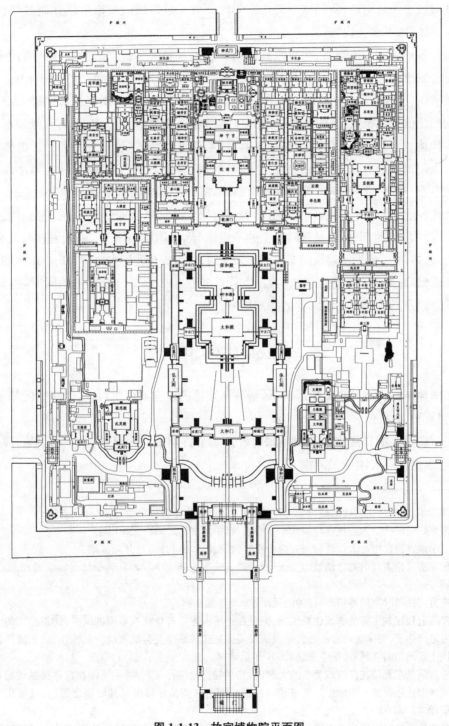

图 1-1-13　故宫博物院平面图

---

[1] 傅熹年:《试论唐至明代官式建筑发展的脉络及其与地方传统的关系》,《文物》1999 年第 10 期。

山、武当山、瞿昙寺、七曲山建筑群等。民间建筑类型与数量较前增多，质量有所提高，各民族建筑均有突出发展。

此时城市大量出现，我国城市文化在明代又有长足发展。城市生活在商品经济发展的背景下，增添不少新内容[1]。

明代各地园林普遍兴盛，明清园林达到了我国古典园林技术的最高峰。明代中晚期大量建造城市园林，绘画中以园林为题材的作品日增，成为明代绘画一个显著特点[2]。

明清两代商品经济进一步繁荣，然人口迅速膨胀，社会整体发展相对倒退，人口和土地之间的比例发生很大变化，产生一系列负面影响[3]。中国皇权专制，却逐渐加深。

清代建筑文化持续。单体屋顶越来越高，形象愈趋冷峻，装饰更为繁琐。群体而言，地狭人众使得人们更瞩目于小范围的空间场景，王府衙署、宅第别墅等井然有序。同理，此时的皇家、私家、寺庙、衙署等园林有新发展，留下了不少优秀作品。

清代各地城市进一步发展，管理分区、防御体系、防洪排涝等逐渐完善。然内陆边疆城市发展内力孱弱，时起时伏，呈现时序上的不稳定与空间中的不平衡，陷入顿挫与失衡的困境[4]。总体而言，元明清建筑继秦汉至唐宋建筑之后，成为我国古典建筑史上的绝响。

晚清以降，外来文化持续涌入，我国古代建筑在总体保持传统形态的同时，逐渐受到新建筑思潮及形式、材料、技术等的深刻影响。

五、再生（民国）

民国建筑在晚清外来文化影响下，籍共和政体的建立而艰难再生，时间短促却精彩纷呈，取得重要成就。

城市建设。抗日战争之前国民政府曾设 8 个特别市[5]：南京、上海、北平、青岛[6]、汉口、哈尔滨[7]、天津[8]、长春。

---

[1] 黄建华、任丽青：《明代的城市文化》，《同济大学学报》（社会科学版）2007 年第 6 期。

[2] 张淑娴：《明代文人园林画与明代市隐心态》，《中原文物》2006 年第 1 期。

[3] 王小侠：《清代中叶人口增长负效应分析》，《社会科学辑刊》2003 年第 6 期。

[4] 侯宣杰：《论清代内陆边疆城市发展的特征》，《云南民族大学学报》（哲学社会科学版）2010 年第 4 期。

[5] 凌霄：《民国时期的特别市》，《钟山风雨》2009 年第 3 期。

[6] 青岛近代建筑主要受德国建筑影响，但是在德国人建立青岛建筑原型的同时，建筑形式的变异也随之产生了，德据之后青岛近代建筑的发展多是这种原型变异的延续。见陈雳、武云霞：《青岛近代建筑原型的变异》，《华中建筑》2001 年第 5 期。

[7] 哈尔滨是东北松花江流域著名的大都市，其兴起直接与移民有关，是民国初期移民推动松花江流域城市化进程的一个缩影。见王瑞：《民国初期哈尔滨国际移民与其城市化进程》，《绥化学院学报》2008 年第 3 期。

[8] 中国的警察制度始建于天津。处于治安考虑划分的警区，是天津区级政区肇始。民国时期天津成为特别市，那时区级界限仍按警区划分。见王培利：《天津先有"区"后有"市"的形成及其原因》，《历史教学（下半月刊）》2011 年第 3 期。

　　1927年4月，国民政府正式鼎都南京。为展现新都，以中山陵建设为先导，在《首都计划》和《总理陵园建设报告》等文件中提出弘扬民族建筑文化的指导思想，在国民政府机关公务、文教科学等方面，新建了大批"民族文化"形式的建筑，成为南京乃至全国新建筑的主导。

　　此时建筑多彩。不仅有"民族式""中西合璧"，西式建筑不断出现，展现出1930年代民国首都的民族化、国际化形象[1]。它如北平（京）、上海、天津、哈尔滨、广州、济南、青岛等开埠较早的城市，不少单体采用新材料、新技术、新设施以满足现代生活，遗留众多的此期建筑，堪称经典。

第二节　建筑形制

一、布　局

1. 因地制宜

　　地理环境对古代聚落选址至关重要。因地制宜一直是我国及各国的优良传统。我国古代风水文化，不论形势宗、理气宗，实质均是对人造场所与自然环境之间关系的探究。就建筑学科而言，是人工建筑的形体或围合之空间，与自然山水大小、宽窄及空间场所之尺度关系（图1-2-1）。

图1-2-1　曲阜泰山天街

　　由此，"抽去风水的世俗价值成分来看，它是一门关于使用空间评价和选择的学说，其中涉及空间方位和构成形象两部分"[1]。

2. 院落空间

院落是我国古代建筑群体布局的灵魂,是由屋宇、围墙、走廊、大门等围合成的内向性封闭空间。将各单体依据一定法式、礼仪、规则,组成建筑群,形成复杂多变的院落空间,体现古人"天人合一"的观念。由一栋栋单体组成院落,由一个个院落组成建筑群,由一个个建筑群形成乡村、市镇或城市。

各地建筑群布局多以四合院为主,每一地域均有自身特色,院落多样。不同类型的建筑功能,多在院落空间参与下共同完成。最简单者,主房与院门间用墙简单围合。稍进一步,主房与院门间用廊围合,称"廊院"。再进一步,主房前东西两侧建厢房,前为院墙(门),称"三合院"。如将前院墙(门)改为房屋("门屋""倒座"或称"倒房"),即为"四合院"(图1-2-2)。

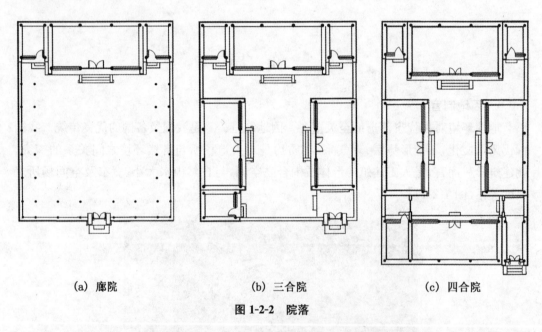

| (a) 廊院 | (b) 三合院 | (c) 四合院 |

图 1-2-2　院落

华北四合院(以北京四合院为著名)的主房、厢房、垂花门与倒座之间多不相连,为防雨雪,常用抄手游廊(简称"抄手廊")将各单体建筑围合(图1-2-3)。

合院中的各单体,严格遵循传统礼乐文化:如坐北朝南,则正房的东次间供家族中最尊长者居住,西次间为地位稍低者所居[2];东、西两侧厢房供晚辈居住或其他用途;倒座供宾客之用;充分体现儒家长幼尊卑思想。个体所居在建筑群中的坐标点,也是其家族地位的标识。

享誉世界的北京故宫可为院落空间典范,登峰造极。

---

[1] 蔡达峰:《历史上的风水术》,上海:上海科学教育出版社,1994年,"前言",第3页。

[2] 有些地域将女儿用房置于此处父母所居的楼上,便于照看,实例如徐州户部山民居。

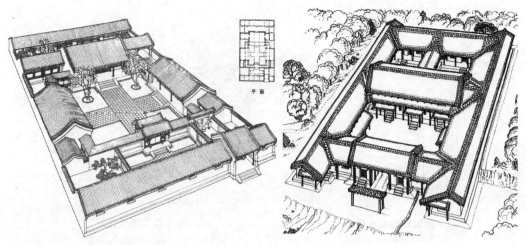

(a) 北京典型四合院鸟瞰、平面图　　　　　(b) 岐山凤雏西周建筑复原方案 I

图 1-2-3　四合院

3. 群体组合

西周时我国传统建筑技艺已相当成熟。单体功能、体量、高度、色彩、材料，群体空间序列处理与礼制要求、风水文化等，相得益彰。明清臻入化境，阳宅、阴宅皆然。

建筑群有"多路多进"，如下册图 10-2-14，图 10-2-15 等。群体布局不少中轴对称，多以纵轴为主、横轴为辅，一条中轴线上布置多进院落为"一路"；沿中轴线上多栋房屋及其院落，成"多进"格局。

由此，建筑群可纵、横向扩展。如两栋房屋及其庭院，为"二进房屋、一进院落"；三栋房屋及其庭院，为"三进房屋、二进院落"……，依此类推。

多个中轴对称的院落并列在一起，为"多路"。如二个中轴对称的院落并列，为"二路"；三个并列，为"三路"……，以此类推。

如此纵、横向延展，构成"多路多进"建筑群，体现出崇尚简明、讲求秩序、"中正平和"的思想。有趣的是，不少地方生子几人，则建几路建筑，便利分家析产。

二、技　术

我国古代建筑用材多样。如土、木、砖、石、竹、琉璃、金属等，均有各自技艺。单就木构而言，构架体系可分三大类：抬梁式，又称叠(迭)梁式[图 1-2-4(a)][1]；穿斗式，又称川斗(逗)式[图 1-2-4(b)]；叉手式[斜梁归入，图 1-2-4(c)][2]等。

---

[1] 特别要说明的是，建筑史学界所谓的木构架方式，均是对于木构屋顶的构架形式而言。据此，以往研究者习称的密肋平顶，其屋顶的构成梁枋、椽子等，实际构架方式为层叠而起，当归于抬梁式的范畴。而井干式更是将木构墙体的搭接，误为屋顶的构架方式。干栏式则是将架空的建筑形象，误认为屋顶的构架。

[2] 马晓、周学鹰：《地域建筑的普适性——以中国及其周边部分东南亚、东亚地区大叉手木构架为例》，《2014 年中国建筑史学会年会暨学术研讨会论文集》，福州，2014 年，第 198 – 209 页。

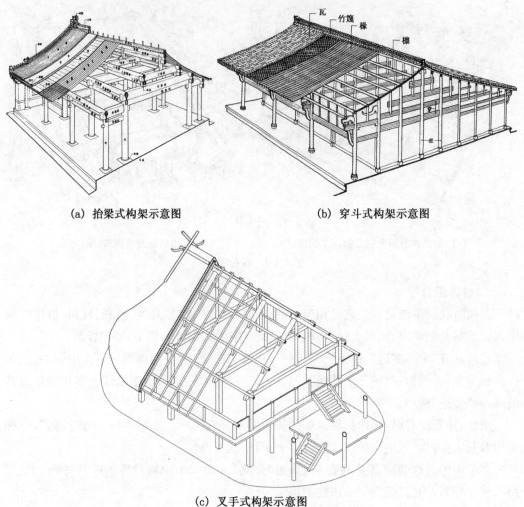

(a) 抬梁式构架示意图   (b) 穿斗式构架示意图

(c) 叉手式构架示意图

图 1-2-4   木构架图示

1. 抬梁式

抬梁式构架:柱上搁置横梁头(当柱上采用斗栱时,则梁头搁置于斗栱上),梁头上搁置檩条,梁上再用矮柱支起较短的梁,如此层叠而上,横梁总数可达 3~5 根。

这种构架相对用材较大、立柱较少,空间较大,多用于南北各地宫殿、庙宇、厅堂等规模较大建筑(图 1-2-5)。

2. 穿斗式

穿斗式(或称"串逗"式)构架:用穿枋把立柱串联起来,形成一榀榀屋架;檩条直接搁置在柱头之上;沿檩条方向,再用斗枋把一根根柱子串联起来,由此形成整体框架。

这种构架方式,相对用材较小、立柱较多,形成空间较小,多分布在贵州、云南、江西、湖南、湖北、四川等地,一般用在规模较小的民居中(图 1-2-6)。

穿斗式与抬梁式木构架比较:穿斗式木构架用料小,整体性强,但柱子排列密,只有当室内空间尺度不大时才能使用(如居室、杂屋);抬梁式木构架可采用跨度较大的梁,以减少柱子的数量,取得室内较大的空间,故适用于宫殿、庙宇等,但整体性较弱。

图 1-2-5 抬梁式：晋祠金代献殿构架

图 1-2-6 穿斗式：贵州侗族民居构架

南北方的一些庙宇、厅堂中，多混合使用二者（混合式）。如山墙用川斗式、明间等用抬梁式（图 1-2-7），相得益彰。

图 1-2-7 混合式：无锡荡口义庄大厅（正贴抬梁式，边贴穿斗式）

3. 叉手式

叉手式构架：两根斜置的木梁——叉手（或斜梁），是屋面椽檩之下最重要的承重构件。一般斜梁上端交叉以承脊檩，下端可归纳为二种型式（图1-2-8）。

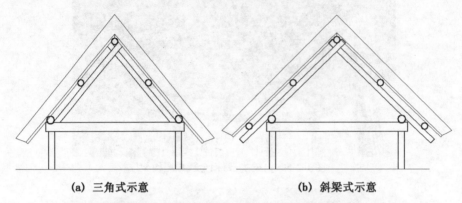

(a)　三角式示意　　　　　　　　　　(b)　斜梁式示意

图1-2-8　叉手式：两种类型大叉手构架示意图

一是三角式构架。斜梁两下端分别斜插在水平向横梁上；横梁两端搁置在（墙里或墙外的）柱头之上，或一端支撑在（墙里的）柱头上、另一端立在内（金）柱柱头之上。两根斜梁与其下水平向的横梁一起组成一榀三角形屋架[图1-2-8(a)、1-2-9]。多用于规模相对较大或屋面较重的情况。

图1-2-9　潍坊于家大院大叉手构架

二是斜梁式构架。斜梁挑出于墙（或梁头、或柱头）之外，通过绑扎或简单的榫卯与槫檩或柱头连接[图1-2-8(b)]。此斜梁既是悬挑主力，还具有一定的杠杆作用，又与靠近柱头上端部的穿枋一起，构成相对稳定的一榀屋架。多用于规模相对较小或屋面较轻的情况。

三角式的叉手构架，有时会与穿斗构架结合[图1-2-10(a)]，或与抬梁构架结合[图1-2-10(b)]，甚至三种屋架形式汇集[图1-2-10(c)]，展现多变的结构方式。

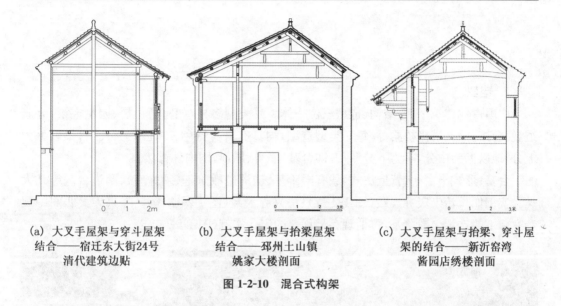

(a) 大叉手屋架与穿斗屋架　　　(b) 大叉手屋架与抬梁屋架　　　(c) 大叉手屋架与抬梁、穿斗屋
　　 结合——宿迁东大街24号　　　　 结合——邳州土山镇　　　　　　 架的结合——新沂窑湾
　　 清代建筑边贴　　　　　　　　 姚家大楼剖面　　　　　　　　 酱园店绣楼剖面

图 1-2-10　混合式构架

　　汉武梁祠上已看到"叉手"痕迹[图 1-2-11(a)]。洛阳北魏宁懋墓石室,也可看出梁上起叉手支承脊檩[图 1-2-11(b)],说明汉魏时简单的三角形屋架早已引用,甚或较为成熟[1]。

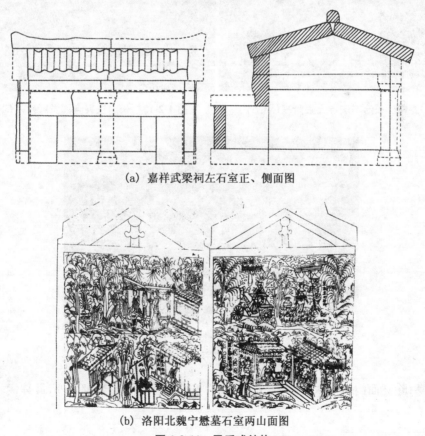

(a) 嘉祥武梁祠左石室正、侧面图

(b) 洛阳北魏宁懋墓石室两山面图

图 1-2-11　叉手式结构

[1]　中国科学院自然科学史研究所:《中国古代建筑技术史》,北京:科学出版社,1985年,第41页。

三、艺 术

1. 造型

中国古代建筑平面、结构、造型三位一体。其类型多样，如宫殿衙署、园墅宅第、寺庙道观、会馆公所、塔幢桥梁等，每一类型造型，均具有自身特色。"凡屋三分。自梁以上为上分，地以上为中分，阶为下分"[1]，即台基、墙身、屋顶，国内外皆然。

台基：形式丰富。《营造法式》载有殿阶基、迭涩坐殿阶基（须弥座）、踏道台基等几大类。实例如长治崇庆寺大殿（图1-2-12）、法兴寺大殿（图1-2-13）等。隆兴寺大悲阁中观音立像下的迭涩坐殿阶基，可谓现存最优美的宋代实例（图1-2-14）。

图1-2-12　长治崇庆寺大殿阶基（局部）　　　　图1-2-13　长治法兴寺圆觉殿阶基（部分）

图1-2-14　正定隆兴寺大悲阁须弥座局部

墙身：除立面门窗小木作、大木立柱（或为梭柱）逐渐生起、侧脚而外，最具代表性者无

---

〔1〕 ［五代］喻浩：《木经》，见［宋］沈括：《梦溪笔谈》卷十八《技艺·木经》，济南：时代文艺出版社，2001
年，第167页。

疑是斗栱。斗栱在我国古建筑中出现较早,目前已出土战国砖斗栱实物,种类多,且颇为成熟(图 3-3-7)。

　　屋顶:由于生头木、角梁、生起等的存在,使得古建筑檐口逐渐起翘;又由于屋檐至角部的逐渐生出,使得角部的屋顶为双曲线,"如翼似飞"。六朝以降,流行定制的举折(架),形成内凹的曲线,又使得屋顶脊部陡峭而檐口渐缓,"吐水急而溜远"。加上多样的脊饰、巨大的体量等,使得我国古代屋顶成为建筑视觉中心。后世逐渐完备的不同屋顶之间的文化等级制(图 1-2-15)[1],又使得组合起来的建筑组群,极其丰富多彩(图 1-2-16)。

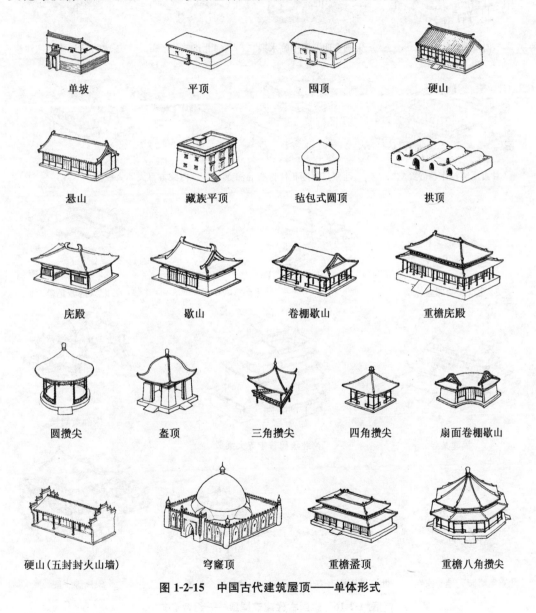

单坡　　　　平顶　　　　囤顶　　　　硬山

悬山　　　　藏族平顶　　　毡包式圆顶　　拱顶

庑殿　　　　歇山　　　　卷棚歇山　　　重檐庑殿

圆攒尖　　　盝顶　　　　三角攒尖　　　四角攒尖　　　扇面卷棚歇山

硬山(五封封火山墙)　　穿窿顶　　　　重檐盝顶　　　重檐八角攒尖

图 1-2-15　中国古代建筑屋顶——单体形式

[1]　我国古代建筑的屋顶文化等级约略形成于隋唐,具体是重檐高于单檐。详细而言,重檐庑殿、重檐歇山、单檐庑殿、单檐歇山、悬山顶、硬山顶、卷棚顶、攒尖顶,逐渐降低。

浙江民居　　　浙江民居　　　贵州侗族民居　　　贵州侗族民居

四川成都清真寺　　宋画金明池图中临水殿　　河北正定关帝庙　　宋画龙舟图中的宝津楼

甘肃夏河拉卜楞寺经堂　　西藏日喀则扎什伦布寺佛寺　　内蒙古百灵庙大经堂

北京圆明园蔚林亭　　　北京宫殿午门　　　北京内城角楼

福建某寺　　　河北承德普宁寺大乘殿　　　宋画黄鹤楼

北京圆明园天地一家春　　北京圆明园万方安和　　福建泉州奎星楼　　宋画滕王阁

图 1-2-16　中国古代建筑屋顶——组合形式

"间"：平面单位,由相邻两榀屋架构成[1]。由此,平面轮廓与结构布置简洁明确,只需观察平面柱网,就大体可知室内空间及其上部构架的可能情况(图1-2-17、18)。

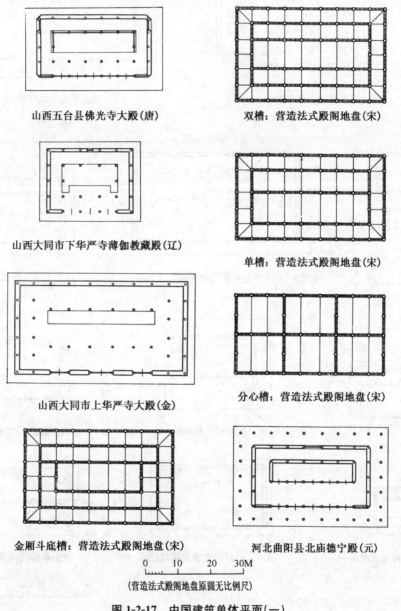

山西五台县佛光寺大殿(唐)

双槽:营造法式殿阁地盘(宋)

山西大同市下华严寺薄伽教藏殿(辽)

单槽:营造法式殿阁地盘(宋)

山西大同市上华严寺大殿(金)

分心槽:营造法式殿阁地盘(宋)

金厢斗底槽:营造法式殿阁地盘(宋)

河北曲阳县北庙德宁殿(元)

0　10　20　30M

(营造法式殿阁地盘原图无比例尺)

图1-2-17　中国建筑单体平面(一)

[1]　间:是我国古代建筑的基型,一般以四柱为间。

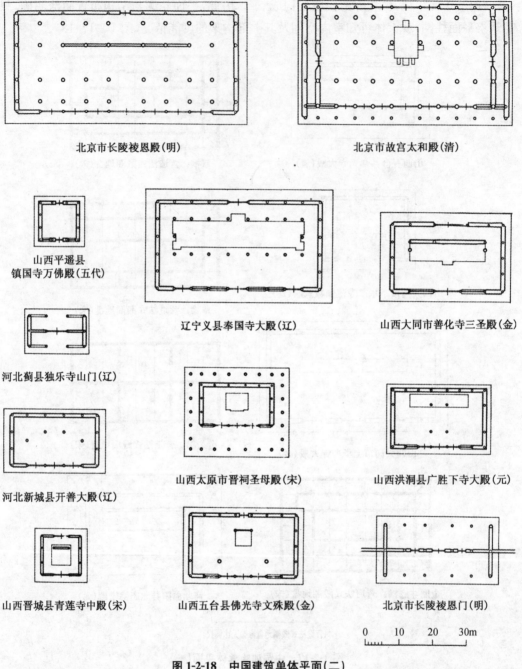

北京市长陵祾恩殿(明)　　　　　　　北京市故宫太和殿(清)

山西平遥县
镇国寺万佛殿(五代)

辽宁义县奉国寺大殿(辽)　　　　山西大同市善化寺三圣殿(金)

河北蓟县独乐寺山门(辽)

河北新城县开善大殿(辽)

山西太原市晋祠圣母殿(宋)　　　　山西洪洞县广胜下寺大殿(元)

山西晋城县青莲寺中殿(宋)　　山西五台县佛光寺文殊殿(金)　　北京市长陵祾恩门(明)

0　　10　　20　　30m

图 1-2-18　中国建筑单体平面(二)

我国古代建筑开间有奇数、偶数之分。秦汉之前,多偶数开间。秦汉以降,偶数开间渐少,隋以降开间多单数。现存唐宋以来的木构建筑,多奇数开间,如 1、3、5、7、9、11 等,加以副阶最多达 13 开间者;偶数开间实例较少[1]。

---

[1]　民间捐资修桥铺路之中,旧习若捐者为寡妇,则所建桥梁拱跨须为偶数开间。此外,秦汉之前,偶数开间为多,东汉以降奇数开间逐渐增多,隋唐时已经占据主流。

2. 装折

装折,现称装饰、装修。古建筑装折之内容,多采用人们喜闻乐见的吉祥图案、花纹,主题鲜明、寓意隽永,寄寓祈福迎祥的美好愿望。

各地装折均有自身特点,砖、木、石雕合称"三雕"。室内以木雕为主,室外以砖雕、灰塑为主,石雕、金雕则内外兼具。各地建筑"三雕"多有侧重,亦有三者均相当杰出者,如皖南、苏南、赣北、甘肃、浙江、山西、陕西、福建、广东等地,目不暇接。

砖雕: 明代以降,砖饰(细)技术快速发展,使用在洞门、漏窗、砖框花窗、铺地(室内、廊庑)、墙身(正面垛头、山墙)、门楼(罩)、屋面脊饰、瓦件等部位[图1-2-19(a)]。

(a) 神木皮房巷某宅入口照壁　　　　(b) 东阳巍山镇史家庄花厅雕饰

图 1-2-19　砖雕和木雕举例

木雕: 古建木构架分大木作、小木作[1],相应地木雕也分两类:大木、小木。比较而言,大木木雕保存较易、时间长久[图1-2-19(b)];小木木雕保存不易、更换频繁(图10-2-65、图10-3-12等)。大小木作的做法与雕饰特征,均对鉴定古建年代大有裨益。

石雕: 目前,最早的与地面建筑有关的石雕构件,出土于商代初期的高台建筑遗址中[图1-2-20(a)],可能属于祭祀建筑构件[2]。秦汉以降,石雕在我国古建中的使用逐渐普及。一般而言,石雕多作柱础、栏杆、台阶、基座、户对、门额、立柱等构件;或作建筑局部,如墙身上的雕饰、界石;或单个的泰山石敢当、拴马桩、石兽、石像生等小品。甚或石构单体,如牌坊、牌楼、棂星门、桥梁等。

金属构件: 郑州小双桥出土花纹繁缛、线条流畅的青铜建筑构件,"推测应是装在宫殿

---

〔1〕 大木作:木构建筑的主要承重构件,缺之建筑往往不能正常使用,例如:椽子、梁栿、串枋、立柱、斗栱等。小木作:木构建筑的装折构件,不承重,缺之对建筑结构安全没有重要影响,可以继续使用,例如:门窗、栏杆、天花藻井、佛道帐、壁藏、转轮藏、佛龛等。

〔2〕 2004年,南京大学历史系师生参与郑州市考古研究院的考古工地实习资料,周学鹰摄影。

(a) 郑州石佛乡小双桥商代　　　　(b) 小双桥出土的商代"金釭"
高台建筑遗址出土的石构件

图 1-2-20　石雕和金属构件举例

正门两侧门枕木前端的装饰性构件。从构件形体看,该建筑物规模很大,非商王莫属"[1]。这就是"釭",或称"金釭"[图 1-2-20(b)]。

　　殷商建筑装饰精美,令人瞠目。河南安阳殷墟宫殿基址甲十一(面积 500 平方米)中出土的 10 个柱都有铜础,可见构造之精致[2]。《说苑·反质》云商代"宫墙文画,雕琢刻镂,锦绣被堂,金玉珍玮。"小屯殷墟已发现壁画残片。此外,"在土结构的墙体和木结构的梁柱上,悬挂锦绣织物作为装饰,是商周时期宫殿流行的一种装饰手法。例如:在殿堂空敞的前檐悬挂帐幔;堂、室的内墙上悬挂帷幕——'壁衣';梁下悬挂天花——'承尘'之类"[3]。出土的此时墓葬里的装饰构件保存较好,如"小屯遗址和西北冈王陵出土用大块白石雕刻的柱下装饰"[4]等。

　　灰塑:又称水活、软活,与砖雕、金属雕饰等"硬活"相对而言者(图 1-2-21)。

图 1-2-21　苏州木渎榜眼府第山尖灰塑

〔1〕　宋国定、曾晓敏:《郑州发现商代前期宫殿遗址》,《中国文物报》1990 年 11 月 22 日。
〔2〕　中国社会科学院考古研究所:《殷墟的发现与研究》,北京:科学出版社,1994 年,第 54 页。
〔3〕　杨鸿勋:《宫殿考古通论》,北京:紫禁城出版社,2001 年,第 214 页。
〔4〕　北京大学历史系考古教研室商周组:《商周考古》,北京:文物出版社,1979 年,第 70 页。

天花、藻井：作为装饰手法，同样出现很早。后期典籍中"皇帝临轩"者，类此。早期多用织物，后世小木作、彩画等。因是权力、地位等重要象征，愈加重视。

藻井还有防火愿景。东汉应邵《风俗通义》："今殿作天井。井备东井之象也。藻，水中之物。皆取以压火灾也。"司马迁《史记·天官书》注"东井八星主水衡"等。

汉代墓葬棺椁顶亦绘图案，类似藻井。山东沂南县东汉石墓主室天花则采用斗四之藻井。莫高窟现存最早的第268窟，为"北凉三窟"（401—439）之一，其顶部斗四之藻井与之相似［图1-2-22(a)］，似较前形制者进步。

(a) 敦煌壁画北凉斗八平棊顶　　　　　(b) 大同元岗石窟第九窟前室正面

图1-2-22　天花与彩画举例

3. 彩画

彩画用在木构表面，既是装折，反映主人的家庭财力、文化素养、审美情趣，又是木构件的保护措施。文献表明，我国古建彩画出现很早。如《论语》："山节藻棁"[1]。《左传·庄公二十三年》："丹桓宫之楹而刻其桷"[2]。

春秋战国时进一步豪奢。《墨子》："夺民之财，以为台榭曲直之望。青黄刻镂之饰。"[3]装饰极豪华。

彩画在我国魏晋南北朝建筑上盛极一时［图1-2-22(b)］，后续的隋唐集其大成臻于化境。此时社会大变动、大迁徙，异域文化随佛教和商贸往来不断传入，秦汉以来的彩画大量吸收异域养分，发展迅速。

隋唐五代彩画已相当成熟，创造出属于自身的构图规则、间色制度、纹饰特色及等级法则等，为宋代彩画作的匠作与分科，提供了坚实基础［图1-2-23(a)］。五代、辽承唐之余辉［图1-2-23(b)］。

---

[1]　斗上画山，梁上短柱（蜀柱、川童、童柱）画藻文。

[2]　楹：往往指檐柱；桷：方椽。全句可译为：将桓宫的柱子刷上红色，在屋面的方椽上刻画图案。

[3]　《荀子·礼论》，《二十二子》，缩印浙江书局汇刻本，上海：上海古籍出版社，1986年，第227页。

（a）陕西永太公主墓墓室彩画　　　　　　（b）吴越国康陵墓室墙面摹绘垂幔纹

图 1-2-23　彩画举例

　　宋《营造法式》中彩画分五种：五彩遍装、碾玉装、青绿叠晕棱间装、解绿装、丹粉刷饰，及其衍生的多种变体，包括杂间装、解绿结华装、黄土刷饰等（图 1-2-24）。

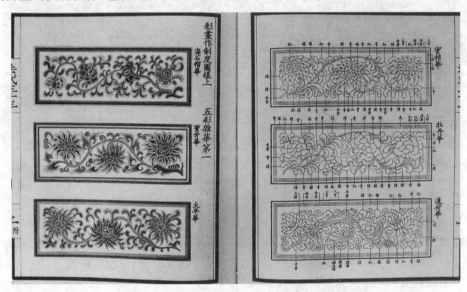

图 1-2-24　《营造法式》中描绘的彩画作举例

　　元明清彩画成为整体建筑艺术的有机组成。从属于建筑技艺所需，彩画样式繁复、高度程式化（图 1-2-25）。

（a）浑源永安寺传法正宗殿满铺彩画，　　　　（b）宜兴明代徐大宗祠边贴梁架彩画
　　梁上立天宫楼阁小木作

图 1-2-25　明代彩画举例

4. 色彩

我国各地域的古建用色相当丰富多彩。形成原因众多：

第一，与我国古代建筑多采用木构架体系有关。

第二，与古代建筑等级制有关。北京故宫可谓最典型实例，白色的汉白玉栏杆、基座，红色的墙身，金黄色琉璃瓦顶，青绿为主色、艳丽的檐下和玺彩画等形成紫禁城建筑组群，在周边灰色瓦顶、墙身建筑的映衬下，如众星捧月、拱卫北辰，人间天居（图10-2-3）。

第三，是各地域传统建筑文化因地制宜发展的结果。例如，西藏、新疆、青海、四川等高海拔地区，多采用大面积原色（白、红、黄等），在蓝天白云下形成强烈的视觉效果；再如江浙皖一带水乡或山地建筑，粉墙、黛瓦、栗柱，在桨声灯影之中、翠竹青柳之间，似时空变幻的国画山水，洋溢着浓浓书卷气。江淮平原的传统建筑多采用青砖墙身，讲究者磨砖对缝砌筑，相当精湛、雅致，南京地域亦然[1]。

四、用　材

一般认为，我国古代建筑包括土、木、砖、石四大结构。因不同的用材特性，相应有不同的结构技术[2]。

1. 土

"累土"：夯土构筑，南北方均有。BC4000—BC3000年之间，我国南方就出现夯土城垣及城内夯土建筑，如湖南澧县城头山城址[3]。

文献中早有用土建房。《诗·大雅·绵》："乃召司空，乃召司徒，俾立室家。其绳则直，缩版以载，作庙翼翼"。可见当时的建筑，利用绳索以定夯土版筑的横平竖直。

除夯土外，土坯采用亦早。目前，我国最早的土坯建筑发现于铜石并用时代早期，绝对年代约BC3500—BC2500年[4]，延续至今不绝。此外，土坯墓亦为阴宅之一种。或认为，新疆土坯应在BC1900—BC1300年，自中西亚沿着一条由西向东经塔里木盆地北缘—吐鲁番盆地—中部天山北麓—哈密盆地的路线传播，推断在史前就有联系东西方文化的"史前丝绸之路"[5]。

2. 木

木材作为我国古建最主要用材起源很早，如河姆渡遗址、半坡遗址皆然。"下者为

〔1〕 马晓、周学鹰：《渐行渐远的秦淮河房（厅）》，《建筑与文化》2013年第11期。
〔2〕 中国古代建筑技术史编写组：《中国古代建筑技术史》，北京：中国科学技术出版社，1985年，第40-42页。
〔3〕 湖南省文物考古研究所等：《澧县城头山屈家岭文化城址调查与试掘》，《文物》1993年第12期；《1997年全国十大考古新发现之四·澧县城头山大溪文化城墙及汤家岗文化水稻田》，《中国文物报》1998年2月18日。
〔4〕 李晓扬：《中国早期土坯建筑发展概述》，《草原文物》2016年第1期。
〔5〕 刘晓婧、陈洪海：《新疆建筑工艺及建筑材料的起源——以土坯为例》，《西北大学学报（自然科学版）》2015年第5期。

巢，上者为营窟"[1]。

至于为何多用木构，仁者见仁（表1-2）。其原因众多，应是多方综合的结果，尤其与木构特点密切相关。如："生长迅速[2]，取材方便；易于加工，施工简便[3]；适应性强，使用灵活；便于修缮，易于拆迁[4]；经济适用，造型优美；抗震优越，结构成熟[5]。"加上材质触感温和、顿感亲切，优点众多。

表1-2　我国古代建筑采用木材因素举例

序号	论著者	内容	资料出处
1	刘致平	我国最早发祥的地区——中原等黄土地区.多木材而少佳石，所以石建筑甚少	《中国建筑类型及结构》，北京：中国建筑工业出版社，1987年，第2页
2	徐敬直	因为人民的生计基本上依靠农业，经济水平低，因此尽管木结构房屋很易燃烧，二十多个世纪来，仍然极力保留作为普遍使用的建筑方法	《中国建筑》，原文：Gin Djih Su：Chinese Architecture, past and contemporary, 1964 Hong Kong P203
3	李允鉌	"神"和"物"都是永恒的，"人"却是"暂时"的，在不同的价值观念下自然产生不同的选择态度和方法，在整个长期的历史发展过程中.中国人坚持木结构的建筑原则相信与此有很大的关系	李允鉌：《华夏意匠》，香港：广角镜出版社，1984年，第33页
4	梁思成	从"用石方法之失败"和"环境思想方面"进行探讨	《中国建筑史》，北京：百花文艺出版社，1998年，第17-18页
5	陈薇	木结构作为先进技术和社会意识的选择	《木结构作为先进技术和社会意识的选择》，《建筑师》2003年第3期
6	马晓	中国古代木构架建筑建构思维方式	《建筑史》2008年第23期

室内装修也多用木。除干栏而外，河南安阳侯家庄商代后期大墓，采用的木地板长2～4、宽0.2～0.4米，室壁木板最长达6米，部分还保留红色，雕刻花纹，镶野猪牙[6]。至于墓室里的棚木、铺地木遗迹就更多了[7]。阴宅是阳宅的缩影，棺椁实为逝者的居室。

[1]《孟子·滕文公》，见陈戍国点校：《四书五经》，长沙：岳麓书社，1991年，第93页。

[2] 有些地方民间有种"十八树"的习俗：即诞生男婴后，为人父母者要及时在房前屋后、田垄塘边等，栽种可以用于建房的苗木，在男孩长大成人时砍伐，为其建屋成家之用。

[3] 如隋文帝新建大兴城，短短八个多月就基本具备都城功能。

[4] 我国由于朝代更替，拆除前代的宫殿、宗庙等，取用建材修建当代宫殿建筑的实例较多。例如，汉末长安城建筑用材、唐末洛阳、金中都；以及太平天国时期拆毁明故宫、南京城内富户大宅修建天朝"太阳城"。新中国成立以来，由于各种原因迁、移建古代建筑实例亦多，例如，为修建三门峡水库，将原位于永乐镇的元代永乐宫，整体搬迁至山西芮城；修建三峡水库迁建的张飞庙、江渎庙等，不胜枚举。

[5] 我国古代木构建筑承重结构与维护结构往往分开，有墙倒屋不塌之谓。

[6] 北京大学历史系考古教研室商周组：《商周考古》，第98页；中国社会科学院考古研究所：《殷墟的发现与研究》，第104页。

[7] 如秦始皇陵园K9901。见始皇陵考古队：《秦始皇陵园K9901试掘简报》，《考古》2001年第1期。

《荀子·礼论》："故圹垅,其貌象室屋也;棺椁,其貌象版、盖、斯、象、拂也。"[1]

3. 砖

至少在西周,我国古建筑已用砖。初期用砖,首先主要在墓室,此后逐渐出现在地面建筑上,如铺地、台阶、墙基及局部墙面。

春秋战国时出现用巨大空心砖的空心砖墓,显示制砖水平成熟,延续至汉代[2]。

秦汉砖瓦质量高,素有"秦砖汉瓦"之谓。

号称我国古代两大塔王之一的嵩岳寺塔[3],建于北魏,完全用砖砌筑,形体优美(图5-2-17)。

隋唐至明清,砖产量渐增。遗留下的不少仿木构辽塔以精美、壮硕著称。

明代,砖生产跨越式发展,遗留下为数不少的砖构无梁(量)殿[4]。此时琉璃制品(砖、瓦)质量极高,登峰造极,完整遗留至今的洪洞广胜上寺飞虹塔堪称代表,令人惊叹(图1-2-26、下册图9-2-35)。

从现有资料看,我国古建筑用砖基本可分大、小两套系统,已有一套制度,值得进一步深究。

图 1-2-26 洪洞广胜上寺飞虹塔

4. 石

石工出现很早。《礼记》："天子之工六,曰:土工、金工、石工、木工、兽工、草工,典制六材。"[5]楚庄王时,优孟曾言"……雕玉为棺,文梓为椁,楩枫豫章为题凑。"[6]采用文石。

考古资料证明,石材作建材在古代中原初用作柱础。利用天然石块作柱础,如河南偃师二里头建筑遗址中,及商代初期的高台建筑中。

西周时作为柱础石的天然石块仍埋置地面下。

秦汉建筑遗址已有柱础石露出地面者。除天然石外,还有经加工后的四方形础石(图1-2-27)[7],显示柱础用石的进步。

[1] 《荀子·礼论》,《二十二子》,缩印浙江书局汇刻本,上海:上海古籍出版社,1986年,第336页。

[2] 相比较于后世的墙体砖,此时的空心砖体积巨大。砖的体积越大,坯体越易变形,制坯越难;坯体越大,越不易均匀受火,同样更容易变形。而空心砖巨大的体积,形体横平竖直,表面满布压印的纹饰,足以显示此时制砖高超的技艺。

[3] 两大塔王:一是嵩岳寺塔(砖塔),建于北魏,属于密檐塔;一是应县释迦塔(木塔),建于辽代,属于楼阁式塔(见下册图7-2-30～7-2-33)。

[4] 目前,我国境内遗留的最大的明代无梁殿是南京灵谷寺无梁殿、最早者为苏州开元寺无梁殿。四川安岳石鼓乡的木门寺无际禅塔亭也建于明代,内部仅一拱,可为最小的无梁"殿"。

[5] 朱彬:《礼记训纂·曲礼》,北京:中华书局,1996年,第62页。

[6] [西汉]司马迁撰:《史记》卷一百二十六《滑稽列传》,《二十五史》(百衲本),杭州:浙江古籍出版社,1998年,第285页。

[7] 例如:秦始皇陵出土的方形柱础石。已经长时期误称为"罗经石"、实际为汉景帝阳陵陵寝建筑的柱础石等。

图 1-2-27　西安汉阳陵罗经石建筑遗址

三国、六朝以后，柱础加工愈发精湛。此时，因受佛教艺术深刻影响，莲花柱础出现，为我国唐宋雕刻精美柱础的先声。

宋代及其后柱础有部分趋于复杂，出现多层柱础。

元明清以降，柱础的艺术性相对逐渐下降，而装饰性渐趋繁复。

第三节　主要特征

一、时空广阔，造型丰富

我国幅员辽阔。东、南滨海，西、北深入大陆，整体地形西北高、东南低。自南而北，我国气候分热带、亚热带、温带和亚寒带。自然环境对我国古代建筑影响深远，是首要因素。《周易·系辞下》："古者包牺氏之王天下也，仰则观象于天，俯则观法于地，观鸟兽之文，与地之宜，近取诸身，远取诸物，于是始作八卦，以通神明之德，以类万物之情。"[1]此可谓我国古人客观认识世界，观察事物的方法论。

我国各地因地制宜、因材致用，创造了各具特色的地域建筑，极其多彩。例如：南方气候炎热而潮湿山区、北方寒冷地域均有架空的建筑——"干栏"[图 1-3-1(a)]；

北方游牧民族有便于迁徙的轻木骨架覆以毛毡的毡包式居室——"蒙古包"[图 1-3-1(b)]；

新疆、西藏、甘肃、宁夏、山西、陕西、河北等干旱少雨地区有土墙平顶[密肋平顶，图 1-3-1(c)]或土坯拱顶（屯顶）的房屋，清真寺则多用穹窿顶[见下册图 8-2-39(a)]；

〔1〕　陈戍国点校：《四书五经》，长沙：岳麓书社，1991年，第201页。

(a) 干栏——云南沧源翁　　(b) 蒙古包——内蒙古　　　(c) 密肋平顶——青海洪水
　　丁小寨民居　　　　　　　　希拉穆仁草原　　　　　　　泉清真寺附近村居

图 1-3-1　我国各具特色的地域建筑(一)

　　黄河中上游利用黄土壁立不倒的特性挖出横穴作居室——窑洞[图 1-3-2(a)][1]，地上、地下形态各异；

　　(a) 窑洞——淳化史家原乡地坑院　　　　　　(b) 井干——壤塘曾克寺民居

(c) 石板屋——贵阳民居

图 1-3-2　我国各具特色的地域建筑(二)

---

〔1〕　可分三种：靠山窑(即依靠山崖横向挖出的窑洞)、平地窑(又称地坑院，平地向下挖出的窑洞)、锢窑(平地上模仿垒砌出的窑洞)。见马晓、周学鹰：《说说黄土窑洞》，《文史知识》2007 年第 4 期。

东北、西南、西北木材丰富的地域,则利用原木垒成墙体的"井干"式建筑[图 1-3-2(b)];石料丰富的山区,多用石块、石条砌筑墙身,甚或用石板(片)盖顶,建造全石质的建筑等[图 1-3-2(c)]。

至于木构架承重的建筑形式,分布广泛,是我国使用面最广、数量最多的类型。

我国各地风俗民情不一,习俗多有不同,各地域文化均具有特色。作为地域文化最重要载体的建筑文化,别样多彩,呈现出不一样的风貌。

北方气候严寒,建筑外观厚重,布局多取南向、庭院宽大以利日照,墙体、屋顶厚重便利保温,色彩沉静;室内多用火炕,并与灶台结合在一起,民居入口堂屋灶台多者达 4 座,经济适用。

南方热带、亚热带地域气候温暖潮湿,建筑外观相对轻巧,布局多取南向或东南向,以利夏季的穿堂风;或采取下部架空的干栏形式,底层饲养牲畜又可通风带走异味,同时流通空气、减轻潮湿;其用材除土、木、砖、石外,还有竹、芦苇、藤条等;墙体较单薄(木板壁、编竹抹灰等)、开窗数量多、面积大;色彩亮白,风格轻盈,与北方相对。

处于两者之间的温带地域,墙体相对厚度、色彩、风格等处于两者之间;越往南则偏向南方,越往北则近于北方。

总之,各地民众依据不同的自然条件,创造了丰富多彩的建筑形式。

二、类型多元,等级鲜明

我国传统建筑按功能可分为居住建筑,行政建筑及其附属设施,礼制(祭祀)建筑,宗教建筑,商业与手工业建筑,教育、文化、娱乐建筑,园林与风景建筑,市政、标志建筑,防御建筑等[1]。历代以降,经济文化发达之地,也是建筑文化兴盛之乡。

我国古代建筑类型繁多,地域特色鲜明。如福建土楼(见下册图 10-2-19～10-2-22)、开平碉楼[图 1-3-3(a)]、北京四合院、江南厅堂(见下册图 9-2-7、图 10-2-17)、徽州民居[图 1-3-3(b)]、西藏四川的碉楼[图 1-3-3(c)]、重庆吊脚楼[图 1-3-3(d)]、海南船屋[图 1-3-3(e)]等,不少已名列世界文化遗产。

各地域建筑,依其独有布局、构架、规模、选材等,逐渐形成相对固定的技艺形式,并有代表性称谓。如云南"一颗印""三坊一照壁",福建土楼"三堂两横",土家吊脚楼"三柱两骑、五柱四骑",江苏南京"九十九间半"[2]等。

各地区的经济水平、文化思想、政治秩序等,是我国古建筑发展的内在动因,政治目的更是贯穿营造始终。通过忠君、孝亲之类的家国同构,形成等级鲜明的社会网络。

由此,类型多元的古建筑,重伦理秩序,强调等级,大到城市,小到单体在群体中的位置,再小至单体规模大小、台基高矮、开间数目、大木做法、屋顶形式、墙面色彩、门钉门环及壁画彩画(图 1-3-4)等,面面俱到,均等级森严。或可谓,等级制是我国传统建筑文化的

---

[1]　实际上,尽管建筑功能不同,但木构体系并无多大区别。

[2]　马晓、周学鹰:《地域建筑的文化解读——南京"九十九间半"》,《华中建筑》2012 年第 1 期。

(a) 江门开平碉楼——乙照楼

(b) 西递村景

(c) 马尔康卓克基土
司官寨碉楼入口

(d) 重庆周家湾的吊脚楼
(底层已经封闭)

(e) 海南洪水村的船型屋

图 1-3-3 我国各具特色的地域建筑(三)

最大特色之一。

此等级制建筑文化,基本确定于周,《周礼·考工记》为佐证;成熟于北宋,《营造法式》为确证。周代各类建筑都须严格按照等级制(禁止僭越、变更),以显示其上下、内外、亲疏、嫡庶等。例如:

城市可分天子王城,大、小诸侯都邑及地方城市等。

天子之堂九尺,诸侯七尺、大夫五尺,士三尺,以高为贵。

柱子色彩:天子丹,诸侯黝垩,大夫苍,士黈。

宋代以降,屋顶尊卑有分,上下有等:重檐庑殿、重檐歇山、庑殿、歇山、悬山、硬山、卷棚、攒尖顶,等级由高而低,规制严明。明清更为严格。

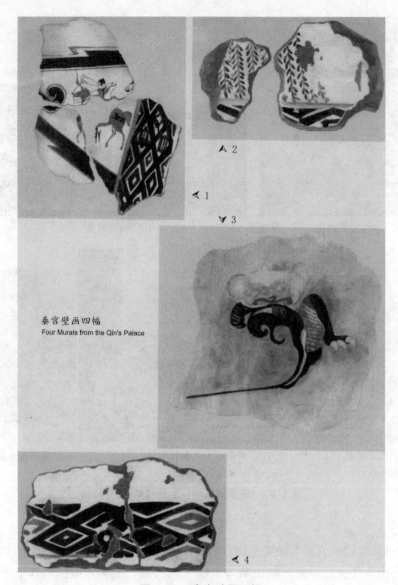

秦宫壁画四幅
Four Murals from the Qin's Palace

图1-3-4　秦宫壁画四幅

三、大木斗栱，屋顶反曲

技术是建筑艺术发展的基础，古今中外皆然。我国古建技术内容众多，木构技术别具特色，主要有大木作、小木作、彩画作，及构架方式、模数尺度等。对大木作而言，涉及斗栱、昂、梁栿、椽望等一系列主要承重构件，历代特色鲜明。

仅斗栱而论，唐宋时发生较大变革：从偷心造向计心造、从单栱造向重栱造、出现斜栱、产生附角斗、从硕大与奔放向相对纤巧与秀丽、从所占立面高度1/3以上向1/5以上发展等，都较大改变了斗栱形象及其功用。

但整体来看,最大变化莫过于由斗栱配置变化所带来的整体构架方式的变动。例如,从无补间铺作到有补间铺作、从补间铺作一朵向补间铺作二朵、三朵、四朵甚至更多发展。实际是由柱头铺作承重为主向柱头、补间联合承重转变。因此,由斗栱配置所产生的外观变化,不但改变形象,更重要的是带来及伴随一系列木构技术上的演化。

斗栱应是等级制产物,是等级思想文化的重要载体之一,是我国古建特色最大的构件。如唐《营缮令》:"王公已下舍屋,不得施重栱、藻井。"

汉代屋顶或为直坡,主体建筑受梁架用材所限,为扩大进深在四周增加回廊,回廊屋檐略低于主体屋顶,斜度稍平缓,以便室内多纳入阳光,遂出现跌落式屋顶。目前资料,战国已出现背饰,西汉已较多样,东汉后期,出现把正脊和垂脊、角脊头加高略显曲线做法,利用屋脊上翘,造成轻举效果。

六朝时屋顶产生举折(清称举架)。随着屋顶折线、屋脊曲线多向发展,最终出现反曲的大屋顶,形成生动的翼角起翘。反曲屋面也是中国建筑最重要特色之一。

四、天地人和,风水禁忌

古建筑不仅是古人休憩之所,更是他们汲取天地精华、修身养气、交通天地人神的必经之途,阳宅、阴宅概莫能外。

因此,动土建房受到社会各阶层高度重视。统治者将其与表征正统的天地日月、江山社稷、延续龙脉等紧密相连,黎庶百姓亦将其视为保佑今世福寿、荫及子孙的必由之径。由此,将个体融入自然,塑造"天地人和"的理想环境,成为最高追求。

风水一词,一般认为语出晋代郭璞《葬经》:"气乘风则散,界水则止。古人聚之使不散,行之使有止,故谓之风水。风水之法,得水为上,藏风次之"[1]。其渊源久长,最早在商周的"卜宅之文"或更早就已出现,文献如《尚书》《诗经》等。发掘的殷商资料,多有所现。史箴先生认为,"风水之义,由其典出及上述释义,可大略窥知,盖为考察山川地理环境,包括地质水文、生态、小气候及环境景观等,然后择其吉,而营筑城廓室舍及陵墓等,实为古代的一门实用学术"[2]。由此,风水是对自然包含着一定合理成分的直观经验认识,"风水=山水+人文"(图 1-3-5)。

风水术对我国古建筑文化的影响,不论对阴宅或阳宅、逝者与生人,都是巨大的。"事死如事生、事亡如事存""不知生焉知死"的观念深入人心。其实,不知死又焉知生。生死相依,祸福相随!

因认识所限,古人误其有趋吉避凶、安生荫后等特效,并影响其实际生活几乎所有方面。因此,研究风水术,是解读古人思想文化、哲学观念、理解其所作所为等的钥匙或窗口,意义重大。

---

[1]　顾颉:《堪舆集成》,重庆:重庆出版社,1994 年,第 340 页。
[2]　王其亨:《风水理论研究》,天津:天津大学出版社,1992 年,第 3-12 页。

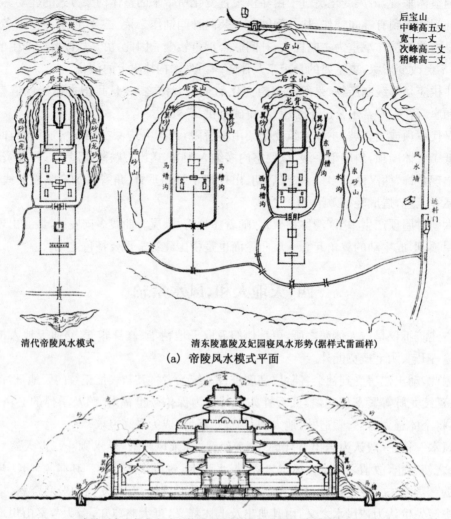

清代帝陵风水模式　　　　清东陵惠陵及妃园寝风水形势（据样式雷画样）

后宝山
中峰高五丈
宽十一丈
次峰高三丈
稍峰高二丈

(a) 帝陵风水模式平面

帝陵后宝山与左右砂山的景观效果：环抱有情，不逼不压，不折不窜

(b) 帝陵后宝山砂山立面

图 1-3-5　帝陵风水图

五、材份丈尺，主人匠师

建筑构件的预制装配化与尺度模数制，是我国古建筑的重要特征。它使得古建的施工与管理，达到了相当高水平。而不少建筑（园林）营造，又是主人与匠人的共同创造。

大木构架是我国古建技术核心。其尺度因与模数制联系紧密，并与古代风水文化密切相关，是古建构架技术发展的外在表征。构架方式、模数尺度两者之间是相互关联、有机的整体。如房屋的开间、进深，是以大尺度的丈、尺来定；对于搭建的具体构件而言，则采用"以材为祖"标准化的大木模数制，二者并行，使木构的设计、施工达到了相当程度的预制装配化，臻于估工算料、简便易行之效。

实际上,《周礼·考工记》关于野、都、鄙、乡、闾、里、邑、丘、甸等大小的规划制度,不仅说明当时已有系统规划思想、等级观念,更可谓模数制先驱。宋至清的古建木构技术上的演化,从"我国古代建筑的两部文法"[1]——《营造法式》《工程做法》中,可得到清晰说明。如宋《营造法式》规定大木构件"以材为祖",清工部《工程做法》确立以"斗口"为模数等。

中国古建筑匠人、主人共同营建的二元制方式也是一大特色。匠人主要掌管技术,主人设定建筑功能和意义,二者相辅相成又相互制约。"三分匠,七分主人",主人的作用巨大,主人面涵盖很广,既有达官贵人、也有各类文人诸色人及"能主之人"等。总体而言,一般匠人地位较低下,常以服役形式完成工作,且需世袭传承,工作热情及技术交流都有一定限制,使得中国古建技术渐进发展;但主人的作用,却使古建筑艺术达到较高水平,或者说赋予了建筑一定的社会文化意义。

总之,无论匠人抑或主人,对于人的充分尊重与解放,是我国古建筑得以辉煌及传承的基本保障。据此,研究中国古建筑的最终目的,仍在于通达"天地人和"的理想境界!

小　结

中国古建筑自远古缓慢萌芽以来,新石器时代进入发展相对较快阶段,夏商时进一步加速,两周至秦汉颇丰富多彩,经六朝的国内外融合,至隋唐而宋,终于成熟并趋极盛,又经元代变革、明清复兴而渐趋停滞。民国时的转型再生又中断而未竟,至今已然衰败了!

首先,我国古建筑是早熟的体系,西周时已相当成熟。历经初创、形成、发展、滋衰、再生,本是持续不断的发展、演化历程。民国的再生、变革后,其有机更新进程基本被断,迄今仍处在茫然探路之中。

其次,我国古建筑整体特征鲜明,外观、内部装修皆然。布局多因地制宜,如平原或山间平坦地带多采用沿中轴线的院落式格局,规模大者可多路多进,组成村落、市镇与城市。院落高低错落、开合有致,中轴对称、等级谨严,创造出中正平和的视觉效果。

再次,单体技艺多彩,特色显明。我国古建筑多采用大屋顶、斗栱、木构架,其大木作、小木作、砖石作、彩画作等,均自成体系又密切相关,土、木、砖、石、金属、陶瓷等多样用材,技术与艺术交融,取得辉煌成就。各地传统建筑或多或少具有特色,就木构架而言,如抬(叠、迭)梁式、穿斗(川斗、川逗、穿逗)式、叉手式三大类之中,又可分别划分出多种型、式,目不暇接。

又次,木构建筑优点较多,缺点也不少。优点:取材方便、易于加工;适应性强、使用灵活;抗震优越、结构成熟,承重结构多与维护结构分开,"墙倒屋不塌";施工简便、速度快、

〔1〕　梁思成:《梁思成全集·第四卷》,北京:中国建筑工业出版社,2001年,第295页。

周期短；装配式体系，便于修缮、易于拆迁[1]；经济适用[2]、造型优美。缺陷：砍伐林木、破坏自然；受潮虫朽、屡遭火灾；简支梁架、空间不大等。

最后，影响我国古建筑的因素众多。如自然环境、社会政治经济、等级制思想文化、民情习俗及建筑技艺发展的客观规律等，相互交融、彼此难分。

因之，技术、文化是研究我国古建筑的两大支撑，交织而行，不可偏颇。

本章学习要点

榫卯	三雕
院落	灰塑
廊院	琉璃
四合院	楼阁式塔
多路多进	密檐式塔
抬梁式	喇嘛塔
穿斗式	无量殿
叉手式	窑洞
斗栱	等级制
屋顶类型及等级	模数制
间及平面形式	风水文化
装折	地域建筑
彩画	岐山凤雏西周宗庙建筑遗址

---

[1]　如：汉末董卓拆毁长安建设洛阳，以及唐末洛阳、金中都等的拆旧建新，现代为修建三门峡水库迁建永乐宫等。

[2]　旧俗，农家生男丁后，房前屋后往往种树，谓之"十八树"，待长大成人后砍伐建房，便于婚娶。

第二章　原始建筑

原始建筑发展极其缓慢。原始人从利用天然洞穴，到建造半（浅）穴居、巢居，逐步掌握地面房屋技术，创造原始木构，满足最基本的居住与公共活动要求。以现有材料而言，从开始主动建造居所迄今，约经历了1.1万年左右。

我国原始社会先后经历旧石器时代和新石器时代，新石器时代末解体。

旧石器时代：约从400万年前始，止于距今1.2万年至1万年[1]。劳动工具以打制石器为主，也使用木器、骨器、角器和蚌器[2]。

新石器时代：始于距今11000年左右。目前我国已发现和发掘的新石器时代遗址六、七千处之多[3]。总体而言，中心在今黄河及长江中、下游流域一带[4]。已有典型聚落，供生产与生活用的窑址、公共房屋、住所、窖穴和畜圈，供防御的城垣、壕沟，原始崇拜的祭坛、神庙和神像及氏族公墓等。

第一节　聚　落

一、旧石器时代遗址举要

1. 华北地区

华北地区在中国旧石器时代占重要地位。目前，以山西芮城西侯度最早，距今180万年前后[5]，出现用火痕迹，并发现两件有人工加工痕迹残鹿角，说明时人具备在骨角、石、木等坚硬物体上刻划图画、符号的能力[6]。

---

〔1〕 马利清：《考古学概论》，北京：中国人民大学出版社，2010年，第58页。

〔2〕 张之恒：《中国考古学通论》，南京：南京大学出版社，第4－5页。

〔3〕 张景书：《中国古代农业教育研究》，咸阳：西北农林科技大学出版社，2006年，第35页。

〔4〕 未来在淮河流域、珠江流域等，或许也有相应年代的新石器时代早期遗址，是中华文明起源的重要环节。

〔5〕 赵文润：《中国古代史新编》，西安：陕西人民出版社，1989年，第1页。

〔6〕 周兴华：《解读岩画与文明探源：聚焦大麦地》，银川：宁夏人民出版社，2008年，第144页。

　　房山周口店北京人遗址，规模较大，东西长约 140、中部最宽处约 20 米[1]。早期距今 75 至 55 万年，中期 55 至 40 万年，晚期 40 至 30 万年。"北京人"约在距今 70 万到 20 万年间在此居住，长达 50 万年。

　　此后，"北京人"遗址上部洞穴中，又发现距今约 1.8 万年"山顶洞人"骨骼化石及石器、骨器、装饰品等，"山顶洞人"已掌握取火术。

　　1973 年，在龙骨山东南角新洞穴中，发现距今约 10 万年前人齿化石一枚——"新洞人"[2]。

　　北京人群居在龙骨山天然洞穴里，躲避风雨和严寒酷暑，也便于防御猛兽。使用天然洞穴，应是此时温带丘陵地区猿人的主要栖居方式。

　　火被用来取暖、照明和驱逐猛兽。因此，北京人可逐渐脱离自然岩洞，较自由选择更适宜的生活环境，促成生存空间的开拓[3]。

　　2. 东北地区

　　旧石器时代早期有辽宁营口金牛山[4]和本溪东南的庙后山[5]，均为洞穴遗址。"庙后山石制品在技术和类型上与北京人石器十分接近"[6]，说明东北地区旧石器时代文化与华北联系密切。

　　中期如辽宁喀喇沁左翼蒙古族自治县的鸽子洞遗址[7]。

　　晚期有辽宁凌源西八间房、海城县小孤山遗址（建平县的建平人化石），黑龙江哈尔滨呼玛十八站等处。西八间房的石器有刮削器、尖状器及琢背小刀[8]；小孤山遗址出土石制品、装饰品千余件，发现用火痕迹[9]；呼玛十八站也出土具有细石器传统的石制品[10]。

　　3. 长江流域

　　遗址较多。早期有四川巫山龙骨坡人类化石和石制品[11]、湖北郧县龙骨洞的郧县人[12]等；中期有湖北长阳县人类化石[13]；晚期 4 万至 1 万年前的江苏境内，有泗洪下草湾[14]、

〔1〕　张森水：《中国旧石器文化》，天津：天津科学技术出版社，1987 年，第 102 页。

〔2〕　杨金鼎：《中国文化史词典》，杭州：浙江古籍出版社，1987 年，第 2 页。

〔3〕　刘叙杰：《中国古代建筑史·第一卷》，北京：中国建筑工业出版社，2003 年，第 3 页。

〔4〕　金牛山联合发掘队：《古脊椎动物与古人类》1978 年第 2 期。

〔5〕　李恭笃、刘兴林、齐俊：《辽宁本溪县庙后山洞穴墓地发掘简报》，《考古》1985 年第 6 期。

〔6〕　魏海波：《辽宁庙后山遗址研究的新进展》，《人类学学报》2009 年第 2 期。

〔7〕　辽宁省博物馆、中国科学院古脊椎动物与古人类研究所鸽子洞发掘队：《辽宁鸽子洞旧石器遗址发掘报告》，《古脊椎动物与古人类》，1975 年第 2 期。

〔8〕　辽宁省博物馆：《凌源西八间房旧石器时代文化地点》，《古脊椎动物与古人类》1973 年第 2 期。

〔9〕　张镇洪等：《辽宁海城小孤山遗址发掘简报》，《人类学学报》1985 年第 1 期。

〔10〕　魏正一、干志耿：《呼玛十八站新发现的旧石器》，《求是学刊》1981 年第 1 期。

〔11〕　黄万波：《丛巫山龙骨坡文化　探索人类的起源》，《四川三峡学院学报》1999 年第 6 期。

〔12〕　阎桂林：《湖北"郧县人"化石地层的磁性地层学初步研究》，《地球科学》1993 年第 2 期。

〔13〕　李天元：《湖北省长阳县果酒岩发现古人类化石》，《古脊椎动物与古人类》1981 年第 2 期。

〔14〕　吴汝康、贾兰坡：《下草湾的人类股骨化石》，《古生物学报》，1955 年第 1 期。

丹徒白龙港山联通的人类化石和东海县大贤庄的大型石器制造场[1]等。

南京汤山猿人遗址,属横穴。该处是江南迄今发现唯一完整且和北京周口店同期的古猿人活动遗址。或云此遗址前期不太适合人居,但后期环境适宜[2];或云"出土南京直立人化石的南京汤山葫芦洞并非居住遗址"[3]。时间说法不一,近来多取"南京直立人的生存年代距今 60 万年在右"[4]。

4. 华南地区

遗址亦众。早期有云南元谋人化石地点[5]、贵州黔西县观音洞文化遗址[6];中期有广东曲江的马坝人化石[7];晚期有云南呈贡县龙潭山[8]、广西柳江通天岩柳江人化石[9]等。

华南旧石器时代文化与华北有相似处,都以石片时期为主。但又有特色,如大多用砾石、石核,特别是小石块制成。早期文化区域特点不彰,中、晚期渐强,或与地理环境和氏族形成有关[10]。

5. 其他地区

青海省霍霍西里曲水河[11]、西藏定日县东南苏热山南坡小河[12]等地,也发现石器制作点。其时自然条件远比现在优越,适宜古人居住[13]。

由于目前我国旧石器人类居住资料匮乏,本书着重于新石器时期。

二、新石器时代遗址举要

此期先民为生产便利和生活安全,群居并从事原始农业、渔猎或畜牧等,聚落产生。除草原游牧民族外,农业部落多定居。西藏象雄原始岩画中,已出现圈养牲畜的畜栏、畜圈等,且有帐篷,已有居所(图 2-1-1)[14]。

随着社会发展,聚落日益丰富。除居所外,还有存贮物品(粮食、陶器……)的窖藏,圈

〔1〕《中国民族民间器乐曲集成》编辑委员会、《中国民族民间器乐曲集成·江苏卷》编辑委员会:《中国民族民间器乐曲集成·江苏卷(上)》,北京:中国 ISBN 中心,1998 年,第 2 页。

〔2〕 朱诚、张建新、俞锦标:《南京汤山猿人生存古环境重建探讨》,《地理科学》1998 年第 5 期。

〔3〕 张之恒:《南京直立人生存年代的研讨》,《东南文化》2001 年第 5 期。

〔4〕 张银运、刘武:《再论南京直立人的高耸鼻梁和气候适应》,《人类学学报》,2010 年第 2 期。

〔5〕 周国兴、胡承志:《元谋人牙齿化石的再研究》,《古脊椎动物学报》1979 年第 2 期。

〔6〕 李炎贤、文本亨:《观音洞——贵州黔西旧石器时代初期文化遗址》,北京:文物出版社,1986 年。

〔7〕 吴汝康、彭如策:《广东韶关马坝发现的早期古人类型类人化石》,《古脊椎动物学报》1959 年第 4 期。

〔8〕 邱中郎、张银运、胡绍锦:《昆明呈贡龙潭山第 2 地点的人化石和旧石器》,《人类学学报》1985 年第 3 期。

〔9〕 李有恒、吴茂霖、彭书琳、周石保:《广西柳江土博出土的人牙化石及共生的哺乳动物群》,《人类学学报》1984 年第 4 期。

〔10〕 韩欣:《考古中国(上)》,天津:天津古籍出版社,2006 年,第 19 页。

〔11〕 雪犁:《中国丝绸之路辞典》,乌鲁木齐:新疆人民出版社,1994 年,第 143 页。

〔12〕 石硕:《西藏石器时代的考古发现对认识西藏远古文明的价值》,《中国藏学》1992 年第 1 期。

〔13〕 马生林:《青藏高原生态变迁》,北京:社会科学文献出版社,2011 年,第 40 页。

〔14〕 察仓·尕藏才旦:《西藏本教》,拉萨:西藏人民出版社,2006 年,第 23 页。

养牲畜的畜栏，公共活动的广场、祭坛及"大房子"，供防御的环壕、吊桥、围墙（或木栅栏）、烧制陶器的陶窑，埋葬亡人的墓地等。它们或在环壕内，或在环壕外，形成有机的聚落群。聚落内外对居住、生产与墓葬等的分区，反映认识上的进步，成为后世城镇的雏形[1]。

目前，长江中下游流域最早的壕沟，是距今 9000 年前后的绍兴市嵊州甘霖镇小黄山遗址，宽达 10 余米[2]，沟内面积约 5 万平方米。文化内涵与跨湖桥、河姆渡、马家浜文化不同（图 2-1-2）[3]。

图 2-1-1　西藏岩画中的帐篷

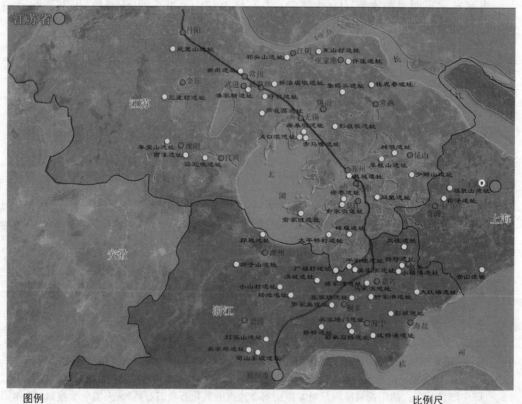

图例

⬤ 省会　　● 主要市县　　○ 马家浜文化遗址　　— 京杭运河

比例尺

0　15　30　45 km

图 2-1-2　江浙沪马家浜文化遗址分布示意图

〔1〕刘叙杰：《中国古代建筑史·第一卷》，北京：中国建筑工业出版社，2003 年，第 42 页。

〔2〕王心喜：《小黄山遗址新石器时代早期遗存的考古学观察》，《绍兴文理学院学报》（哲学社会科学）2006 第 2 期。

〔3〕王心喜：《长江下游原始文明新源头——浙江嵊州小黄山新石器时代早期遗存的考古学研讨》，《文博》2006 年第 4 期。

1. 黄河流域

此域新石器时代聚落都以农业为主。但各地自然条件与经济发展不同，建筑形式有较大差别。黄河上游黄土高原多采用横穴窑洞式建筑，使用浅穴居式和地面建筑也不少，但原有横穴窑洞仍保留下来，影响至今。而中、下游分布与黄土冲积平原，以浅穴居式为主，后发展为地面建筑[1]。

早期：河南新郑裴李岗遗址（BC5550—BC4900）[2]、河北武安磁山遗址（BC5400—BC5100）[3]、甘肃秦安大地湾遗址（BC5200—BC4800，图2-1-3）[4]等。大体分布在今甘肃东部、陕西西部、河南中部及河北南部一带。此时一般聚落面积1万～2万平方米左右，规模不大。已使用浅地穴式房屋，墓葬集中于近旁。

(a) 平面图　　　　　　　　(b) F901发掘平面与剖面示意图

(c) 二期遗址复原建筑之一

图 2-1-3　秦安大地湾遗址

大地湾遗址不仅表明甘肃是中华古文化发祥地之一，且提供史前文化完整的发展序列。其聚落从一般村落发展到中心聚落，为中国文明起源多元一体论提供重要证据[5]。

〔1〕 左满常、白宪臣：《河南民居》，北京：中国建筑工业出版社，2007年，第7页。
〔2〕 开封地区文管会、新郑县文管会：《河南新郑裴李岗新石器时代遗址》，《考古》1978年第2期。
〔3〕 孙德海、刘勇、陈光唐：《河北武安磁山遗址》，《考古学报》1981年第3期。
〔4〕 甘肃省文物考古研究所：《秦安大地湾——新石器时代遗址发掘报告》，北京：文物出版社，2006年。
〔5〕 郎树德：《大地湾遗址的发现和初步研究》，《甘肃社会科学》2002年第5期。

中期：以仰韶文化（BC5000—BC3000）为代表，首先发现于河南渑池仰韶村[1]。典型性遗址除仰韶村外，还有陕西西安半坡[2]、临潼姜寨[3]，河南郑州大河村[4]、陕县庙底沟[5]，山西石楼岔沟[6]等，聚落遗址均有一定规模、布局及多种建筑类型。例如：

西安半坡遗址：分三个区域，南为居住区，有46座房屋；北为墓葬区；西为制陶窑场。聚落体平面依功能及血缘有内、外划分，并有环壕，建造前经缜密筹划[图2-1-4(a)][7]。

(a) 遗址模型

(1) 定地基：选择适当的建筑地点
Choose the proper construction site;

(2) 设木柱：这是墙体的筋骨
Erect the posts;

(3) 架屋顶、涂草泥：房子落成
Build the roof, and paster over it with mixtrue of mud and straw;

(4) 烤地面：使地面干燥以便居住
Dry the floor, make it ready for living

(b) 半坡人建造房屋示意

图 2-1-4　西安半坡遗址

〔1〕 安志敏：《豫西考古纪略——对于仰昭文化的新认识》，《历史教学》1952年第1期。
〔2〕 石兴邦：《新石器时代村落遗址的发现——西安半坡》，《考古通讯》1955年第3期。
〔3〕 西安半坡博物馆、临潼县文化馆：《1972年春临潼姜寨遗址发掘简报》，《考古》1973年第3期。
〔4〕 郑州市文物考古研究所：《郑州大河村》，北京：科学出版社，2001年。
〔5〕 中国社会科学院考古研究所：《庙底沟与三里桥》，北京：文物出版社，2011年。
〔6〕 张长寿、郑文兰、张孝光：《山西石楼岔沟原始文化遗存》，《考古学报》1985年第2期。
〔7〕 中国科学院考古研究所、陕西省西安半坡博物馆：《西安半坡》，北京：文物出版社，1963年。

此时营造技术有进步。使用石器工具的仰韶人，建造浅穴居、地面建筑（有交替现象）；出现分隔数间的房间，大致可分早、晚二期。

墙体多木骨泥墙再涂泥，屋顶或在树枝骨架上涂泥（或草顶、树皮、木板等）。室内1～4根立柱不等，说明木构尚未规律化。柱与屋顶承重构件联结，推测用绑扎法、树丫等。室内地面、墙面（局部）做细泥抹面，或烧烤表面使之陶化，以避潮湿；或铺木材、芦苇等防水层。室内备有烧火的坑穴，屋顶设排烟口［图2-1-4(b)］。

仰韶末期出现柱子排列整齐、木构架与外墙分工、面积达150平方米的实例，表明木构水平[1]，或是公共活动场所。

木构架已有相当经验，工具有石刀、石斧、石锛、石凿等。半坡村氏族公共大房屋的四个中心柱直径达45厘米，周围壁体内33根木柱直径也有20厘米，可见采伐木料和施工技术水平。

半坡村住房平面有方、圆两种。

方形屋：多浅穴，门口有斜阶通至室内。阶道上部或搭人字形顶盖。浅穴四周木骨泥墙，支承屋顶边缘。住房中部以四柱支屋顶（或四角攒尖顶）；利用内部柱子，再建采光和出烟的二面坡顶。室内地面用草泥土压平[图2-1-5(a)]。

圆形屋：一般地面建筑。周围密排较细木柱，柱与柱间用编织法构成壁体。室内有2～6根较大柱子。屋顶或在圆锥上建一个两面坡小顶[2][图2-1-5(b)]。

姜寨遗址：位于西安临潼。村落已有初步区划，大体分居住、基地和窑场三区[3]。居住区分五组，每组以一栋大房子为核心，其他较小房屋环绕中间空地与大房子环形布置，反映氏族公社生活。

截至2002年，仅陕西境内仰韶文化聚落群就已发现74个，聚落遗址1918处，可分特级、一级、二级和三级聚落，展示金字塔形的社会等级结构[4]。类此，山西临汾境内的二百多处陶寺类型遗址，其聚落群组合亦为金字塔模式，反映当时社会表象[5]。

晚期：龙山文化（BC2900—BC1600）是仰韶文化的继续，首次发现于山东历城龙山镇城子崖[6]。遗址已超一千处，分布之广与仰韶文化相仿[7]。

与仰韶文化相较，此时有相当多房屋室内有分隔，面积缩小。但聚落发展，分布更广泛与密集，某些聚落已扩大为城。如河南北部沿洹水长7公里一段，就发现19处聚落遗址[8]。除浅地穴式建筑外，还出现地面房屋，室内地面与墙面涂白粉，个别建筑下面有夯土台基。夯土技术扩大，如城子崖城垣。

〔1〕中国科学院考古研究所、陕西省西安半坡博物馆：《西安半坡》。
〔2〕刘敦桢：《中国古代建筑史》，北京：中国建筑工业出版社，1980年，第24页。
〔3〕西安半坡博物馆、临潼县文化馆：《1972年春临潼姜寨遗址发掘简报》，《考古》1973年第3期。
〔4〕许顺湛：《陕西仰韶文化聚落群的启示》，《中原文物》2004年第4期。
〔5〕许顺湛：《临汾龙山文化陶寺类型聚落群研究》，《中原文物》2010年第3期。
〔6〕蔡凤书、栾丰实：《龙山文化研究的历程与展望》，《管子学刊》1990年第4期。
〔7〕朱士光：《黄河文化丛书·住行卷》，西安：陕西人民出版社，2001年，第178页。
〔8〕刘敦桢：《中国古代建筑史》，北京：中国建筑工业出版社，1980年，第26页。

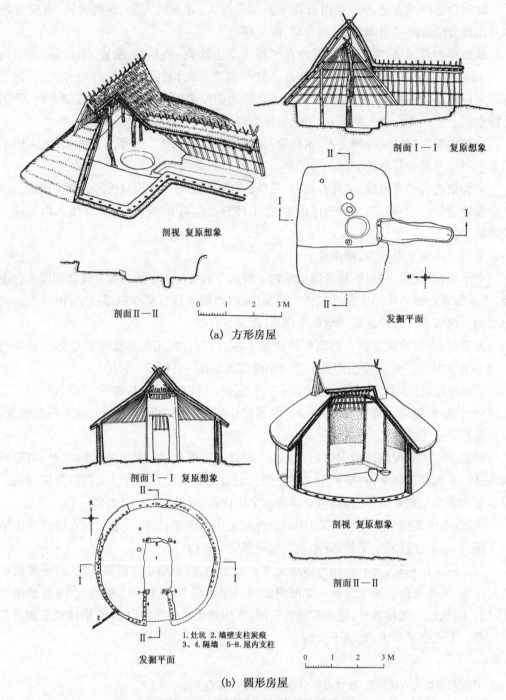

剖面Ⅰ—Ⅰ　复原想象

剖视　复原想象

剖面Ⅱ—Ⅱ

发掘平面

0　1　2　3M

(a)　方形房屋

剖面Ⅰ—Ⅰ　复原想象

剖视　复原想象

剖面Ⅱ—Ⅱ

1.灶坑　2.墙壁支柱炭痕
3、4.隔墙　5-8.屋内支柱

发掘平面

0　1　2　3M

(b)　圆形房屋

图 2-1-5　西安半坡遗址房屋复原举例

　　山西陶寺村龙山文化遗址,总面积 300 多万平方米,分居住区、墓葬区。房屋有地面、半地穴式(浅地穴式)和窑洞等不同形式,附近有窖穴、陶窑、水井、道路、石灰窑及石、骨、蚌质的生产工具、武器与大量日用陶器等,显示4000多年前陶寺先民的定居生活[1]。白灰墙面上有刻划图案,是我国已知最早的居室装饰(图2-1-6)[2]。近年来,陕西芦山峁、石峁等地,有不少重要发现。

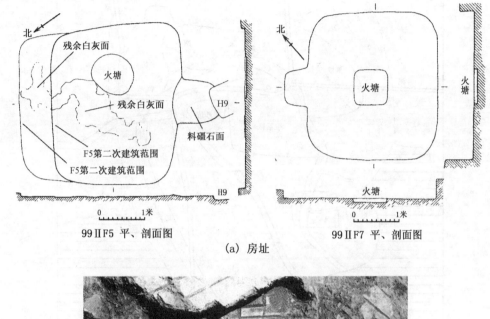

(a) 房址

(b) 房址上的白灰墙面刻划图案

图2-1-6　陶寺遗址

文献记载炎帝、黄帝、鲧、共工、禹等筑城。从山东章丘城子崖、河南安阳后岗、淮阳平粮台、登封王城岗等龙山文化城址看,华夏族在原始社会晚期已建立城邑[3]。

2. 淮河流域

目前,淮河流域最早的环壕聚落遗址,为江苏省宿迁市泗洪县梅花镇的顺山集遗址,总面积达17.5万平方米,距今8500年左右(图2-1-7),共清理墓葬92座、房址5座等,出

〔1〕　邱文选:《陶寺龙山文化遗址发掘的重大历史意义》,《山西文史资料》1996年第5期。

〔2〕　张德玉:《历史文化之谜大破译》,呼和浩特:内蒙古人民出版社,2008年,第90页。

〔3〕　杨东晨:《我国古代少数民族都城管窥》,《中南民族学院学报》(哲学社会科学版)1993年第5期。

土目前最早的灶——"中华第一灶"。

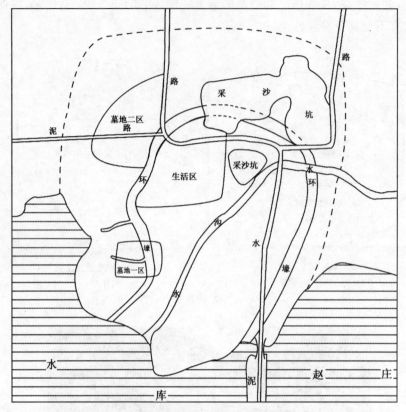

图 2-1-7　泗洪顺山集遗址平面图

　　其中，一期房址中浅地穴式与地面建筑各 1 座。F1 浅地穴式，平面近长椭圆形，面积约 7.5 平方米（图 2-1-8）。

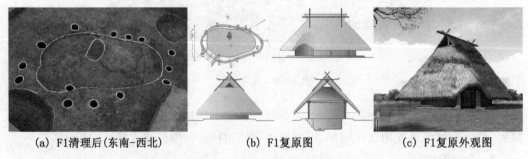

（a）F1 清理后（东南-西北）　　　（b）F1 复原图　　　（c）F1 复原外观图

图 2-1-8　顺山集遗址 F1 复原

　　二期共清理房址 3 座（F3、F4、F5），房址相毗邻，均圆形地面式。周围一圈柱洞，中部有 1~2 个中心柱。该期房子面积较一期有所扩大，如 F5 达 22 平方米[1]。

---

[1]　南京博物院考古研究所、泗洪县博物馆：《江苏泗洪县顺山集新石器时代遗址》，《考古》2013 年第 7 期。

3. 长江中游

首见于湖北京山县的屈家岭文化,此后又在湖北、湖南和河南等地陆续发现几十处具同质的文化遗存[1]。它承袭大溪文化,最后转化为湖北龙山文化[2]。

屈家岭文化晚期,地面墙体为土坯垒砌,内外抹很细的黄泥。窗框横梁和边框有榫卯,每间房内都有火塘,房屋有内走廊。其中,湖北应城门板湾遗址 1 号房址面积约 83 平方米,共 4 间房,设走廊,大房带套间,四周铺散水[图 2-1-9(a)],是中国南方稻作农业聚落的典型遗存[3]。

(a) 应城门板湾遗址1号房基址　　(b) 城头山早期聚落平面图　　(c) 城头山早期聚落模型

图 2-1-9　屈家岭文化遗址举例

湖北天门县石家河文化,以石家河镇北最密集,在约 3.5 平方公里范围内已发现 40 余处,总称石家河遗址群[4]。此外,长江中游地区还有荆门马家院[5]、江陵阴湘城[6]、石首走马岭[7]、公安鸡鸣城[8]、应城陶家湖[9]、湖南澧县鸡叫城[10]、澧县城头山[11]等城壕聚落。除城头山[图 2-1-9(b)、(c)]和阴湘城在大溪文化阶段即修建城壕外,其余城壕聚落的始建年代多在屈家岭文化晚期,废弃在石家河文化早、中期。

石家河聚落是长江中游新石器时代最大的聚落群。大规模聚落与密集聚落群,及多座占地达一平方公里的古城,多有夯土城墙、护城河及水门等。城内经一定规划,或已存在专

[1] 刘壮已:《试论屈家岭文化的农业生活》,《江西社会科学》1989 年第 5 期。

[2] 罗彬柯:《略论河南发现的屈家岭文化——兼述中原与周围地区原始文化的交流问题》,《中原文物》1983 年第 3 期。

[3] 湖北省文物考古研究所:《湖北应城门板湾新石器时代遗址》,《1999 中国重要考古发现》,北京:文物出版社,2001 年。

[4] 张云鹏、王劲:《湖北石家河罗家柏岭新石器时代遗址》,《考古学报》1994 年第 2 期。

[5] 湖北省荆门市博物馆:《荆门马家院屈家岭文化城址调查》,《文物》1997 年第 7 期。

[6] 冈村秀典、张绪球:《湖北阴湘城址研究》,《东方学报》京都第 69 册,1997 年。

[7] 荆州市博物馆等:《湖北石首市走马岭新石器时代遗址发掘简报》,《考古》1998 年第 4 期。

[8] 贾汉清:《湖北公安鸡鸣城遗址的调查》,《文物》1995 年第 6 期。

[9] 李桃元、夏丰:《湖北应城陶家湖古城址调查》,《文物》2001 年第 4 期。

[10] 曹传松等:《湘北新石器时代城址考古发现及研究》,何介钧主编,湖南省文物考古研究所编:《长江中游史前文化暨第二届亚洲文明学术讨论会论文集》,长沙:岳麓书社,1996 年。

[11] 湖南省文物考古研究所等:《澧县城头山屈家岭文化城址调查与试掘》,《文物》1993 年第 12 期。

业手工业作坊、祭祀场所、公共建筑及专用墓地等(图 2-1-10)，尤其是出土玉器精美[1]。

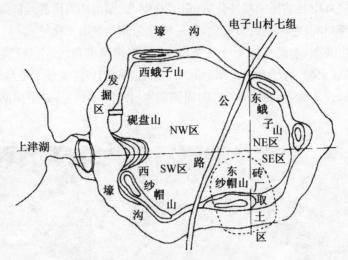

图 2-1-10 石首走马岭城壕聚落示意图

就单体而言，平面多方形或长方的地面房屋，或墙基厚达 1 米，柱洞直径达 0.3～0.4 米[2]，并有套间及长达 30 间连屋，采用草泥垛墙及木柱梁。

近年来，在长江中游地区发现的新石器时代早期文化(彭头山文化、城背溪文化等)，已有多处栽培稻遗存，农业工具中石斧多于锄、铲，打制石器逐渐让位于磨制石器、陶器出现并逐步成熟，以渔猎为主的经济逐渐让位于以种植为主的经济[3]。

彭头山与八十垱遗址位于湖南澧县境内，发现距今 8000 年前的聚落遗存及稻作实物，确立"彭头山"文化[4]。长江中游是目前我国发现史前稻作遗存最多的地区[5]。有学者称彭头山遗址为古城，是我国最城市遗址[6]，与该县城头山遗址辉映。我国是世界上文明开化最早的地区之一[7]。

4. 长江下游

早期：浙江余姚河姆渡文化(BC5000—BC4000)早期(第四文化层)距今 6900 多年，晚期(第一文化层)距今 5000 年左右，持续使用时间约 2 000 年。属河姆渡文化的田螺山遗址，出现边长 0.5 米木柱，或为干栏[8]。

遗址有干栏、浅穴居式及地面建筑等多种。其干栏下部架空，发掘长约 23、进深约 8

〔1〕 王红星：《从门板湾城壕聚落看长江中游地区城壕聚落的起源与功用》，《考古》2003 年第 9 期。
〔2〕 北京大学考古系等：《石家河遗址调查报告》，童恩正主编：《南方民族考古》第 5 辑，成都：四川科学技术出版社，1993 年，第 280 页。
〔3〕 向安强：《论长江中游新石器时代早期遗存的农业》，《农业考古》1991 年第 1 期。
〔4〕 瑞琪：《〈彭头山与八十垱〉简介》，《考古》2006 年第 10 期。
〔5〕 张绪球：《长江中游史前稻作农业的起源和发展》，《中国农史》1996 年第 3 期。
〔6〕 龙子：《中国最早的稻谷遗迹和城市遗址在常德发现》，《武陵学刊》1995 年第 3 期。
〔7〕 任式楠、吴耀利：《中国新石器时代考古学五十年》，《考古》1999 年第 5 期。
〔8〕 孙国平：《浙江余姚田螺山新石器时代遗址 2004 年发掘简报》，《文物》2007 年第 11 期。

米的木构架建筑遗址，推测是一座长条形、体量相当大的干栏(图 1-1-4)。干栏适合水网地带，应来自远古的巢居[1]。

目前，除跨湖桥遗址以外，河姆渡遗址是我国已知最早采用榫卯技术构筑木构房屋的实例[图 2-1-11]。据出土工具推测，采用石器加工。

中期：马家浜遗址位于浙江省嘉兴县城南偏西 7.5 公里，发现长方形建筑遗址，2 个柱洞中残存木柱，4 个柱洞中有朽木板痕迹(柱础)，并有加工过的 8 厘米厚居住面[2]。

目前，马家浜文化在浙江、江苏、上海等地均有发现(图 2-1-2)。杭嘉湖地区已初步建立起马家浜文化——崧泽文化——良渚文化的考古学文化序列，成为我国重要的考古学区系之一[3]。

江南史前聚落殊为发达，崧泽文化晚期的吴江梅堰龙南遗址可为代表，首次出土 5200 年前的原始村落遗址。发现新石器时代的河道、房址、各类性质的灰坑及井等，为当时村落组成。有学者进行了初步复原(图 2-1-12)[4]。

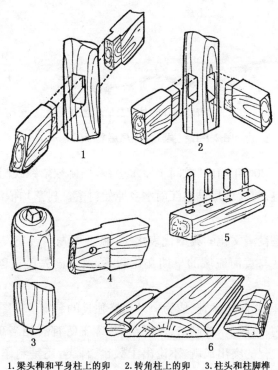

1.梁头榫和平身柱上的卯　　2.转角柱上的卯　　3.柱头和柱脚榫
4.带梢钉的榫　　　　　　　5.插入栏杆直桱的方木　　6.企口板

图 2-1-11　余姚河姆渡遗址出土的木构件榫卯

〔1〕　浙江省文物考古研究所：《河姆渡——新石器时代遗址考古发掘报告》，北京：文物出版社，2003年，第 14-27 页。
〔2〕　姚仲源、梅福根：《浙江嘉兴马家浜新石器时代遗址的发掘》，《考古》1961 年第 7 期。
〔3〕　嘉兴市文化局：《马家浜文化》，杭州：浙江摄影出版社，2004 年，第 9 页。
〔4〕　钱公麟：《吴江龙南遗址房址初探》，《文物》1990 年第 7 期。

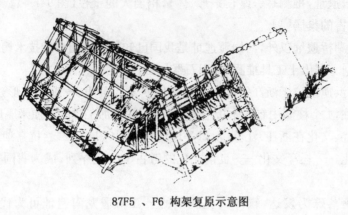

87F5 、F6 构架复原示意图

87F5 、F6 外貌复原示意图

图 2-1-12　吴江龙南房屋复原图之一

龙南遗址展现出 5200 年前的"数间茅屋水边村，杨柳依依绿映门"（〔宋〕孙觌《吴门道中》），具水乡特色，是目前发现最早的江南水乡原始村落。村落均依河而居，隔河相望，市镇、城市亦然[1]。

晚期：良渚遗址是良渚文化的典型代表之一，施昕更先生首先发现[2]。良渚文化的发现，为探索太湖流域与黄河流域的早期文化联系，对太湖先民在创造中华文明中的贡献，提出新思路[3]。

新石器时代的江南彩陶艺术，已成为一种风格独具的装饰[4]（图 2-1-13）。良渚手工业有高度的发展，制陶、竹编、木器制造、丝麻纺织、琢玉等都有相当高水准。精湛卓绝的玉器，代表吴越史前文化的突出成就，不论出土数量、种类，还是制作工艺，都达到了全国同时他域望尘莫及的高度。

根据目前资料，环太湖聚落级差始自崧泽文化晚期，其扩大化过程在良渚文化中期达到顶点，聚落级差一直持续至良渚文化晚期。良渚遗址群反映出良渚文化中期聚落级差

〔1〕　钱公麟、徐亦鹏：《苏州考古》，苏州：苏州大学出版社，2000 年，第 37 - 53 页。
〔2〕　吴汝祚：《试析浙江余杭反山、瑶山两良渚文化墓地的几个问题》，《华夏考古》1991 年第 4 期。
〔3〕　董楚平：《古代太湖地区对开创中华文明的贡献》，《浙江学刊》1987 年第 4 期。
〔4〕　蒋素华：《论江苏彩陶纹饰的构成要素》，《东南文化》2000 年第 5 期。

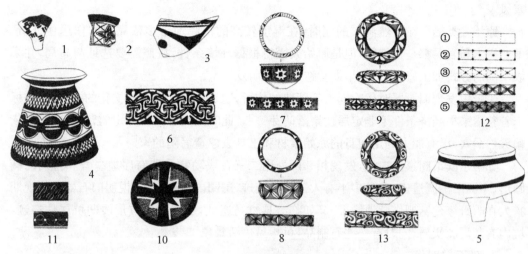

图 2-1-13　彩陶纹饰举例

1. 彩陶片　淮安青莲岗　2. 彩陶盆口沿　句容丁沙地　3. 彩陶片　吴县草鞋山　4. 彩陶器座
邳县大墩子　5. 彩陶鼎　南京北阴阳营　6. 彩陶喇叭口罐腹部花纹展示　邳县大墩子　7. 彩
陶盆（八角星纹）　邳县大墩子　8. 彩陶盆　邳县大墩子　9. 彩陶钵　邳县大墩子　10. 彩陶
敞口盆　南京北阴阳营　11. 彩陶器连贝纹、半圆纹示意　12. 彩陶盆二方连续纹样构成示意
邳县大墩子　① 画出区划图　② 以点定位　③ 作交叉线联缀　④ 以弧线绘出　⑤ 填彩完成
13. 彩陶钵　邳县刘林

的极端化，已超越一般聚落范畴，是萌芽中的城市[1]。

余杭瑶山、反山遗址[2]等夯土祭坛，确是十分重要的发现（或认为非祭坛[3]）。瑶山
是浙江余杭良渚遗址群中一处重要遗址，外围边长约 20 米，面积约 400 平方米[4]，对认
识我国原始宗教，具有很高价值[5]。

三、选址与布局

1. 旧石器时代

猿人群居群婚，选择水源供给、捕猎和采集食物便利而安全的生活环境，自然洞穴应
是此时丘陵地区猿人的主要栖居方式。

古人阶段，仍然多群居在山洞里。

新人阶段，此时居住形式还是自然岩洞。

原始人选作栖身之所的自然洞穴，有以下几个特点：

第一，近水，但洞口较高以防被淹。第二，洞不宜过深，洞内较干燥。第三，洞口背向

〔1〕 刘恒武、王力军：《良渚文化的聚落级差及城市萌芽》，《东南文化》2007 年第 3 期。

〔2〕 浙江省文物考古研究所：《浙江余杭反山发现良渚文化重要墓地》，《文物》1986 年第 10 期。

〔3〕 林华东：《瑶山良渚文化祭坛小议》，《东南文化》1988 年第 5 期。

〔4〕 芮国耀、方向明：《余杭瑶山遗址 1996—1998 年发掘的主要收获》，《文物》2001 年第 12 期。

〔5〕 林华东：《瑶山良渚文化祭坛小议》，《东南文化》1988 年第 5 期。

寒风[1]。

原始人类栖居在自然洞穴的同时，在湿度较高的沼泽地带多依靠树木作居住处所。虽然树木和岩洞都是自然物，但是原始人懂得根据环境条件，按照需要选址与布局，并采取不同的方式加工修整，这是早期营造观念的萌发[2]。

旷野中发现旧石器时代晚期人工营造的住所，这是史前社会物质文化的一大进步，标志着狩猎采集经济条件下非定居性聚落萌芽[3]。此时人类已具备一定的营造经验，除依赖天然洞穴，已有能力利用随身的原始素材和工具去建造简陋的家[4]。

如哈尔滨市阎家岗遗址，发现相邻两处用二三百块动物骨骼有序地垒叠和排列的椭圆形、半圆形围圈遗迹，兽骨多半有人工砸击痕迹，围圈内残存炭屑，说明旧石器时代晚期猎人在旷野修建窝棚作营地[5]。又如临澧县竹马遗址，发现一座方形浅凹坑居住遗迹，坑内有灰烬和炭屑，同时有一些石制品，可想见生活景象[6]。

2. 新石器时代

先民们以群居形式进行生产、生活。此时聚落形成并逐渐发展、完善，成为有机的群组，慢慢发展为原始的城市。

（1）聚落选址

黄河流域的原始聚落分布相当稠密，其选址接近现有自然村。遗址多位于沿河两岸台地上，或河流汇合处。距河面高度自十余米至数十米不等，既便于汲取生活及制陶、建屋和农耕生产用水，又便于渔猎和采集经济作业。同时，河流汇合处便利交通，选址于此，利于往来。所以分布于沿河的聚落密集，如西安附近沣河中游约20公里的一段河岸上，就有聚落遗址13处之多[7]。芦山峁遗址发现的泥垛厚墙，值得深究。

长江流域以土木结构、石家河遗址红烧土墙为主的聚落与东北、内蒙古地区以石建筑为主的聚落选址，也大体上遵照上述方式。

居住在水网或沼泽地带以干栏为主要居住形式的聚落，受洪水影响较小，其建筑与水面距离稍近（有的甚或整个聚落都建在浅水中而以栈桥与陆地相连，更便于自身的防卫）。

选址上，取得良好的日照方向（特别是冬季阳光充足）与季候风向，也是主要因素。

为进行农业生产，选择非盐碱性的肥沃土壤同样十分重要。

（2）功能分区

聚落大致分居住、生产（制陶窑场等）和墓葬（或有祭祀）等区域。面积一般在3万～5万平方米，最大者达数十万平方米。通常，居住区为聚落主体，其他区域分布在周围。其

〔1〕　刘叙杰：《中国古代建筑史·第一卷》，北京：中国建筑工业出版社，2003年，第6页。

〔2〕　李公明：《广东美术史》，广州：广东人民出版社，1993年，第46页。

〔3〕　任式楠：《我国新石器时代聚落的形成与发展》，《考古》2000年第7期。

〔4〕　曹劲：《先秦两汉岭南建筑研究》，北京：科学出版社，2009年，第49页。

〔5〕　魏正一：《哈尔滨阎家岗旧石器时代晚期地点（1982—1983年发掘报告）》，《北方文物》1986年第4期。

〔6〕　储友信：《湖南发现旧石器时代末高台建筑》，《中国文物报》1997年4月6日。

〔7〕　刘敦桢：《中国古代建筑史》，北京：中国建筑工业出版社，1980年，第22页。

时,农业生产已是主要经济部门,农业生产区——耕地及渔猎等,应位于壕外近水处。

这种布局反映了氏族社会的结构,说明集体性质和成员间的平等关系。集中的大面积公共墓地,除反映氏族制度外,还表明此时存在着原始的宗教信仰,相信灵魂不死,企望在另一个世界中团聚。

(3) 建筑布局

原始聚落内,各单体布置不一。例如:

姜寨遗址居住房屋均围绕中央大广场,成五个小组团,每个集团又以一栋"大房子"为核心,向内环形配置。这是亲族或家族关系的反映,也是氏族在血缘上更进一步划分的体现。

但是,同期、同地区的西安半坡遗址的居住建筑布局,却未非如此。半坡以较狭的内部壕沟分两个区域,建筑多南或西南朝向,同期并存建筑之间距离约 3～4.5 米。因存在若干室外窖穴,总体布局紧凑。

窑洞聚落沿山崖作带状布置,道路亦然。例如,青海民和喇家齐家文化遗址,新发现保存颇完整的窑洞式房址和分布格局[1]。

水网地区干栏式建筑多条形长屋,推测其聚落布局的主要形式也基于此。

陕西武功赵家来院落遗址属新石器时代晚期,有夯土筑成的院落围墙、夯土地面及四座居室[2]。

(4) 朝向与日照

原始社会的居住建筑朝向多样。例如:

半坡遗址单体窗户较少,出入口多兼作日照与采光之用。门大多偏向西南,反映当时人基于生活和营造经验,已有一定权衡。

姜寨聚落中五组建筑环绕中心广场,周围房屋门朝向均以面向中央为准,日照因素居次。

四、聚落形态

原始社会晚期聚落形态主要有近似圆形、长方形两种,早期应多圆形。例如:

秦安大地湾遗址:距今约 7800—4800 年,上下跨越 3 000 余年,包含仰韶文化的五个分期。整体呈现椭圆形壕沟,将房址、墓葬等包围在内(图 2-1-3)[3]。

南方淮河流域,江苏泗洪梅花镇内的顺山集遗址有宽达 20 米余的环壕(图 2-1-8),是文明程度较高的大型聚落遗址,江苏文明之根、淮河文化之源[4]。

长江流域的青碓遗址比河姆渡文化提前 2 000 年,比良渚文化提前 4 000 多年,是浙江迄今发现的保存最好的新石器时代早期遗址。上山、跨湖桥和河姆渡三个文化前后相

〔1〕 曲志红:《2001 年度"全国十大考古新发现评选"揭晓》,《中国民营科技与经济》2002 年第 Z1 期。

〔2〕 梁星彭、李淼:《陕西武功赵家来院落居址初步复原》,《考古》1991 年第 3 期。

〔3〕 甘肃省文物考古研究所:《甘肃秦安县大地湾遗址仰韶文化早期聚落发掘简报》,《考古》2003 年第 6 期。

〔4〕 南京博物院考古研究所、泗洪县博物馆:《江苏泗洪县顺山集新石器时代遗址》,《考古》2013 年第 7 期。

续，存在源流关系[1]。

　　跨湖桥遗址位于浙江杭州萧山区西南约 4 公里的城厢街道湘湖村。面积近 15 万平方米，距今 8000—7000 年左右，是迄今为止浙江境内最早的新石器时代遗址之一。其有榫木构件的出现，经河姆渡文化人们的发展，此后逐步成为我国传统建筑的一个特点[2]。

　　江苏溧阳秦堂山遗址，属马家浜文化，环壕围绕的核心区面积约 4.5 公顷[3]。未来随着考古资料不断出现，定会有更多令人惊喜的发现。

五、城市萌生

　　目前认为，我国古城肇始于原始社会氏族部落的聚落，已有五千年以上的历史[4]。

1. 长江流域

　　长江中游发现的大溪文化时期的湖南澧县城头山古城址，面积约 8 万平方米，圆形平面，护城河宽 35～50 米，年代约公元前 4000 年，称"中国第一城"[5]。城头山古城在选址筑城、军事防御、水利建设、各种自然资源的合理利用等，堪称与环境协调的典范。

2. 黄河流域

　　郑州西山仰韶文化城址，距今约 5300—4800 年[6]。圆形平面，面积约 1.9 万平方米。版筑城墙，墙外环壕，已发现西、北两处城门。北门两侧均有城台，门外正中横筑一道护门墙，城内发现道路、房基、窖穴、墓葬等[7]。

　　山东日照县半城山龙山文化遗址，聚落外筑夯土围垣[8]。此后，由小而大，建筑数量及种类逐渐增加，聚落发展为人口众多、体制完备的城市。

　　山西陶寺城址中大城套小城，小城有宫殿，正是文明社会成熟的标志，合于"王都"条件[9]。年代约公元前 2500—前 1900 年，或是尧舜古城遗址[10]，对探索夏文化具重要价值[11]。

〔1〕　蒋乐平：《钱塘江流域的早期新石器时代及文化谱系研究》，《东南文化》2013 年第 6 期。
〔2〕　吴汝祚：《跨湖桥遗址的人们在浙江史前史上的贡献》，《杭州师范学院学报（社会科学版）》2002 年第 5 期。
〔3〕　南京博物院考古研究所、溧阳市文化广电体育局、溧阳市文物管理委员会：《溧阳秦堂山遗址考古资料汇总》（未刊稿），2013 年，第 22 页。
〔4〕　编辑委员会编：《中国文博专家文集精选》，北京：科学出版社，2008 年，第 177 页。
〔5〕　袁建平：《试论中国早期文明的产生——以湖南城头山地区古代文明化进程为例》，《中原文物》2010 年第 5 期。
〔6〕　许顺湛：《郑州西山发现黄帝时代古城》，《中原文物》1996 年第 1 期。
〔7〕　张玉、赵新平、乔梁：《郑州西山仰韶时代城址的发掘》，《文物》1999 年第 7 期。
〔8〕　杨深富、徐淑彬：《山东日照龙山文化遗址调查》，《考古》1986 年第 8 期。
〔9〕　梁星彭：《山西考古的新突破——陶寺遗址发现早期城址遗迹》，《文物世界》2000 年第 5 期。
〔10〕　杨志刚：《陶寺遗址发掘取得新进展——尧舜古城遗址在晋被发现》，《山西师大学报》（社会科学版）2000 年第 3 期。
〔11〕　贾志强、穆文军：《陶寺类型社会性质的考古学分析》，《忻州师范学院学报》2011 年第 3 期。

陕西芦山峁、石峁遗址等,均为高等级居住城址,价值重大。未来定会有更多发现。

第二节　群(单)体建筑

人类最初的栖身之处,与动物挖洞营巢几乎相同。氏族社会初期,人类开始产生自觉营造的观念和建筑活动[1],使用工具使得建造栖居处所加快。

古人从利用天然洞穴始,逐步基于住在树上、树洞和自然崖穴的经验,及对其他动物栖居的巢(窝)、穴的观察,使用自制的简陋工具采伐竹木,借助树干的支撑构筑一个架空的巢,或就地的窝;或在黄土断岩上用木棍、石器、骨器、角器掏挖洞穴,这不但反映自觉的营造观,同时产生最原始的人居——巢居(包括树上和地上的棚窝)和(横)穴居。

武功县游凤仰韶文化遗址中发现五件陶房模型,皆圆形(图 2-2-1)[2],表现当时建筑形象。

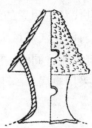

巢居、穴居,文献较多(表 1-1),说明穴居、巢居应是时人较普遍的建筑形式(非仅此两种)。

我国幅员辽阔,地理多样,长江流域沼泽地带基本以巢居为主,黄河流

图 2-2-1　武功县游凤仰韶文化遗址陶房模型

域黄土地带则多用窑洞(横穴居)。《礼记·礼运》:"昔者先王未有宫室,冬则居营窟,夏则居橧巢",故黄土地带也曾窑洞(横穴居)和巢居并用。或因初期穴居防潮、通风技术较差,夏、秋阴雨,穴内潮湿,故改住橧巢。仰韶时(横)穴居,大约冬夏可用。

(横)穴居与干栏的南北之分并非绝对。广东旧石器时代人类住处有曲江马坝狮子岩洞穴和阳春口山,已发现半地穴式、水上"干栏式"和地面木柱建筑等[3]。

一、巢　居

巢居即"橧巢"。"橧"为"聚薪柴,而居其上",故"橧巢"可概括地上与树上的不同巢居。一般所谓"巢居",指架空居住面的建筑[图 2-2-2(a)],曾是各地普遍采用的形式。

巢居原始形态,或在单株大树上构巢,在枝杈间铺设枝干茎叶构成栖居的窝,再在其上用枝干相交构成可遮阴避雨的顶棚。或用数棵相邻的树干架设巢居,更宽阔、平整。古代岩画,可为佐证[图 2-2-2(b)]。

〔1〕 马世之:《史前文化研究》,郑州:中州古籍出版社,1993 年,第 85 页。

〔2〕 西安半坡博物馆:《陕西武功发现新石器时代遗址》,《考古》1975 年 2 期;张瑞岭:《仰韶文化陶塑艺术浅议》(《中原文物》1989 年 1 期)一文中有所引用和分析。

〔3〕 李公明:《广东美术史》,广州:广东人民出版社,1993 年,第 47-48 页。

(a) 村落及干栏建筑图　　　　　　　　(b) 树居图

图 2-2-2　沧源崖画

　　巢居是古人世代营造积累的结果，约产生在氏族社会早期。巢居在黄河流域出现后，并未得到很大发展；而长江流域大面积地势低洼、气候湿热的水网地区却发展起来，成为类似地区原始建筑主流。同时，在气候闷热的丘陵山地，因降温、隔湿、防避虫蛇猛兽侵袭所需，人们也自然采用巢居——干栏。所以，干栏的渊源很可能是原始的巢居。

二、穴　居

1. 洞穴式

　　我国已发现不少旧石器时代的居住遗迹——天然洞穴（多横穴）。

　　除天然山洞外，河南安阳、开封和广东阳春等处发现旧石器时代晚期洞穴遗址。《易·系辞》"上古穴居而野处"，反映原始人在生产力低下时或采取的居住方式。

　　洞穴式原初形态应模仿自然洞穴，在黄土断崖上掏挖横穴。我国北方有丰厚的黄土层，为穴居提供了条件[1]。山西石楼县等遗址中曾发现距今五、六千年的横穴遗迹：平面呈方圆形，入口处小，室中央有灶，誉称三晋窑洞"始祖"（图 2-2-3）[2]。

　　或认为在缓坡、平地等无法营造横

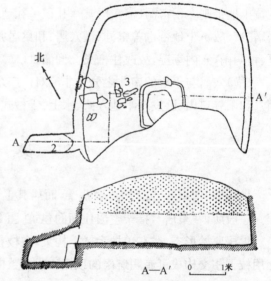

图 2-2-3　石楼县遗址中的横穴遗迹
1. 灶　2. 窖穴　3. 石块

---

〔1〕　冯连昌、郑晏武：《中国湿陷性黄土》，北京：中国铁道出版社，1982 年，第 6 页。
〔2〕　张长寿、郑文兰、张孝光：《山西石楼岔沟原始文化遗存》，《考古学报》1985 年第 2 期。

穴时,只能下挖,于是形成袋状竖穴,其顶部用树枝茅草覆盖。底大口小的袋穴剖面为拱形空间,从剖面上看,竖袋穴仿佛是向两侧开展的横穴[1](实际上,草木茎叶之类的临时遮掩物,不适应防雨,更遑论暴风骤雨的极端天气。值得商榷。)

2. 地穴式

地穴式下部挖掘而来,上部构筑而成,逐渐向地面过渡,包括匀称的半地穴、浅穴式。或是早期屋顶与墙身一体(如同人字形的窝棚)、屋顶自身的稳定性尚未解决时的权宜之计,斜梁插入地、借助土壁以增稳定性;利用挖掘出的空间提高室内利用率等。

半坡遗址典型反映出浅穴居晚期发展及其向地面转化。半坡建筑可分早、中、晚三期:早期浅穴居;中期居住面上升到地面,围护结构均构筑而成;晚期出现分隔利用的多室。其浅穴居竖穴皆直壁,较早穴深 80~100 厘米,较晚约 20~40 厘米,穴由深而浅,直至地面。这一过程,约历时 300~400 年[2]。

人类建筑由浅穴式转至地面,扩大内部生活空间,提高舒适度。地面建筑较浅穴居要求更坚固墙体和更完善屋面(至于屋顶表面全部烧烤陶化,值得商榷。),需要解决和改进许多结构和构造问题,更有效地运用已有建材,并开辟新途径。古人以绑扎法结合木梁柱构架,用木骨泥墙围护垣墙,其技术和经验为我国土木构架的形成提供了基础[3]。

新石器时代为适应家庭生活所需,居住平面布置与构造都有变化。如龙山文化居住遗址多为圆形平面的浅穴居式房屋,室内多白灰面的居住面。但早期遗址有大有小,平面形状非限于圆形。例如:华阴县横阵村发现方形浅穴居,长、宽各约 4 米,深 1 米[4]。

陕县庙底沟遗址有圆形袋状浅穴居,径 2.7、深 1.2 米,周围残存着排列整齐而略向内倾的柱洞 10 个,室内柱洞 1 处,屋顶或圆锥形[5]。时间稍晚的河南安阳后冈[6]、浚县大赉店和永城、郑州、洛阳、渑池、陕县及河北邯郸、安徽寿县等处的龙山文化遗址,多圆形平面,直径 4 米左右。室内地面稍低、草泥土上涂白灰面,中央有一个圆形灶。

河南偃师灰咀还发现一个略呈长方形的房屋遗址,南北向,东西宽 4.2、南北深 2.7 米,房基稍低于室内地面[7]。与仰韶文化住房相较,此时多数房屋面积缩小,与一夫一妻制小家庭生活相应。

此外,长安县客省庄的浅穴居,或圆形单室,或前后二室相连。这种双间建筑,或内室圆形、外室方形,或内、外二室都为方形,中间连以狭窄门道,吕字形平面。外室墙中往往挖一小龛作灶,有的灶旁还有小型窑穴。可见,内、外二室功能不同(图 2-2-4)[8]。

〔1〕 杨鸿勋:《中国古代居住文化图典》,昆明:云南人民出版社,2007 年,第 15 页。

〔2〕 西安半坡博物馆:《半坡仰韶文化纵横谈》,北京:文物出版社,1988 年,第 50 页。

〔3〕 刘叙杰:《中国古代建筑史·第一卷》,北京:中国建筑工业出版社,2003 年,第 29 页。

〔4〕 李遇春:《陕西华阴横阵发掘简报》,《考古》1960 年第 6 期。

〔5〕 中国科学院考古研究所:《庙底沟与三里桥》,第 18 页。

〔6〕 杨宝成、徐广德:《1979 年安阳后冈遗址发掘报告》,《考古学报》1985 年第 1 期。

〔7〕 河南省文化局文物工作队:《河南偃师灰咀遗址发掘简报》,《文物》1959 年第 12 期;杨育彬:《河南偃师仰韶及商代遗址》,《考古》1964 年第 3 期。

〔8〕 中国社会科学院考古研究所:《沣西发掘报告》,第 43 - 44 页。

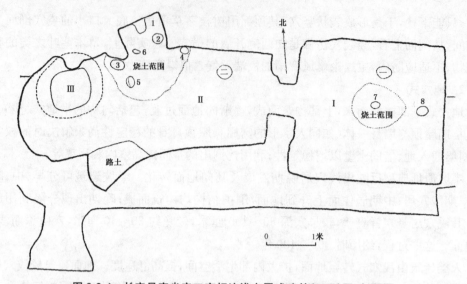

图 2-2-4　长安县客省庄二室相连浅穴居式建筑（H98）平、剖面图
Ⅰ. 内室　Ⅱ. 外室　Ⅲ. 窨穴　一、二. 柱穴　1. "壁炉"　2～8. 小灶

三、地面建筑

新石器时代的地面建筑遗址，各地多有发现。例如：

湖南彭山头新石器时代早期遗址已形成定居聚落，遗存有居住址、墓葬、灰坑 3 类，建筑形式可分大型地面建筑与小型半地穴式建筑两种[1]。湖北枣阳雕龙碑遗址，发现新石器时代推拉门遗迹[2]。

山西陶寺村龙山文化遗址有地面、浅地穴式和窑洞等形式[3]。

河南安阳后岗龙山文化的一批房址，均为地面建筑，且 15 座房基发现 27 个奠基人牲[4]。此时房基用夯土筑成，墙体用土坯或木骨泥墙，木柱下垫石础。室内地面和墙面用白灰抹面。

长江下游新石器时代晚期居住遗址，基本分两种：一在平坦岗地上，每个聚落面积不大，但往往彼此毗邻成群。因多黏土，排水慢、含水量大，故多在地面建造窝棚式住房。有圆形和方形，墙壁、屋顶可能在植物干茎编织的骨架上敷泥。一位于湖泊与河流附近，地势低洼和地下水位较高，房屋下部多采用架空的干栏式，长方形或椭圆形[5]。其中，浙江吴兴钱山漾的长方形遗址，在密桩上留有承载地板的木梁，梁上有大幅竹席。还有芦苇、

---

〔1〕　湖南省文物考古研究所、澧县文物管理所：《湖南澧县彭头山新石器时代早期遗址发掘简报》，《文物》1990 年第 8 期。

〔2〕　陈星灿：《考古随笔》，北京：文物出版社，2002 年，第 130 页。

〔3〕　邱文选：《陶寺龙山文化遗址发掘的重大历史意义》，《山西文史资料》1996 年第 5 期。

〔4〕　中国社会科学院考古研究所安阳工作队：《1979 年安阳后岗遗址发掘报告》，《考古学报》1985 年第 1 期。

〔5〕　刘叙杰：《中国古代建筑史·第一卷》，北京：中国建筑工业出版社，2003 年，第 26 - 28 页。

竹竿、树枝等,应是墙壁或屋顶材料[1](图 2-2-5)。

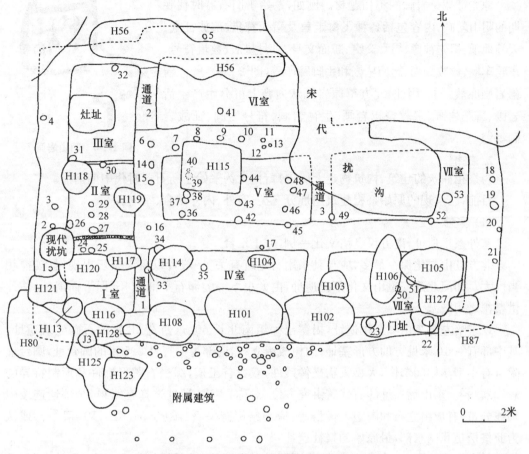

图 2-2-5 吴兴钱山漾二期文化 F3 平面图

距今四五千年前的四川郫县古城遗址及温江县鱼村遗址,地面与干栏建筑共存,仅数量前者为多[2]。

又目前所知,"太湖流域作为居住的房屋是否有干栏建筑尚无确证,而半地穴式、浅地穴式和平地起筑的建筑实例,则已发现多处……"[3]。

四、征战与祭祀

1. 征战

原始社会人类获取资源能力有限,各氏族部落之间,征战频繁。从原始社会向阶级社

〔1〕 浙江省文物管理委员会:《吴兴钱山漾遗址第一、二次发掘报告》,《考古学报》1960 年第 2 期。
〔2〕 都江堰市芒城遗址 F5 竹骨泥墙,没有发现柱洞。见成都市文物考古研究所:《成都考古发现(1999)》,北京:科学出版社,2001 年,第 48 页。
〔3〕 钱公麟:《吴江龙南遗址房址初探》,《文物》1990 年第 7 期。

会过渡,军事民主制是必经阶段[1]。

原始征战是岩画的不朽题材。例如,肇始于旧石器时代晚期的阴山岩画,内容包括各种飞禽走兽及猎人狩猎、部族征战、天神地祇、祖先神像、男女交媾、黥面文身、日月星辰、数量符号、车轮车辆、放牧场面、窝庐毡帐和手脚蹄印等(图 2-2-6)[2]。新疆岩画亦然[3]。因此,北方草原岩画从内容上可分生产生活岩画、舞蹈岩画、宗教祭祀岩画、生育岩画、符号岩画、征战岩画等[4]。

图 2-2-6　阴山岩画

2. 祭祀

为祭祀而筑的建筑、构筑物走上历史舞台,大约肇始于新石器时代中期前后。

目前,已发现的原始祭祀建筑遗址分三类:室外、内外结合、室内。

(1) 室外

室外祭祀遗址,南方仅良渚文化一例,夯土坛台。

北方红山文化保存最多,应与其采用石建筑有关,一般皆以露天祭坛出现,且规模相当巨大。如河北武安磁山文化祭祀遗址,由大小不等的卵石平铺成“S”形平面遗址,估计供祭祀之用[5]。

辽宁喀左县东山嘴祭祀遗址,揭露出一组南北长 60、东西宽 40 米的石砌建筑遗址,其中部有一 10 米见方的方形基址,内树成组立石,南部为一直径 2.5 米的圆台址,圆台址附近有小型孕妇陶塑像,大型人物坐像残件,双龙首玉璜,绿松石鸮形饰件和形制特异的彩陶器[6]。东山嘴遗址的石建筑讲究方位、对称、主次,遗址选择在梁顶,全部遗迹按中轴线分布,有成组立石和陶塑人像群等,应与祭祀有关[7],距今 5485±110 年[8]。或认为此祭坛是我国东部,最原始的祭社遗址[9]。

与东山嘴相距 50 公里的建平、凌源两县交界处的牛河梁村,发现一座“女神庙”和几十处积石冢群[10];后在积石冢内又发现墓葬[11]。我国其他地区,尚无与此同期的类似遗迹(坛、庙、冢组合),故广泛重视。当时这里已产生“植基于公社、又凌驾于公社之上的高

[1]　宫长为:《国家发生三种政体说》,《学习与探索》1998 年第 6 期。

[2]　乌兰察夫:《阴山岩画与原始思维》,《内蒙古社会科学》(文史哲版)1990 年第 6 期。

[3]　蒋学熙:《新疆岩画研究综述[续]》,《新疆师范大学学报》(哲学社会科学版)1991 年第 4 期。

[4]　龚鹏:《北方草原岩画的文化人类学解读》,《大连大学学报》2009 年第 2 期。

[5]　卜工:《磁山祭祀遗址及相关问题》,《文物》1987 年第 11 期。

[6]　郭大顺、陈克举:《辽宁省喀左县东山嘴红山文化建筑群址发掘简报》,《文物》1984 年第 1 期。

[7]　杨志刚:《中国礼仪制度研究》,上海:华东师范大学出版社,2001 年,第 38 页。

[8]　张之恒:《中国新石器时代考古》,南京:南京大学出版社,2004 年,第 283 页。

[9]　王震中:《东山嘴原始祭坛与中国古代的社崇拜》,《世界宗教研》1988 年第 4 期。

[10]　方殿春、魏凡:《辽宁牛河梁红山文化“女神庙”与积石冢群发掘简报》,《文物》1986 年第 8 期。

[11]　甸村:《辽宁牛河梁第五地点一号冢中心大墓(M1)发掘简报》,《文物》1997 年第 8 期;朱达:《辽宁牛河梁第二地点一号冢 21 号墓发掘简报》,《文物》1997 年第 8 期;朱达、吕学明:《辽宁牛河梁第二地点四号冢筒形器墓的发掘》,《文物》1997 年第 8 期。

一级的社会组织形式"[1]。因此,喀左东山嘴祭祀遗址,建平牛河梁女神庙、积石冢,对红山文化和中国文明起源研究意义重大[2]。

内蒙古亦发现不少红山文化遗址。例如:

包头莎木佳村西南红山文化祭坛遗址:遗址全长 14 米,成三个小丘,以对称布局形式自西南延向东北。最北方坛可分三层,高 1.2 米,下层面积 7.4 米×7.4 米,上层 3.3 米×3.3 米。收进约 1 米,均由巨石砌成,中心垒石[图 2-2-7(a)][3]。

包头市东的阿善遗址居住房屋的西侧台地上有块石堆砌的祭坛,由南北向轴线对称布置的十八堆圆锥形石块组成,全长 51 米。石堆外有石墙三道,内侧"U"形平面,较完整[图 2-2-7(b)][4]。

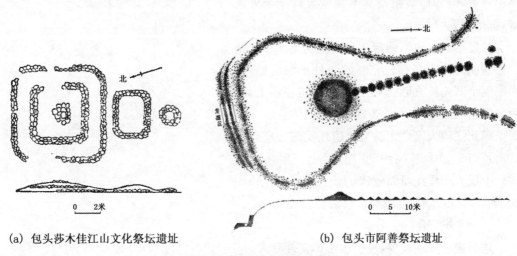

(a) 包头莎木佳江山文化祭坛遗址　　　　(b) 包头市阿善祭坛遗址

图 2-2-7　室外祭祀遗址举例

河北易县北福地史前遗址(第一期遗存年代约 BC6000—BC5000),与磁山文化大体相当,发现祭祀场等重要遗迹[5]。

浙江余姚市瑶山祭祀遗址,位于瑶山之顶。平面方形,由里外三部组成。整个祭坛外围每边长约 20 米,总面积约 400 平方米;有 12 座祭师墓葬分布于祭坛内[6]。

(2) 室内

牛河梁红山文化女神庙遗址已出土大型泥塑女神群像、动物塑像和陶祭器等。围绕着女神庙在方圆 50 平方公里范围内,分布着十几个积石冢;冢中心位置是一座大墓,周围

〔1〕 苏秉琦:《辽西古文化古国》,《文物》1986 年第 8 期。
〔2〕 何贤武:《从红山文化的最新发现看中国文明的起源》,《辽宁大学学报》(哲学社会科学版)1987 年第 4 期。
〔3〕 包头市文物管理所:《内蒙古大青山西段新石器时代遗址》,《考古》1986 年第 6 期。
〔4〕 内蒙古社会科学院蒙古史研究所、包头市文物管理所:《内蒙古包头市阿善遗址发掘简报》,《考古》1984 年第 2 期。
〔5〕 段宏振:《河北易县北福地新石器时代遗址发掘简报》,《文物》2006 年第 9 期。
〔6〕 浙江省文物考古研究所:《瑶山》,北京:文物出版社,2003 年。

环列众多小墓。墓内出土猪龙、龟、璧，环，勾云形佩、箍形器等多种精美玉器，表征着中华文明的曙光[1]。

女神庙遗址为一深0.7～1.2米的浅穴居，平面不甚规整，分南、北两部，相距2.05米。整体平面约长23米(图2-2-8)[2]。

女神庙遗址墙壁表面绘赭红色图案。出土有彩绘墙壁残块，为目前所知最早的壁画[3]。虽然它是我国目前已知唯一出土有偶像的新石器时代祭祀建筑，但如何祭祀及其上部屋盖构架与外观等，拟待深究[4]。

甘肃秦安大地湾仰韶文化附地房址F411，是其第四期文化中保存较完整的一处小型房址，室内平面呈圆角长方形[5]。在近南壁居住面上，有用炭黑绘制的地画[图2-3-7(b)]。

湖北江陵朱家台大溪文化遗址发现一座台基式房址(F5)。台基高约60厘米，由三层垫土筑成。上层为土质纯净而致密的浅黄色土，厚15～20厘米，平面方形，可能与宗教活动有关[6]。

（3）内外结合

这类遗址发现较少，规模也不如室外者大。

属于河南龙山文化油坊类型的河南杞县露台岗新石器时代遗址，发现两组具有祭祀功能的构筑物，形制较特殊[7]。

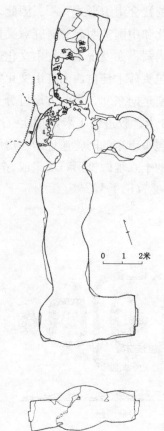

0　1　2米

图2-2-8　牛河梁"女神庙"遗址平面图

〔1〕《可爱的辽宁》编委会：《可爱的辽宁》，沈阳：辽宁人民出版社，1988年，第525页。

〔2〕田木、振石：《牛河梁红山文化遗址》，《辽宁大学学报》(哲学社会科学版)1987年第6期。

〔3〕中国大百科全书总编辑委员会：《中国大百科全书·美术Ⅱ》，北京：中国大百科全书出版社，2002年，第1095页。

〔4〕刘叙杰：《中国古代建筑史·第一卷》，北京：中国建筑工业出版社，2003年，第91页。

〔5〕甘肃省文物考古研究所：《秦安大地湾——新石器时代遗址发掘报告》，第433-436页。

〔6〕孟慧英：《当代中国宗教研究精选丛书原始宗教与萨满教卷》，北京：民族出版社，2008年，第289页。

〔7〕郑州大学考古专业、开封市文物工作队、杞县文物管理所：《河南杞县鹿台岗遗址发掘简报》，《考古》1994年第8期。

第三节　技术与装饰

一、技　术

1. 干栏

巢居发展,出现以竹木为主的干栏。其节点最初采用绑扎法及树桠(丫),逐渐向榫卯发展。

干栏只是原始时期众多建造方式之一。其定义可分广义与狭义二种:

广义的干栏:泛指底层架空的建筑。新石器时代的干栏图像资料较多,湖南黔阳高庙新石器时代遗址,其一陶罐上刻画形似高塔的干栏(图 2-3-1)[1]。

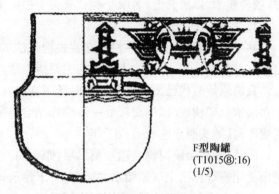

F型陶罐
(T1015⑧:16)
(1/5)

图 2-3-1　黔阳高庙陶罐上的纹样

距今 3000 年左右的云南沧源崖画,不仅绘制干栏,还表现原始村落(图 2-2-2)。

(a) 俄查村长脊短檐的干栏式仓房　　　　(b) 晋宁石寨山出土的诅盟场面储贝器

图 2-3-2　干栏建筑

此外,江西清江营盘里出土的新石器时代晚期陶器上,出现长脊短檐的梯形屋顶——即正脊长于正面屋檐的屋顶[2]。这种屋顶迄今见于我国南方[图 2-3-2(a)]、马来西亚半岛及南洋群岛等处。

---

[1]　湖南省文物考古研究所:《湖南黔阳高庙遗址发掘简报》,《文物》2000 年第 4 期。
[2]　杨厚礼、程应麟、贺子华、胡义慈、刘玲:《江西清江营盘里遗址发掘报告》,《考古》1962 年第 4 期。

晚期云南晋宁出土的汉代铜鼓中，干栏优美[图 2-3-2(b)][1]。

狭义的干栏：当底层架空的形式，成为特定区域最普遍的生活方式时，相应的架构形式便有了特定称呼。干栏底层架空，合于席居。

或认为干栏"自新石器时代至现代均有流行；主要分布我国长江流域以南及东南亚、大洋洲、日本列岛，在我国内蒙古自治区、黑龙江省北部及苏联西伯利亚、美洲、非洲等地也有传承"[2]，也写成"干兰""葛栏""阁栏""干阑"等。

最早文献见于《博物志》："南人巢居，北溯穴居，避寒暑也。"又称："僚者，盖南蛮之别种，依树积木，以居其上，名曰干栏。"有关干栏的史籍记述甚众[3]。

2. 井干

井干是墙壁采用类似井栏的交差式构筑法的建筑[图 1-3-2(b)]。它非仅结构类型，也是一种艺术造型。当然，古建木构主要指屋顶，而非墙壁。

我国原始时代已出现水井。河南汤阴县白营龙山文化遗址，发现一口木构水井，由四十六层木框架构成，框架交接处一律榫卯结合，距今 4540±135 年[4]。这口井的技术相当成熟，其源头距今应有七八千年[5]。

此外，浙江余姚河姆渡遗址第二层（距今约 5000 多年）、河南汤阴白营、河北邯郸涧沟龙山文化遗址都出土过原始水井[6]。井干建筑构架伴随着早期井栏构筑技术而来。

井干在木材丰富地域，曾得到广泛采用。在云南晋宁石寨山和江川李家山出土的几批相当于战国至西汉中期的青铜器之中，房屋墙为方木构成的井干式壁体[7]。

迄今，井干在我国云南、贵州、四川、内蒙古和东北三省等多有分布。四川甘孜藏族自治州道孚县道孚井干式民居，俗称崩科[8]；位于云南丽江地区和四川省盐源县交界之处的泸沽湖摩梭人，称其木楞子房[9]。

我国东北分布亦众[10]。长白山地区留存较多，如抚松县锦江村，称"木可楞"或"霸王圈"[11]。

3. 叉手

叉手式即人字木屋架（习称大叉手构架），应是此时主要架屋方式，至商、周宫殿亦

〔1〕 蒋志龙：《发现滇国_晋宁石寨山的惊人发现》，《中国文化遗产》2008 年第 6 期。
〔2〕 黄才贵：《中日干栏式建筑的同源关系初探》，《贵州民族研究》1991 年第 10 期。
〔3〕 详细的干栏建筑论述可参见马晓：《中国古代木楼阁》，北京：中华书局，2007 年，第 123－157 页。
〔4〕 王东：《中华文明论多元文化综合创新哲学上卷》，哈尔滨：黑龙江教育出版社，2002 年，第 288 页。
〔5〕 侯仁之：《黄河文化》，北京：北京华艺出版社，1994 年，第 132 页。
〔6〕 贾文忠：《东汉陶井》，《古今农业》1996 年第 2 期。
〔7〕 辛克靖：《雄浑古拙的井干式民居》，《长江建设》2001 年第 6 期。
〔8〕 朱亚军：《道孚民居研究》，《西藏艺术研究》2007 年第 3 期。
〔9〕 王翔：《走近摩梭人》，《大经贸》2000 年第 4 期。
〔10〕 肖冰：《东北地区井干式传统民居建构解析》，《陕西建筑》2010 年第 2 期。
〔11〕 赵龙梅、朴玉顺：《浅谈井干式民居的构造特点——以吉林省抚松县锦江村为例》，《沈阳建筑大学学报》（社会科学版）2012 年第 4 期。刘畅、朴玉顺：《长白山地区井干式民居建筑形式的传承和创新》，《沈阳建筑大学学报》（社会科学版）2013 年第 1 期。

然[1]。自远古产生一直沿用至今,早期构架简陋,晚期形式多样。早期屋顶与墙身合一,其斜梁式构架直接落地。

据距今8000年前的大地湾、磁山等原始浅穴居建筑,或已孕育大叉手构架。至迟半坡F13门道顶篷遗迹,已说明大叉手构架的形成。

由此,叉手式构架、木骨泥墙和草顶(或涂抹)屋面,构成以木构为骨干的原始土木混合建筑体系。

4. 其他

(1) 栽柱暗础

新石器时代早期,柱坑回填已见分层夯实法;中晚期始,如河南汤阴白营遗址,不仅柱坑,建筑地面也用夯筑法,密实坚硬[2]。

早期掘坑栽柱、原土回填,并无其他特殊处理,至今云南佤族还保留此种构造方式。发掘时一般只见木柱自然腐朽或焚化后的"柱洞",不易分辨挖坑界限。立桩时,把木桩钉入地下(图2-3-3),上架梁栿后,再铺楼(地)面和屋面,此种构造或称栅居。

半坡较晚的方形建筑,柱基有所改进,柱坑回填经夯打,即发掘的"细泥圈"。其法是在黄土中掺石灰质材料,对加固和防潮略有改善。此外,或在回填土中掺骨料、红烧土渣、碎骨片、夹砂粗陶片等,增强柱脚稳定性,但对加强柱基底部承载有限。

长江下游河姆渡文化晚期、良渚文化遗址中,或用木板、木块作柱础(图2-3-4)。

甘肃秦安大地湾F405柱下也使用成排的垫木,是埋在地下的暗础[3]。

河南洛阳市王湾F15的木骨泥墙先挖掘沟槽,内填红烧土碎块,或铺一层平整的大块砾石,再在其上做墙;室内则在草泥土上用石灰质做成坚硬光滑的居住面,比简单的草泥土地面更适用、清洁、美观,说明当时建筑处于不断改进的阶段中[4]。值得注意的是庙底沟301号、302号基址的中心柱,和安阳后岗F19柱5下面,均埋设平置的砾石,是迄今所知最早、最成熟的础石实例[5]。

(2) 擎檐柱

半坡遗址表明晚期建筑已有屋檐,武功县出土的陶制圆屋模型可为佐证。

仰韶文化晚期建筑的居住面多接近室外地坪,则木骨泥墙或已达一人左右高度。房屋高度增加,出檐相应加大,以阻雨淋。出檐大,组成叉手式构架的斜梁不太稳定,也易折断,促使承檐发展。檐下立柱支撑悬挑屋檐,应最简便,或是早期擎檐的主要形式。

洛阳王湾遗址F11[6],安阳后岗F9、F19等都是目前所知使用擎檐柱的较早实例。此外,湖北宜都县红花套遗址发现毛竹擎檐柱迹[7]。

---

[1] 杨鸿勋:《建筑考古学论文集》,北京:文物出版社,1987年,第1-45页。

[2] 刘炜:《中华文明传真1:原始社会:东方的曙光》,上海:上海辞书出版社,2001年,第125页。

[3] 赵建龙:《秦安大地湾405号新石器时代房屋遗址》,《文物》1983年第11期。

[4] 北京大学考古文博学院编著:《洛阳王湾——考古发掘报告》,北京:北京大学出版社,2002年。

[5] 刘叙杰:《中国古代建筑史·第一卷》,北京:中国建筑工业出版社,2003年,第103-104页。

[6] 李仰松、严文明:《洛阳王湾遗址发掘简报》,《考古》1961年第4期。

[7] 张弛、林春:《红花套遗址新石器时代的石制品研究》,《南方文物》2008年第3期。

(a) 外观   (b) 下层内景

图 2-3-3   云南沧源某寨

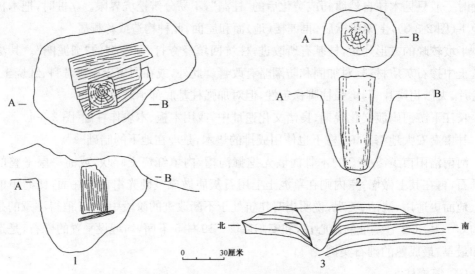

图 2-3-4   河姆渡第二期文化房屋建筑立柱方法

1. 先挖坑点垫板后立柱   2. 先挖坑后立柱   3. 打桩式立柱(T214,46 号柱)

（3）榫卯

原始建筑遗址表明，当时各种木构件结合，绝大多数采用绑扎法（或树桠）。此法虽可建一定规模的房屋，但耐久性相对较差，常要重新捆绑。由此，采用绑扎的同时，榫卯应运而生。值得注意的是，后世如四川、贵州等地的穿斗建筑，也常用榫卯与绑扎相结合之法。

比跨湖桥遗址晚 1000 左右的河姆渡遗址发现大量相当成熟带榫卯的木构件（图 2-3-5），大到柱、梁、枋，小至栏杆、窗户的木楞，都用此法。此时已采用较精细的石工具、骨工具、蚌工具等制作准确接合的榫卯，特别是需要细加工的小构件（如栏杆）。长期大量堆积和构件多次重复，表明已有较长的历史[1]。

〔1〕 吴汝祚:《河姆渡遗址发现的部分木制建筑构件和木器的初步研究》,《浙江学刊》1997 年第 2 期。

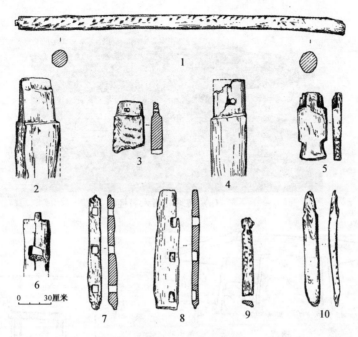

图 2-3-5　木构件榫卯

1. 柱头或柱脚榫 YM(4)：木 50　2. 梁头榫 YM(4)：木 40　3. 销钉孔榫 YM(4)：木 1
4. 销钉孔榫 YM(4)：木 58　5. 燕尾榫 YM(4)：木 337　6. 平身柱卯眼 YM(4)：木 60
7. 直棂栏杆卯眼 YM(4)：木 26　8. 直棂栏杆栙眼 YM(4)：木 14　9. 带凹槽构件
YM(4)：木 392　10. 带凹槽构件 YM(4)：木 247

　　河姆渡遗址显示其"榫卯技术殊为发达,梁柱交接榫卯、水平十字塔交榫卯、双层榫头、梢钉、燕尾榫、企口板、4∶1 的榫头截面,均开创了后世木作技术的先河。木构件的建筑主体是干栏建筑,即以承重柱和桩木为基础,上架大小横梁、铺板材,在这架空的基座之上构筑梁架及人字坡屋顶"[1]。

　　此后,随着我国木构建筑发展,以榫卯接合节点逐渐普及,成为最主要的构架结合法。

　　(4) 巨石建筑

　　新石器时代至铜器时代、人类利用巨大的天然石块或略加修整的石块堆起最古石建筑,称"巨石文化"[2]。如中国东北及东部沿海地区、朝鲜半岛、日本九州地区等地的支石墓(dolmen,我国称之石棚)、法国、印度、印度尼西亚、日本等地的立石(menhir)[3]。

　　中国巨石建筑遗迹有山东半岛北部和辽东半岛南部的海城、盖平、复、金等县的石棚,而以海城石棚为典型之一(图 2-3-6)。石棚或是坟墓,是新石器时代末期遗物,但社会组织仍为原始社会。在形式和结构上,它们与朝鲜北部石棚,有一定关系。

〔1〕　浙江省文物考古研究所:《纪念浙江省文物考古研究所建所二十周年论文集》,杭州:西泠印社,1999 年,第 1 页。
〔2〕　宋延英:《辽东半岛的石棚文化及其明珠——析木城石棚》,《鞍山师范学院学报》1986 年第 2 期。
〔3〕　魏峻:《巨石文化国际讨论会在日本召开并取得积极成果》,《考古》2003 年第 8 期。

(a) 海城县析木石棚

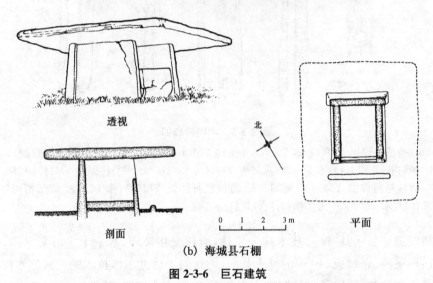

透视

剖面

北

平面

0　1　2　3m

(b) 海城县石棚

图 2-3-6　巨石建筑

　　位于济南市与淄博市之间的山东长白山区,原始时期就是人类聚居密集之地,至今尚有比较多的巨石文化遗迹[1]。

　　山东日照天台山下有一片 6000—4000 年前的新石器遗址,发现史前先民的巨石文化遗迹,与历史上记载的上古时期东夷部族活动范围相吻合。

　　目前,辽宁石棚有:大连市西岗区大佛山(现名烈士山)石棚,共计大小石棚 54 座。最近几年,随着辽宁省文物普查的深入,又发现石棚 58 座。辽东半岛石棚分布在南自大连、金县、新金、复县、盖县、庄河、灿岩、营口、海城,北至清原县、新宾县、开原县等[2]。

〔1〕 郭济生:《山东长白山地区巨石文化遗迹》,《历史教学》1993 年第 3 期。

〔2〕 段守虹:《巨石建筑之精神诠释——有关对太阳崇拜的远古遗存之一》,《世界文化》2013 年第 3 期。

二、装　饰

原始社会晚期出现建筑装饰。目前,最早的"建筑模型"或是甘肃新石器时代遗址中出土的陶屋[1]。此外,江苏邳县出土一件新石器时代陶屋模型,四壁及屋顶的坡面上均刻有狗、羊等形象。原始人将饲养而关系密切的动物和居住房舍复合为一体,开建筑图像的先河[2]。

当前,最早的建筑壁画,是距今 5000 多年前的牛梁河红山文化"女神庙"遗址墙面彩绘,"壁面压平,其上绘赭红间黄白色交错三角纹几何图案"[3][图 2-3-7(a)]。

(a) 牛梁河红山文8化"女神庙"遗址墙面彩绘　　　　(b) 秦安大地湾仰韶晚期房屋遗址地画

图 2-3-7　建筑装饰

目前,最早的建筑内部绘画是秦安大地湾仰韶晚期房屋遗址中发现的地画,"当是人们行施'巫术'的一次活动的记录"[4][图 2-3-7(b)]。或认为"可能有祖神崇拜的意义"[5],或认为表现猎人追赶野兽[6]。或认为是迄今为止我国发现最早的绘画,且是由图腾崇拜向祖先崇拜过渡的产物[7]。还有人认为"是表现男女交合之象的舞蹈场

[1]　马承源:《甘肃灰地儿及青岗岔新石器时代遗址的调查》,《考古》1961 年第 7 期。

[2]　顾森:《汉画像艺术探源》,《中原文物》1991 年第 3 期。作者认为,"这件陶屋模型上的动物刻划不仅具有建筑物表面刻画图像的性质,还具有为亡故的人服务或祈福的性质。而这一点,正是汉画像石最明确的目的之一"。该文作者还对汉画像的其他方面进行了较为深入的探源。

[3]　辽宁省文物考古研究所:《辽宁牛梁河红山文化"女神庙"与积石冢群发掘简报》,《文物》1986 年第 8 期。

[4]　李仰松:《秦安大地湾遗址仰韶晚期地画研究》,《考古》1986 年第 11 期;宋兆麟:《室内地画与变迁风俗——大地湾地画考释》,《中原文物》1986 年特刊;如鱼:《蛙纹与蛙图腾崇拜》一文中也同样是此种观念,《中原文物》1991 年第 2 期。

[5]　甘肃省文物工作队:《大地湾遗址仰韶晚期地画的发现》,《文物》1986 年第 2 期;尚杰民《大地湾地画释意》(《中原文物》1989 年第 1 期)一文也有极其详细的论述。

[6]　杨亚长:《仰韶文化的美术考古综述》,《华夏考古》1988 年第 1 期。

[7]　张明川:《迄今发现的我国最早的绘画》,《美术》1986 年第 11 期。

面"[1]。总之，它使我们认识到近5000年前绘画与人们日常生活，特别是绘画与建筑的密切关系。

第四节　成就及影响

原始社会建筑技艺，有几方面特点：

聚落：原始社会末期建筑尚较简陋，但发展颇迅速。城市孕育萌生。不少聚落在居住区外围环以壕沟，以提高防卫能力。龙山时期聚落外围构筑土城墙已较普遍，把挖壕沟与筑城垣（墙）结合，构成壕与隍[2]的双重防御结构。城墙聚落规模日益扩大，最大者达1.12平方公里（如湖北天门石家河古城）。

建筑群组合形式超常发展。出现沿中轴展开的多重空间、装饰艺术，为夏代院落空间的出现奠定了坚实基础。

祭祀建筑出现。建筑不仅是物质生活手段，还是社会思想观念物化表征。而思想文化的进步，又促进建筑技艺向更高层次发展。

制陶方面，龙山文化陶窑，制成比红陶、褐陶硬度更大的灰陶与黑而光亮的蛋壳陶。这种制陶技术为后来建筑用陶——瓦、砖、井筒和排水沟管等的出现，准备了条件。至于仰韶文化以来长时间使用的彩陶器表面绘有各种生动而美丽的鱼纹、鸟纹、人面纹和由圆点、钩叶、曲线及各种几何形图案所组成的带状花纹，反映"美"在人们的精神生活中占有一定地位。而人们的审美要求和各种手工业技术，直接或间接地对建筑发展起着促进作用。

金属工具发明后，才有更高级的台榭宫室户牖，中国建筑向前发展了一大步，有了不同的类型。

由此，思想文化的需求、技术上的保障，即"文化"与"技术"是我国古代建筑科学发展的两大要素。诚如钱学森先生所言，科学与人文实为同一硬币的两面[3]。

本章学习要点

"北京人"遗址　　　　　　　　　　　汤山猿人洞

---

[1] 于嘉芳、安立华：《大地湾地画探析》，《中原文物》1992年第2期。文中还对已有的几种画面解释进行了列举。

[2] 《说文》："隍，城池也，有水曰池，无水曰隍。"本义城墙，专义为环壕、壕沟，亦后世之护城河，为城隍之来源，进而演变城隍庙、城隍神等，相传我国以芜湖城隍庙为最早，建于公元239年，据清人孙承泽撰写的《春明梦余录》载："芜湖城隍庙，建于东吴赤乌二年。"以纪念东吴大将芜湖侯徐盛。目前，各地相关最早城隍庙，说法不一。

[3] 孔令兵：《数学文化论十九讲》，西安：陕西人发教育出版社，2009年，第58页。

元谋人

秦安大地湾遗址

顺山集遗址

河姆渡遗址

半坡遗址

良渚古城

跨湖桥遗址

城头山古城

半城山遗址

芦山峁遗址

石峁遗址

陶寺城址

磁山遗址

喀左县东山嘴遗址

牛河梁"女神庙"遗址

包头莎木佳村祭坛遗址

包头市阿善遗址

余姚瑶山遗址

沧源崖画

巢居

穴居

洞穴式

地穴式

地面建筑

干栏

井干

栽柱式建筑

巨石建筑

第三章　夏商周建筑

据《史记·夏本纪》和《竹书纪年》,夏自禹至桀,历 14 世 17 王,约 470 年(BC2070—BC1600)[1]。

目前,二里头文化可为夏文化之代表,进入中国青铜时代。青铜工具有刀、锛、凿、鱼钩等,铜凿和锛数量较少,这两者均为木工工具。

自甲骨文证实《史记·殷本纪》商王世系后,商史被公认为信使[2]。

成汤灭夏以前,商族中心在今河南商丘至泰山一带。据《竹书纪年》《尚书序》和《史记·殷本纪》等,从成汤灭夏到盘庚迁殷的"先王"时代,商王朝曾五迁其都,最后定都今河南安阳小屯("殷墟",图 3-1-1)。共传 17 世、31 王,约 600 年(BC1600—BC1046)。

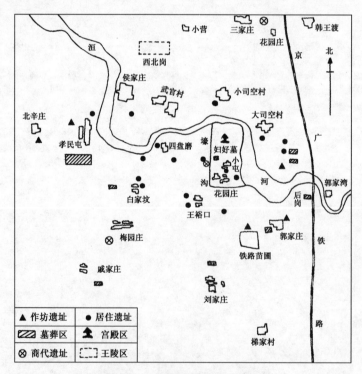

图 3-1-1　安阳殷墟平面示意图

---

〔1〕 夏商周断代工程专家组:《夏商周断代工程 1996—2000 年阶段成果概要》,《文物》2000 年第 12 期。

〔2〕 洛阳大学东方文化研究院:《疑古思潮回顾与前瞻》,北京:京华出版社,2003 年,第 153 页。

目前，商文化分早、中、晚三期：早期以二里头文化晚期为代表，上限约当成汤时。中期以"二里冈期文化"为代表。晚期以殷墟文化(小屯文化)为典型[1]。

商代青铜器按用途可分礼器、兵器、工具、车马器等，以礼器最具代表性[2]。商代骨、角、牙器的制作与使用亦广，均是重要手工业部门。骨器主要有铲、刀、锥、针等生产工具，镞、矛等武器，簪、梳等生活用具，珠、管等装饰品，骨雕人物和动物等艺术品。商代甲骨文中有"舟""车"等，出土资料有商后期车马坑、车马器(图 3-1-2)。

图 3-1-2　安阳殷墟展出的商代道路及车马坑

商人天文历象知识已较完备，历法置闰[3]；建筑方位、朝向均很准确。或说明时人对天体日月星辰之观测，已较精审。

西周始于公元前 1046 年的武王灭商年，止于幽王(BC1046—BC771)，历 12 王(包括共和 14 年)。公元前 770 年，周平王东迁洛邑，至周赧王降秦(BC256)，史称东周。周平王至秦统一前(BC770—BC221)，春秋战国。

目前，西周文化分三期。早期：武王至昭王(约 BC11 世纪中叶—BC10 世纪中叶)；中期：穆王至夷王(约 BC10 世纪中叶—BC9 世纪中叶)；晚期：厉王至幽王(BC9 世纪中叶—BC8 世纪中叶)[4]。

西周前期青铜铸造业鼎盛，晚期内地已出现冶铁[5]。西周有相当数量的骨、蚌、牙、角制品等，尤以生产工具为多[6]。

〔1〕　中国大百科全书总编辑委员会：《中国大百科全书·考古学》，北京：中国大百科全书出版社，2002年，第 445 页。

〔2〕　《中华上下五千年》编委会：《中华上下五千年·第一卷》，北京：中国书店出版社，2011 年，第 304 页。

〔3〕　杨升南：《武丁时行"年中置闰"的证据》，《殷都学刊》1986 年第 4 期。

〔4〕　张之恒、周裕兴：《夏商周考古》，南京：南京大学出版社，第 197 页。

〔5〕　河南省文物考古研究所：《三门峡虢国墓》第 1 卷，北京：文物出版社，1999 年，第 126－127 页。

〔6〕　张长寿、殷玮璋主编，中国社会科学院考古研究所编著：《中国考古学·两周卷》，北京：中国社会科学出版社，2004 年，第 435－441 页。

东周列国致力发展与称霸征战并举，关中、中原、三晋、荆楚、吴越、燕赵等文化争奇斗艳。战国纷争更烈，然诸子百家各逞其能、百花齐放，成为中华史上永远的灿烂篇章。

第一节　聚　落

一、聚落体系确立

1. 夏

《史记·五帝本纪》载帝舜："一年而所居而成聚，二年成邑，三年成都。"[1]夏人仍广泛应用原始建筑形式。

大师姑聚落遗址是迄今唯一一座年代和文化都十分明确的夏代城址[2]。初或为夏王朝东境军事重镇，废弃后转为普通环壕聚落[3]。

二里头文化聚落分布特征是小聚落环绕大聚落[4]，最突出点是产生凌驾于区域性中心聚落之上的中央王朝都城。聚落大致分三层次：

最低层：众多普通遗址，面积5万平方米以下。主要遗迹是地面或半地穴式小型房基，小型墓葬，窖穴和灰坑等。

中间层：区域性中心聚落。如山西夏县东下冯遗址，面积近20万平方米，平面大体呈方形，遗址中部偏南发现内外两圈壕沟。内壕边长120～150米，外壕边长约150～200米。建筑遗迹多窑洞式或浅穴居式建筑，或小型地面房屋。

最高层：统领四方的王都。目前，仅偃师二里头遗址[5]。规模大，主要文化遗存分布面积约五六百万平方米。当年有各种层次的建筑，从浅穴居式小窝棚，到地面起建的单间或多间房屋，再到巍峨壮观的宫殿（庙堂），及祭祀建筑等[6]。

2. 商

商代聚落遗址较多。例如：

坞罗河流域：发现22处商代聚落遗址，面积从2 000到18 000平方米不等，分二里岗（包括上下层）和晚商两期（殷墟期）[7]。

〔1〕　［西汉］司马迁撰：《史记》卷一《五帝本纪》，《二十五史》（百衲本），杭州：浙江古籍出版社，1998年，第10页。
〔2〕　王文华、陈萍、丁兰坡：《河南荥阳大师姑遗址2002年度发掘简报》，《文物》2004年第11期。
〔3〕　任昉霏：《郑州大师姑遗址夏商时期聚落变迁分析》，《剑南文学（经典教苑）》2013年第2期。
〔4〕　袁广阔：《略论二里头文化的聚落特征》，《华夏考古》2009年第2期。
〔5〕　宋镇豪：《夏商社会生活史上》，北京：中国社会科学出版社，1994年，第23页。
〔6〕　杨锡璋、高炜主编；中国社会科学院考古研究所编著：《中国考古学·夏商卷》，北京：中国社会科学出版社，2003年，第98页。
〔7〕　陈朝云：《商代聚落体系及其社会功能研究》，北京：科学出版社，2006年，第139页。

安阳孝民屯遗址：面积约 6 万平方米，主要是晚商遗存，房基、墓葬、铸铜遗址及环状沟是重要发现[1]。房基均浅穴居式，分布较集中，形式较统一，均为长方形半地穴式，房间数目由一至五间不等，单间房较多。每间房组合多种，有"品"字形、"吕"字形、"十"字形等。各房间以门厅相连，有一室、一室一厅、一室二厅、一室三厅等，这种房屋结构、大小与房主身份等级有关。房基内有土台、坑、灶和壁龛设施。土台有生土与熟土之分，高出地面约 10~15 厘米，宽 1 米左右，设置在房间一侧，相当于"土床"。墙体有夯土、草拌泥和土坯多种，少数房子有立柱（多数无），是夯土或草拌泥墙体直接承接屋檐。这是一处商代晚期平民聚居区[2]。

晚商殷墟规模庞大。商文化中心区内，除三大都城性中心聚落外，还有一些与其相比规模较小、文化性质高度一致、属商文化系统的一些地区性中心聚落，如焦作府城、垣曲商城、东下冯商城等；而商王中心区的外围还分布着若干与其有渊源关系、属地方类型的地区中心聚落遗存，如山西老牛坡等。这些地区中心聚落的主要文化特征与同期王朝相似或同步，商文化因素占优[3]。

晚商时，无论城市还是村落布局，一般都呈现出宗族、等级、宗教三大特色[4]。

3. 周

先秦农村公社组织构成，大小不一[5]。例如：

《谷梁传》庄公九年："十室之邑，可以逃难；百室之邑，可以隐死。"

《论语·公冶长》："千室之邑。"

《孟子·滕文公》："八家共井。"这应是最小农村公社。

或认为春秋时"乡"设于"国"；"遂"亦以城邑为最小聚落单位。城邑周围无散布乡村，农民及工商业者、贵族王室均聚居于有城墙的城邑内，此时诸国为一种包含一组（甚至一个）城邑的城邑国[6]。目前，各地发掘的周代聚落遗址较多。例如：

湖北省：蕲春遗址规模较大，已知两个大建筑群，每群由多所排房组成。这些房屋排列有序，功用、结构不同（图 3-1-3）[7]。蕲春毛家咀遗存的主人，为逃遁南方的殷贵族遗存[8]。

浙江省：高祭台类型是青铜时代的考古学文化遗存，与古越族关系密切。在高祭台类型聚落附近，大多可见到一些坟状突起的熟土墩，有的墩内还砌有巷道状顶盖石的石室建筑[9]。

---

[1] 段振美：《殷墟从考古遗址到世界遗产》，北京：文物出版社，2011 年，第 314 页。

[2] 何毓灵、胡洪琼：《试论殷墟孝民屯遗址半地穴式建筑群的性质及相关问题》，《纪念世界文化遗产殷墟科学发掘 80 周年——考古与文化遗产论坛会议论文》，2008 年。

[3] 陈朝云：《商代聚落体系及其社会功能研究》，北京：科学出版社，2006 年，第 80 页。

[4] 杨锡章、高炜主编，中国社会科学院考古研究所编著：《中国考古学·夏商卷》，北京：中国社会科学出版社，2003 年，第 325 页。

[5] 姚政：《论先秦时期的农村公社》，《四川师范学院学报》（哲学社会科学版）1990 年第 4 期。

[6] 刘学勇：《春秋聚居考》，《管子学刊》1997 年第 3 期。

[7] 中国社会科学院考古研究所湖北发掘队：《湖北蕲春毛家咀西周木构建筑》，《考古》1962 年第 1 期。

[8] 程平山：《蕲春毛家咀和新屋垸西周遗存性质略析》，《江汉考古》2000 年第 4 期。

[9] 徐建春：《浙江聚落：起源、发展与遗存》，《浙江社会科学》2001 年第 1 期。

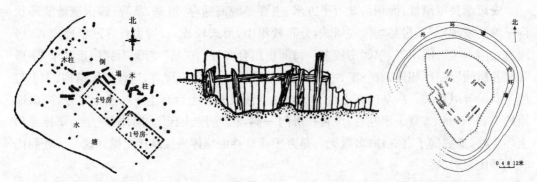

图 3-1-3　蕲春西周干栏建筑遗址　　　　　图 3-1-4　霍邱堰台遗址平面图

安徽省：霍邱堰台遗址是淮河中游南岸的一处典型的台形遗址，整体呈圆形，有二重聚落环壕、墓葬、房址等（图 3-1-4），西周至春秋[1]。

二、城市等级制成熟

1. 夏

夏是国家之始[2]。夏初城市规模不大，也不很完善。夏王朝是否建宫城和内城，尚未知。

当前，对我国古代城市起源与形成，分歧较大。时间上，有原始社会后期说、夏代说、商代说、西周说、春秋说等；动因上，有防御说、阶级斗争说、政治工具说、商业经济说、地理条件说；途径上，有乡村转化说、筑城说等[3]。良渚古城申遗成功、河洛古城的出现等，值得关注。

或认为：金属器、文字、礼仪性建筑及从大型环状壕沟聚落发展到城郭都市的真正出现，才能作为中国古代都市文明形成的重要标志。因此，城市形成上限年代并非相当于夏的二里头文化，而应是殷墟文化晚期[4]。

或认为我国古代城市发展序列是：从原始聚落发展成为夏代雏形城市——单体军事城堡，再发展为商代早期城市——宗法等级城市，然后在春秋战国时期发展成为比较成熟的城市——政治、经济和文化的中心[5]等。

典籍记载，夏代或更早已有城郭：

《吴越春秋》："鲧筑城以卫君，造郭以守民，此城郭之始也。"

《淮南子》："夏鲧作三仞之城。"

〔1〕　邓坚等：《安徽霍邱堰台周代遗址发掘简报》，《中国历史文物》2010 年第 6 期。

〔2〕　刘叙杰：《中国古代建筑史·第一卷》，北京：中国建筑工业出版社，2003 年，第 127 页。

〔3〕　高松凡、杨纯渊：《关于我国早期城市起源的初步探讨》，《文物季刊》1993 年第 3 期。

〔4〕　杉本宪司、王维坤：《关于中国古代都市文明的形成》，《西北大学学报》（哲学社会科学版）2001 年第 4 期。

〔5〕　张南、周伊：《春秋战国城市与古典希腊城市比较论》，《学术界》1993 年第 6 期。

《管子》："夏人之王，外凿二十七虻，蝶十七湛，……道四经之水，……民乃知城郭、门阁、室屋之筑。"

特别是河南新密新砦城址有外壕、城壕和内壕三重防御设施，中心区域大型夯土建筑似宗庙，四周有居民区与手工业作坊区，城内布局科学合理，功能完善，具国都性质，或是夏启之都[1]。

2. 商

商代城邑遗址主要有河南偃师商城、郑州商城、安阳殷墟，湖北黄陂盘龙城等。

（1）偃师商城遗址

位于河南偃师县城西城关乡大槐树村南。有护城壕与城墙，城垣两重（图3-1-5），小城城墙时代较早、面积稍小[2]。宫殿区有集中的方形水池，池底铺砌石板；建筑底部有铺垫石块的排水沟，表明已有组织防御、给排水体系等。

一般认为偃师尸乡沟遗址始建年代早于郑州商城，属商早期都邑。结合古文献中汤都西亳的地望，尸乡沟商城应为"商汤之都"西亳[3]。也有人认为偃师尸乡沟商城与成汤之亳无关，却与成汤亳都处处相符[4]。

（2）郑州商城遗址

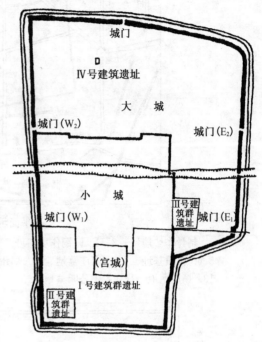

图3-1-5 偃师商城实测平面图

坐落于郑州商代遗址中部，即今河南省郑州市区偏东部的郑县旧城及北关一带。

城址平面近长方形[图3-1-6(a)]。城垣四周共有缺口11处，宫殿区位于城内东北部较高地带，各种大中型夯土台基总面积近40万平方米。台基多呈长方形，表面排列整齐的柱穴，间距2米左右，柱穴底部大多有础石[图3-1-6(b)][5]。

〔1〕 李龙：《新砦城址的聚落性质探析》，《中州学刊》2013年第6期。

〔2〕 杨锡章、高炜主编，中国社会科学院考古研究所编著：《中国考古学·夏商卷》，北京：中国社会科学出版社，2003年，第203-218页；中国科学院考古研究所洛阳发掘队：《河南偃师二里头遗址发掘简报》，《考古》1965年第5期；中国社会科学院考古研究所洛阳汉魏故城发掘队：《偃师商城的初步勘探和发掘》，《考古》1984年第6期等。

〔3〕 张之恒、周裕兴：《夏商周考古》，南京：南京大学出版社，1995年，第48-51页。

〔4〕 杜金鹏、王学荣：《偃师商城遗址研究》，北京：科学出版社，2004年，第114-115页。

〔5〕 河南省博物馆、郑州市博物馆：《郑州商代城遗址发掘报告》，文物编辑委员会编：《文物资料丛刊(1)》，北京：文物出版社，1977年；河南省文物研究所郑州工作站：《近年来郑州商代遗址发掘收获》，《中原文物》1984年第1期；宋国定：《1985—1992年郑州商城考古发现总数》，《郑州商城考古新发现与研究》，郑州：中州古籍出版社，1993年等。

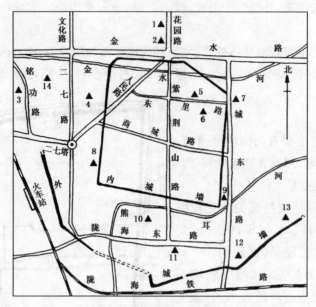

(a) 平面示意图

1. 制骨作坊遗址　2、11. 铸铜作坊遗址　3. 制陶作坊遗址　4、8、9. 铜器窖藏
5、6. 宫殿基址　7. 白家庄墓地　10. 郑州烟厂墓地　12. 二里岗遗址
13. 杨庄墓地　14. 人民公园墓地

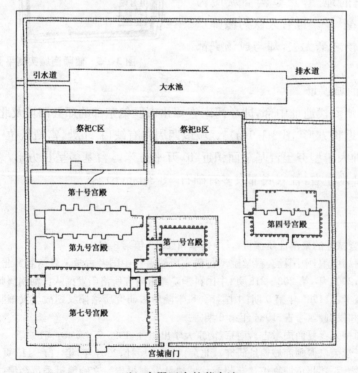

(b) 宫殿区内的蓄水池

图 3-1-6　郑州商城遗址

或认为郑州商城是商代中期"仲丁迁于隞"的隞都[1]；也有人认为是成汤"亳都"[2]（亦有学者不同意[3]）。

(3) 安阳殷墟及洹北商城遗址

位于河南安阳市西北部的洹河两岸（图 3-1-7），总面积约 24 平方公里。洹河将遗址分为两部，南岸为宫殿区，北岸为王陵区。宫殿区周围分布有手工业作坊、一般居址和平民墓地等。宫殿宗庙区以今小屯村东北地位中心，已发掘夯土基址 53 座，分甲、乙、丙 3 组，由北向南排列。王陵区位于洹河北岸的侯家庄和武官村以北，已发现大墓 13 座[4]。荣列世界文化遗产名录。中国社会科学院考古研究所做了大量工作。

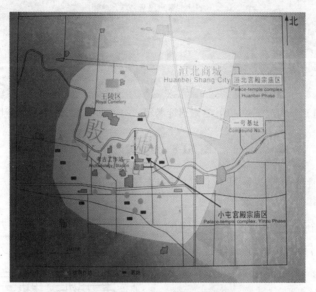

图 3-1-7　安阳殷墟都邑布局图

安阳洹北商城：是盘庚迁殷始建的都城，是盘庚迁殷的最初地点[5]。此都城使用的时间并不长，从小辛、小乙后即将都城重心由洹北移至洹南，即洹水南岸的殷墟[6]。由于洹北商城的宫殿毁于火灾，商王室即迁洹南小屯之殷都[7]。而商王河甲和盘庚之所以两次在安阳建都，足以说明当时安阳在地理位置、地形、地貌及自然生态诸方面条件十分优

〔1〕　安金槐：《试论商代城址——隞都》，《文物》1961 年第 4、5 期。
〔2〕　邹衡：《郑州商城即汤都亳说》，《文物》1978 年第 2 期。
〔3〕　安志敏：《关于郑州"商城"的几个问题》，《考古》1961 年第 8 期；刘启益：《"隞都"质疑》，《文物》1961 年第 10 期；石加：《"郑亳说"商榷》，《考古》1980 年第 3 期。
〔4〕　中国社会科学院考古研究所：《殷墟发掘报告(1958—1961)》，北京：文物出版社，1987 年；张之恒、周裕兴：《夏商周考古》，南京：南京大学出版社，1995 年，第 63 - 69 页等。
〔5〕　何毓灵、岳洪彬：《洹北商城十年之回顾》，《中国国家博物馆馆刊》2011 年第 12 期。
〔6〕　李民：《安阳洹北商城性质探索》，《中原文物》2007 年第 1 期。
〔7〕　陈旭：《关于"盘庚迁殷"问题的一点想法》，《中原文物》2011 年第 3 期。

越[1]。洹北商城平面略呈方形，与殷墟遗址略有重叠，占地约4.7平方公里[2]。

（4）盘龙城遗址

位于今湖北武汉市北5公里余的黄陂县滠口乡叶店村。平面近方形，南北长约290、东西长约260米。城垣外有宽约14米，深约4米的城壕。

宫殿基址位于城内东北部的高地上，下层宫殿建筑在生土层上。现已发现的上层宫殿基址有三座，坐北朝南，南北并列，坐落在南北轴线上，方向与城垣一致。

（a）盘龙城考古遗址　　　　　（b）宫殿遗址展示　　　　　　（c）宫殿区复原（局部）
　　　公园平面图

图3-1-8　盘龙城遗址

黄陂盘龙城遗址可能为商代长江之滨的方国（图3-1-8）[3]。

3. 周

周代初年推行封建制，分封到各地的诸侯领主纷纷在自己的领地上建立城邑，或扩展原有城镇。此时对公、侯伯、子男之城，均有严格等级[4]。

《周礼·考工记》："匠人营国，方九里，旁三门。国中九经九纬，经涂九轨；左祖右社，面朝后市，市朝一夫"（图3-1-9），展现了理想中的城市形制。

城市等级大体分三类：周王都城（称"王城"或"国"）；诸侯封国都城；宗室或卿大夫封地都邑（依《左传》庄公二十八年载，建宗庙者，称"都"；无宗庙者，称"邑"）；除

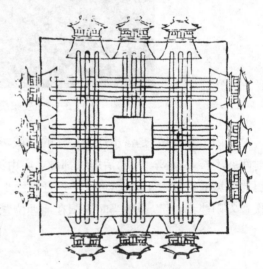

图3-1-9　《三礼图》中的周王城图

---

〔1〕　王迎喜：《商王河亶甲与盘庚为何都在安阳建都》，《新乡师范高等专科学校学报》2005年第6期。

〔2〕　唐际根、荆志淳、刘忠伏、岳占伟：《河南安阳市洹北商城的勘察与试掘》，《考古》2003年第5期。

〔3〕　湖北省博物馆：《1963年湖北黄陂盘龙城商代遗址的发掘》，《文物》1976年第1期；蓝蔚：《湖北黄陂县盘龙城发现古城遗址及石器等》，《文物参考资料》1955年第4期；湖北省博物馆：《盘龙城1974年度田野考古纪要》，《文物》1976年第2期；杨鸿勋：《从盘龙城商代宫殿遗址谈中国宫廷建筑发展的几个问题》，《文物》1976年第2期等。

〔4〕　［清］孙怡让撰：《周礼正义》，北京：中华书局，1987年，第3423-3506页。

政治地位上的高低外，在城市面积及其他附属设施（如城墙高度、道路宽度等）方面，也有明显等级区别。

我国古代城市发展到春秋战国，已出现多种类型，其中一种是由套在一起的内外城组成[1]。周代帝王诸侯的城市大多有两道或更多城墙，并将全城分内城和外城两部。内城与外城职能分工明显，大小有别，或存在一定比例关系。《孟子·公孙丑篇》："三里之城，七里之郭。"《国策》："田单曰：'臣以五里之城，七里之廓，破军亡卒，破万乘之燕，复齐墟……'。"

城垣之外，必有护城河（"池"），有在外城内侧或内城之外再挖防护河。此时城上已有女墙、雉堞，城门上建城楼，城角处建高于城墙二雉的"隅"（角楼）等。

城市道路也因等级高低定宽窄。《周礼·考工记·匠人》："经涂九轨，环涂七轨，野涂五轨"，"（国之）环涂以为诸侯经涂，野涂以为都经涂"。

（1）王城

周人建国后的都城，大致分布在关中与河洛一带。

据《史记·周本纪》，周人建国前的第一个都城是公刘之子庆节所营的豳（今陕西彬县）。后古公亶父率族迁岐，正式建立城郭和宫室、房屋。第三个都城是西伯昌所建的丰邑（今陕西西安市西）。

武王灭商后，仍都此。同时命周公建雒邑（今河南洛阳）为西周东都，但此城未竣。成王复位后，又"使召公复营洛邑，如武王之意。周公复卜申视，卒营筑居九鼎焉"。又于丰邑附近建新都镐京（亦名宗周）。此外，西周初年又在雒邑以东约20公里处建成周城。成周始建于周武王，成王时可能又有所建造；王城始建于成王[2]。

丰、镐京（宗周）：丰邑遗址位于沣河西岸的客省庄、冯村及灵沼以北（图3-1-10）[3]。洛水村至斗门镇出土不少西周夯土基址和文化遗物，结合文献，推断西周镐京在今西安市西北十公里斗门镇花园村西500米眉鸣岭附近[4]。

雒邑（成周）：是西周的东都与东周的国都。西周初，周公摄政第五年营建洛邑，至七年初成，亦称"新邑"（史称之"大邑""新大邑""成周"等）。古代都城，除宫室外，必营祖庙。成王以后的西周诸王并不都在雒邑执政，仍以丰、镐为都[5]。

（2）诸侯都邑

典籍西周初诸侯大邑有鲁国曲阜[6]、齐国营丘[7]等，可能利用当地原有建置，规模亦不甚大。

〔1〕马世之：《关于春秋战国城的探讨》，《考古与文物》1981年第4期。

〔2〕李久昌：《国家、空间与社会：古代洛阳都城空间演变研究》，西安：三秦出版社，2007年，第211页。

〔3〕张铭洽、刘文瑞：《长安史话（上）》，西安：陕西旅游出版社，2001年，第39页。

〔4〕田醒农等：《西周镐京附近部分墓葬发掘简报》，《文物》1981年第1期。

〔5〕潘建荣：《商都亳研究论集（下）》，香港：国际炎黄文化出版社，2009年，第1238页。

〔6〕周武王克商后，"封周公旦于少昊之墟曲阜，是为鲁公。周公不就封，留佐武王"［西汉］司马迁撰《史记》卷三十三《鲁周公世家》，西安：太白文艺出版社，2006年，第172页。

〔7〕"封师尚父于齐营丘。"［西汉］司马迁撰：《史记》卷三十二《齐太公世家》，西安：太白文艺出版社，2006年，第162页。

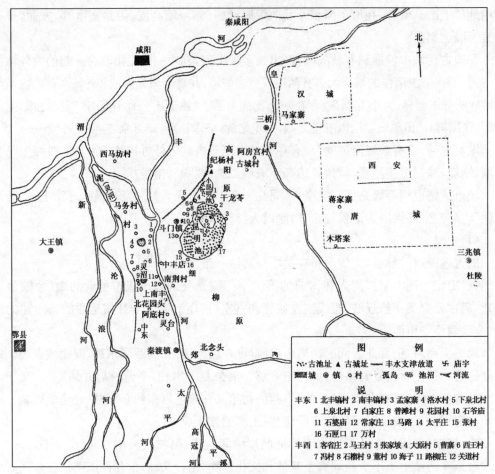

图 3-1-10　西周故都丰、镐地区位置图

　　西周至春秋各国都城因国力强盛和长期建设而得到发展,因人口增加、手工业与商业繁荣城市规模和面积增大。如齐临淄、燕下都、魏大梁、韩新郑、楚鄢郢、秦咸阳等,都是人口众多、商贾密集的大城市。其下属各级城市及中小诸侯的采邑、都城则为数更多。这些城市虽规模不如前者,但功能已较完备:如外郭、城墙、外壕、角台、内城、宫室等均已出现[1]。

　　鲁国:故城平面呈横长方形,城垣四角呈圆角,城墙断续残存于地面,面积约 10 平方公里(图 3-1-11)。就目前所知,曲阜鲁城是我国古代城市建筑采用中轴线布局最早者[2]。

　　齐国:故城在今山东淄博临淄区辛店北 8 公里的齐都镇(图 3-1-12),包括大城和小城两部,小城在大城西南,其东北部伸进大城的西南隅[3]。临淄出土的东周齐国瓦当风格鲜明、极具特色[图 3-4-5(b)][4]。

〔1〕　马卫东:《春秋采邑制度在历史上的进步作用》,《社会科学战线》2012 年第 7 期。
〔2〕　张学海:《浅谈曲阜鲁城的年代和基本格局》,《文物》1982 年第 12 期。
〔3〕　张长寿、殷玮璋主编,中国社会科学院考古研究所编著:《中国考古学·两周卷》,北京:中国社会科学出版社,2004 年,第 248 - 251 页。
〔4〕　董雪:《东周齐国瓦当纹饰的艺术特色》,《艺术探索》2007 年第 1 期。

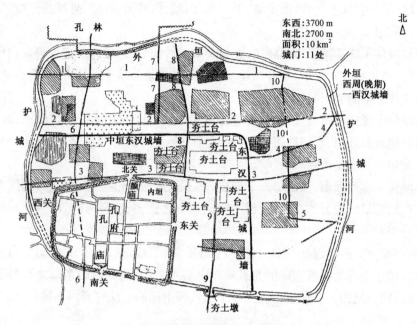

图 3-1-11 鲁国故城平面图

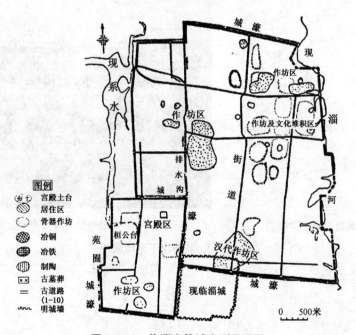

图 3-1-12 临淄齐故城实测平面图

吴国：西周时吴国兴起的中心地域在宁（南京）镇（镇江）一带，至春秋逐渐抵达太湖流域[1]。或认为吴王阖闾元年（BC514）始建新都"吴大城"，其前的吴国春秋早中期都邑应

———————————

〔1〕 肖梦龙：《初论吴文化》，《考古与文物》1985 年第 4 期。

为武进淹城[1]。它从里向外，由子城、子城河，内城、内城河，外城、外城河三城三河相套，绝无仅有（图 1-1-7）[2]。

丹阳葛城位于江苏丹阳市珥陵镇，并与珥城、神河头等遗址构成遗址群。内城呈不太规则长方形，周长约 660 余米，外有三道城壕。葛城遗址始筑于西周，沿用至春秋晚期，是目前发现年代最早的吴国城址[3]。

阖闾城位于江苏常州与无锡之间，有外城和内城，外城即大城，内城即东、西两小城，城内有高台建筑和陆门、水门遗迹等，阖闾城或为吴王阖闾的都城[4]。或认为是拱卫吴都的军事城堡[5]，或是阖闾小城[6]。

姑苏城位于苏州西南，依山势高下而建，呈不规则四边形；四面都有局部保存较好的城墙。现存姑苏城址应为越王勾践、越王翳至越王无疆多次改扩建后的遗存。推测姑苏先后为吴越都城[7]。

燕国：存在 800 余年，其中 180 多年燕王驻武阳（下都，图 3-1-13），文献记载较少[8]。燕下都故城位于今河北易县东南的北易水和中易水之间，遗址内的东周遗存可上溯至春秋，最丰富阶段数战国。春秋遗存仅分布于东城西南部的北沈村至西贯城村，以及东城中

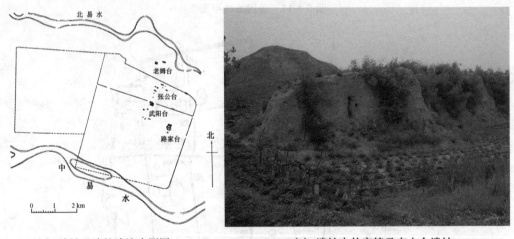

(a) 遗址及建筑遗迹实测图　　　　　　(b) 遗址中的宫墙及夯土台遗址

图 3-1-13　易县燕下都城遗址

〔1〕　肖梦龙：《淹城吴都考》，《东南文化》1996 年第 2 期。
〔2〕　彭适凡、李本明：《三城三河相套而成的古城典型——江苏武进春秋淹城个案探析》，《考古与文物》2005 年第 2 期。
〔3〕　肖梦龙，杨宝成，司红伟：《江苏丹阳葛城遗址勘探试掘简报》，《江汉考古》2009 年第 3 期。
〔4〕　张敏：《阖闾城遗址的考古调查及其保护设想》，《江汉考古》2008 年第 11 期。
〔5〕　吴恩培：《春秋"吴都"之争与苏州古城的历史地位》，《社会科学文摘》2016 年第 4 期。
〔6〕　戈春源：《苏州阖闾大城的地位不可动摇》，《苏州教育学院学报》2014 年第 4 期。
〔7〕　张敏：《吴国都城初探》，《南方文物》2009 年第 2 期。
〔8〕　康文远：《新中国对燕下都的勘探》，《文史精华》2009 年第 S2 期。

部的郎井村至高陌村一带(13号居住址)[1]。燕下都作为都城始于战国中期[2]。在其营建伊始,就可能有意以河道为分界划分不同的功能区,将宫殿区规划在已有的聚落以外,而将原来的聚落所在地作为居民区和手工业作坊区[3]。

秦国:秦都雍城始于秦德公元年(BC677)至献公二年(BC383),建都时间近300年[4]。秦国长期在此经营,雍城遂成为当时一座颇具规模的大都会[5],此后直接迁都咸阳[6]。其遗址位于今陕西省凤翔县城南,雍水河之北。平面呈不规则方形(图3-1-14),东西长3 480米(以南垣计),南北长3 130米(以西垣计)。

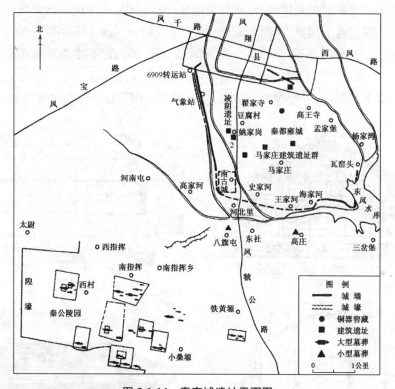

图 3-1-14 秦雍城遗址平面图

雍城城内规划布局整齐,按照"前朝后市,左祖右社"的城市规划思想布设宗庙、宫殿、市场等标志性建筑,城市有中轴线,宗庙建筑呈左右对称状,城市形态在我国都城规划史上有承上启下的作用[7]。

〔1〕 河北省文物研究所编:《燕下都》,北京:文物出版社,1996年。
〔2〕 欧燕:《试论燕下都城址的年代》,《考古》1988年第7期。
〔3〕 许宏:《燕下都营建过程的考古学考察》,《考古》1999年第4期。
〔4〕 张长寿、殷玮璋主编,中国社会科学院考古研究所编著:《中国考古学·两周卷》,第255-259页。
〔5〕 李自智:《秦都雍城了城郭形态及发关问题》,《考古与文物》1996年第2期。
〔6〕 田亚岐、张文江:《秦雍城置都年限考辩》,《文博》2003年第1期。
〔7〕 潘明娟:《秦雍城都城形态与规划》,《宝鸡文理学院学报》(社会科学版)2006年第2期。

栎阳城址位于今陕西省临潼县武屯镇关庄和万宝屯一带[1],古城为一东西长约2 500米,南北宽约1 600米的长方形城址[2]。

楚国:春秋初,楚文王元年(BC689)楚国自丹阳迁都郢。公元前278年,秦军占郢都,楚顷襄王东迁都与陈(今河南淮阳)。公元前253年,楚考烈王迁都钜阳(今安徽太和东南),公元前241年,又迁都寿春(今安徽寿县)[3]。

目前,楚都地点,论述不一。近来,清华简《楚居》所述历代楚君的居处,多达14处,独不见"戚郢",似乎表明"戚郢"的出现不早于《楚居》成篇之时。无论是文献还是资料,都可证明纪南城不是春秋时的楚郢都;纪南城应是整个战国中、晚期的楚国都城,作为楚都开始于战国中期早段或战国早、中期之际,终结废弃当是公元前278年[4](最近,考古人员在纪南城西侧,发现城垣遗址[5])。春秋时的楚郢都,在宜城楚皇城附近可能性较大[6]等。

纪南城又名纪郢,位于今湖北江陵市北5公里处,因其位于纪山之南,故名[7]。曾有

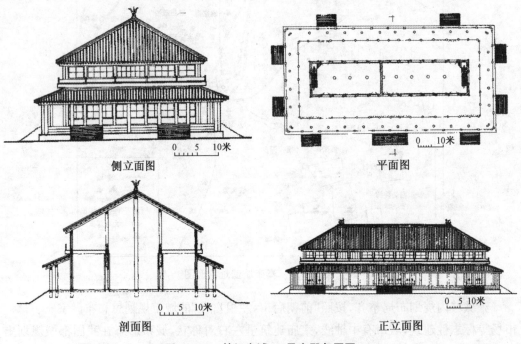

侧立面图　　　　　　　　　　　平面图

剖面图　　　　　　　　　　　正立面图

图3-1-15　楚纪南城30号宫殿复原图

〔1〕　陕西省文管会:《秦都栎阳遗址初步勘探记》,《文物》1966年第1期。
〔2〕　中国社会科学院考古所栎阳发掘队:《秦汉栎阳城遗址的勘探和试掘》,《考古学报》1985年第3期。
〔3〕　张长寿、殷玮璋主编,中国社会科学院考古研究所编著:《中国考古学·两周卷》,北京:中国社会科学出版社,2004年,第259-263页。
〔4〕　尹弘兵:《纪南城与楚郢都》,《考古》2010年第9期。
〔5〕　湖北省文物考古研究所:《荆州纪南城烽火台遗址及其西侧城垣试掘简报》,《江汉考古》2014年第2期。
〔6〕　王红星:《楚郢都探索的新线索》,《江汉考古》2011年第3期。
〔7〕　湖北省博物馆:《楚都纪南城的勘察与发掘(上、下)》,《考古学报》1982年第3、4期。

学者对其进行过深入研究,并尝试复原(图 3-1-15)〔1〕。

纪南城内现存夯土台基 84 个,绝大部分在城内东部,尤以城内东南部最密集,应是宫殿区所在,夯土墙和古河道似为宫殿区的城垣和护城河〔2〕。

寿春故城遗址位于今安徽寿县城南。南垣从范河村南向东至顾家寨一带,残长 3 公里,其他两面城垣不存。城垣外有护城河。城址内发现 29 座台基,或是宫殿区〔3〕。

第二节 群(单)体建筑

一、院落空间

我国仰韶聚落已建造壕沟或围墙,区隔外部环境。例如,郑州西山发现的距今 5 000 多年前的仰韶城址,城垣用方块版筑法筑造,是目前所知最原始的版筑技术〔4〕。在聚落内环绕单体建筑建造围墙,形成与其他建筑分隔的院落,年代要晚些。

目前,芦山峁遗址已有院落,而最早的廊院式建筑资料,是河南偃师二里头夏商宫殿遗址,中国传统建筑院落式格局形式因此走向成熟。其主体建筑周围廊庑环绕,形成封闭院落,且廊庑可与小体量建筑相结合组成灵活的院落景观[图 3-2-1(a)]。

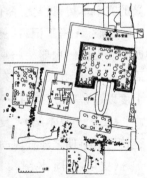

(a) 偃师二里头一号宫殿复原模型　　(b)扶风云塘"凸"字形
结构建筑群平面图

图 3-2-1 院落空间

阳信李屋遗址分南、北两聚落单元,北部聚落单元可划分出三个社群单元,各有自己

〔1〕 郭德维:《楚都纪南城复原研究》,北京:文物出版社,1999 年。

〔2〕 湖北省文物考古研究所:《1988 年楚都纪南城松柏区的勘察与发掘》,《江汉考古》1991 年第 4 期。

〔3〕 丁邦钧:《楚都寿春城考古调查综述》,《东南文化》1987 年第 1 期;丁邦钧:《寿春城考古的主要收获》,《东南文化》1991 年第 2 期。

〔4〕 张玉石:《中国古代版筑技术研究》,《中原文物》2004 年第 2 期

的房屋和院落、窖穴、墓葬、生产和生活垃圾倾倒区，时代从殷墟第一期延续至第四期。该遗址是盐工在夏、秋、冬三季及亲属人员全年的居住地[1]。

岐山县京当公社、扶风县法门公社及黄堆公社相继发掘了西周早、中期的宫室（宗庙）建筑基址和部分平民居室基址[2]。其中，陕西凤雏周人宗庙遗址，呈现出典型的四合院特征（图 1-1-6）。有人认为此建筑组合最突出的特征，外围部分切合传统文献中的"堂下周屋"[3]。

陕西扶风云塘 5 座建筑基址及围墙，构成"凸"字形的建筑群[图 3-2-1(b)]，其中 F1、F2、F3 又呈"品"字形分布。齐镇清理 4 座建筑基址，构成另一组建筑，两组建筑基本同时[4]。处于周原遗址中心的这两组建筑，对研究西周礼制价值重要[5]。云塘西周建筑基址（A 组），F1 及 F4 两组基址可能是西周晚期宗庙，其形制与前人依据文献对周代宗庙的复原研究相符；云塘 F1 组建筑还与秦雍城马家庄一号宗庙建筑有相似处，这也从宗庙礼仪建筑上证明周文化是秦文化的主要来源[6]（也有学者有不同意见[7]）。

二、宫室坛庙

1. 典籍

典籍中有关夏、商宫室和坛庙记载较少；周代王室与诸侯的宫室营构虽见于史料，为数亦不多。

《史记·夏本纪》："禹卑宫室，致费于沟洫"，或反证此时建筑技艺之进步：个人用来享受的宫室本可修得更好，但致费于发展民生上。

《周礼·考工记》："夏后氏世室，堂修二七，广四修一。五室三四步，四三尺。九阶。四旁两夹窗。白盛。门堂三之二，室三之一。殷人重屋，堂修七寻，堂重三尺，四阿重屋。周人明堂，度九尺之筵，东西九筵，南北七筵，堂崇一筵。五室，凡室二筵。室中度以几，堂上度以筵，宫中度以寻，……"[8]提供了夏、商、周宫室、宗庙的部分情况。

《史记·夏本纪》："夏作璇室。"此为史家针砭夏桀宫室淫奢的记载，可推测夏末宫室建筑已由早期之淳朴风尚，转向繁丽浮华。

《史记·周本纪》："（武王）……营周居于洛邑而后去。"[9]时在武王即位后

[1] 燕生东、张振国、佟佩华：《山东阳信县李屋遗址商代遗存发掘简报》，《考古》2010 年第 3 期。
[2] 陈全方：《早周都城岐邑初探》，《文物》1979 年第 10 期。
[3] 王鲁民：《中国传统轴对称院落的布局要旨与主要类型——一个研究草案》，《建筑师》2012 年第 2 期。
[4] 张雪莲，仇士华：《周原遗址云塘、齐镇建筑基址碳十四年代研究》，《考古》2004 年第 4 期。
[5] 徐良高、刘绪、孙秉君：《陕西扶风县云塘、齐镇西周建筑基址 1999—2000 年度发掘简报》，《考古》2002 年第 9 期。
[6] 徐良高、王巍：《陕西扶风云塘西周建筑基址的初步认识》，《考古》2002 年第 9 期。
[7] 刘瑞：《陕西扶风云塘、齐镇发现的周代建筑基址研究》，《考古与文物》2007 年第 4 期。
[8] 《周礼注疏》卷四十一《冬官考工记·匠人》，[清]阮元校刻：《十三经注疏》，第 928 页。
[9] [西汉]司马迁撰：《史记》卷四《周本纪》，北京：中华书局，1963 年，第 129 页。

（BC1121—BC1116），武王在洛邑建立"周居"，即王室宫殿，建都洛阳。当然，东都真正建成是在成王时，成王即位在丰京"使召公复营洛邑，如武王之意"，再次修筑[1]。

《史记·秦本纪》："文公元年，居西垂宫。"[2]时在公元前765年。此宫遗址大致方位，在今礼县盐关镇以东[3]。

《战国策》："张孟谈曰：'臣闻董子之治晋阳，公宫之垣，皆以荻蒿楮楛为之，其高至丈余，君可发而为矢。'于是发而试之，其坚则箘簬之劲，不能过也。君曰：'矢足矣。吾铜少，若何？'张孟谈曰：'臣闻董子之治晋阳也，公宫之室，皆以炼铜为柱质。'请发而用之，则有余矣。及三国之兵乘晋阳城，三月不能拔。"[4]按晋阳即今山西太原市[5]。

《汉书·地理志》："橐泉宫，孝公起。祈年宫，惠公起。棫阳宫，昭王起。"[6]棫阳宫建于秦昭王时（BC306—BC251），位于今陕西雍城南郊。祈年宫建于秦惠公时（BC337—BC331），位于今陕西雍城西南16公里的千河东岸。推测其并非一般性寝宫或离宫，应是秦君祭祀前的斋宿宫室[7]。

《左传》文公十年："……子西缒而悬绝，王使适至，使为商公。沿汉泝江，将入郢。王在渚宫下，见之"[8]等。

2. 实例

（1）夏[9]

偃师二里头夏代宫室遗址位于偃师县西南。该遗址南部揭露出晚夏宫室建筑遗址，为研究我国古代建筑形制与发展，提供了十分重要的实物资料。

二里头遗址中部分布数十座夯土基址，分方形和长方形两种。其中最大者长、宽各约100米，一般长、宽为40~50米，最小的20~30米。

一号宫殿建筑基址：为一座大型夯土台，形状略呈正方形，总面积达9585平方米（图1-1-5）。在台基中部偏北处有一座主体殿堂，四周廊庑环绕，南面是宽敞的大门，东面、北面有两个侧门，布局紧凑，主次分明。主体殿堂位于夯土台基北部，长方形平面，东西长36、南北宽25米，面积900平方米[图3-2-2(a)]。基座四面围绕一周大型柱洞，柱网排列整齐，间距约3.8米，口径约0.4米，外有柱基槽，下有柱础石。檐柱洞外侧0.6~0.7米处，还附有2个相距1.5米的小柱洞或柱础石，柱洞直径0.18~0.20米[10]。这应是一座

〔1〕　中国古都学会：《中国古都研究第三辑》，杭州：浙江人民出版社，1987年，第48-61页。

〔2〕　[西汉]司马迁撰：《史记》卷五《秦本纪》，第179页。

〔3〕　雍际春：《秦人早期都邑西垂考》，《天水行政学院学报》2000年第4期。

〔4〕　[西汉]刘向集录：《战国策》卷十八《赵策》，郑州：中州古籍出版社，2007年，221页。

〔5〕　刘叙杰：《中国古代建筑史·第一卷》，北京：中国建筑工业出版社，2003年，第231页。

〔6〕　[东汉]班固撰：《汉书》卷28《地理志·右扶风郡·雍·注》，北京：中华书局，1962年，第1547页。

〔7〕　刘叙杰：《中国古代建筑史·第一卷》，北京：中国建筑工业出版社，2003年，第231页。

〔8〕　吴树平等点校：《十三经》（点校本），北京：北京燕山出版社，1991年，第1159页。

〔9〕　中国科学院考古研究所二里头工作队：《河南偃师二里头早商宫殿遗址发掘简报》，《考古》1974年第4期；中国社会科学院考古研究所编著：《偃师二里头》，北京：中国大百科全书出版社，1999年，第138-159页。

〔10〕　我们认为此小柱洞，应是支撑木地板的小柱子。

面阔八间、进深三间的宫室。此外,位于宫殿庭院中和殿堂檐柱下的灰坑和墓葬都与祭祀有关[1]。

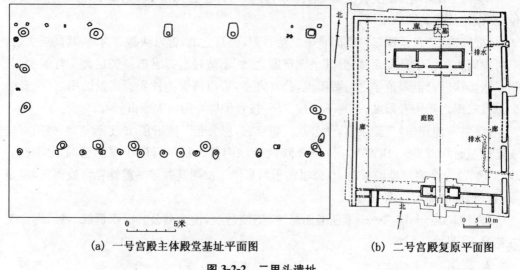

(a) 一号宫殿主体殿堂基址平面图　　　　　(b) 二号宫殿复原平面图

图 3-2-2　二里头遗址

二里头遗址一号宫殿建筑基址,是我国迄今发现的时间最早、规模最大、保存较好的一座宫殿建筑基址。整个宫殿建筑布局合理,结构严谨,规模宏伟,已基本具备我国后世宫殿建筑规制。

二号宫殿建筑基址:位于二里头遗址中部,规模较一号为小[图 3-2-2(b)]。二号宫殿建筑基址的性质尚难确定。或认为其属宗庙之类,而不似正规宫殿[2]。

(2) 商

河南偃师县尸乡沟商代宫室遗址[3]:偃师商城的宫殿区位于城南部居中,自成一建筑群体,总面积超 4.5 万平方米(图 3-1-5)。宫城北部"池苑"遗迹的发现,对研究商代宫殿规制及其在中国古代宫殿建筑史上的地位有着重要价值[4]。且偃师商城与郑州商城遗址的宫殿区内都发现了用石块砌筑的商代早期水池和水渠,在中国古代都城制度和水利史研究等方面亦具有重要价值[5]。

第Ⅰ号建筑群(宫城)遗址的第四号宫殿建筑基址(图 3-2-3)平面长方形,基址全系夯

〔1〕　张之恒、周裕兴:《夏商周考古》,第 36－39 页。著者按:至于其是否为木骨泥墙,值得深究。
〔2〕　赵芝荃,郑光:《河南偃师二里头二号宫殿遗址》,《考古》1983 年第 3 期。
〔3〕　中国社会科学研究考古研究所河南二队:《1984 年春偃师尸乡沟商城宫殿遗址发掘简报》,《考古》1985 年第 4 期;中国社会科学院考古研究所河南第二工作队:《河南偃师尸乡沟第五号宫殿基址发掘简报》,《考古》1988 年第 2 期;中国社会科学院考古研究所河南第二工作队:《偃师商城第Ⅱ号建筑群遗址发掘简报》,《考古》1995 年第 11 期;杨锡章、商炜主编,中国社会科学院考古研究所编著:《中国考古学·夏商卷》,北京:中国社会科学出版社,2003 年,第 210－213 页。
〔4〕　王学荣、谷飞、曹慧奇、李志鹏:《河南偃师商城宫城池苑遗址》,《考古》2006 年第 6 期。
〔5〕　杜金鹏:《试论商代早期王宫池苑考古发现》,《考古》2006 年第 11 期。

土筑城,包括正殿、东庑、西庑、南门、庭院和西侧门等建筑,自成一体[1]。

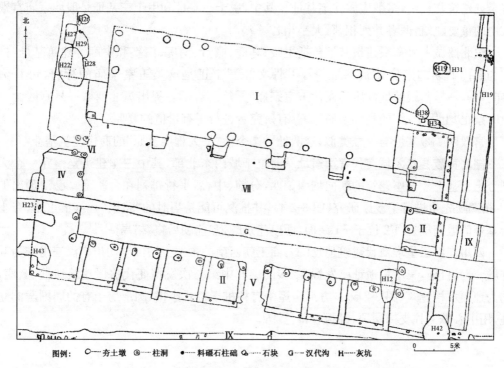

图3-2-3　偃师尸乡沟商代第四号宫殿建筑基址平面图

第Ⅱ号建筑群遗址[2]位于偃师商城西南隅,总面积4万多平方米,外围有宽约2米的夯土区围墙。推测遗址应为商代早期国家级别的仓储之所,即商王的府库群(一说为武库)[3]。商城还发现若干处规模较大的夯土建筑基址或基址群[4]。

郑州商城宫室遗址:内城东北部为宫殿区,发现数十处夯土台基,确定它们与城墙大致同时修建,共发掘3座大型房基(图3-1-6),宫殿区约占郑州商城面积的六分之一左右[5]。宫殿区内发现的数十座夯土基址,以C8G15和C8G16两座规模较大,保存相对较好[6]。

〔1〕　中国社会科学研究考古研究所河南二队:《1984年春偃师尸乡沟商城宫殿遗址发掘简报》,《考古》1985年第4期。

〔2〕　杨锡章、商炜主编,中国社会科学院考古研究所编著:《中国考古学·夏商卷》,北京:中国社会科学出版社,2003年,第213-214页。

〔3〕　王学荣:《河南偃师商城第Ⅱ号建筑群遗址研究》,《华夏考古》2000年第1期。

〔4〕　中国社会科学院考古研究所洛阳汉魏故城工作队:《偃师商城的初步勘探遗址和发掘》,《考古》1984年第6期。

〔5〕　安金槐:《试论郑州商城的地理位置与布局》,中国社会科学院考古研究所编:《中国商文化国际学术讨论会论文集》,北京:中国大百科全书出版社,1998年,第79-84页。

〔6〕　刘叙杰:《中国古代建筑史·第一卷》,北京:中国建筑工业出版社,2003年,第137-139页。

安阳殷墟晚商宫殿遗址[1]：宗庙宫殿区位于殷城遗址中心地带，地势较高，已清理的百余处建筑基址中，多数应属住宅基址。其中，甲十二基址和甲十三基址是殷墟宗庙宫殿区中的重要建筑，两者并列相邻，大小相若[2]。

洹北商城一号宫殿建筑基址包括主殿、耳庑、廪台、南庑、门塾和中庭等建筑基址，推定为商代中期的宗庙建筑基址[3]，甲骨文"□"字正是这类王室宗庙的标符，可释为"庙"[4]，一号宫殿基址性质为商代王室宗庙[5]等。有学者提出洹北商城一号宫殿为盘庚时祭祀"上甲十示"的集合宗庙[6]。有研究者进行了有价值的复原[7]。

宫殿区二号基址与一号类似，这两处是迄今能"最大程度复原"的商代建筑基址[8]。

湖北黄陂县盘龙城商代宫室遗址[9]：位于城内东北部，其中三座建筑坐落在一个大型夯土台基上。三座建筑的朝向均南偏西，分前、中、后平行排列在台基上。已清理出的F1杨鸿勋先生进行了复原研究（图3-2-4），并推测可能是当时的"寝殿"[10]（惜重檐、夯土台基等值得商榷）。F2位于F1南面，两座建筑颇似"前朝后寝"格局[11]。

四川广汉三星堆商代建筑遗址[12]：商王朝西南的古蜀王国以今四川广汉三星堆为其都城[13]。目前，三星堆遗址已发掘40多间。其中第一次发掘商代房屋建筑遗址18座，均为地面木构建筑（图3-2-5）。方形房屋中有柱桩干栏式小楼，圆形房子有的周围凿洞立柱，用中心擎天柱支撑屋顶，都很有特色[14]。

[1] 郑振香：《安阳殷墟大型宫殿基址发掘》，《文物天地》1990年第2期；杨锡章、商炜主编，中国社会科学院考古研究所编著：《中国考古学·夏商卷》，北京：中国社会科学出版社，2003年，第327-328页

[2] 中国社会科学院考古研究所安阳工作队：《1973年小屯南地发掘报告》，《考古》编辑部编辑：《考古学集刊》第9集，北京：科学出版社，1995年，第50-51页。

[3] 杜金鹏：《洹北商城一号宫殿基址初步研究》，《文物》2004年第5期。

[4] 李立新：《甲骨文"□"字考释与洹北商城1号宫殿基址性质探讨》，《中国历史文物》2004年第1期。

[5] 高江涛、谢肃：《从卜辞看洹北商城一号宫殿的性质》，《中原文物》2004年第5期。

[6] 朱光华、杨树刚：《从〈尚书·盘庚〉看晚商都城的迁徙与建制》，《首都师范大学学报》（社会科学版）2012年第5期。

[7] 何乐君：《洹北商城宫殿区一号建筑基址复原研究》，南京大学硕士学位论文，2017年。

[8] 中国社会科学院考古研究所安阳工作队：《河南安阳市洹北商城宫殿区二号基址发掘简报》，《考古》2010年第1期。

[9] 湖北省博物馆、北京大学考古专业盘龙城发掘队：《盘龙城一九七四年度考古纪要》，《文物》1976年第2期。

[10] 杨鸿勋：《从盘龙城商代宫殿遗址谈中国宫廷建筑发展的几个问题》，《文物》1976年第2期。

[11] 有关配殿和廊庑的不同意见，见王劲、陈贤一：《试论商代盘龙城早期城市的形态与特征》，湖北省考古学会选编：《湖北省考古学会论文选集（一）》，武汉：武汉大学学报编辑部，1987年；杨鸿勋：《从盘龙城商代宫殿遗址谈中国宫廷建筑发展的几个问题》，《文物》1976年第2期。

[12] 刘叙杰：《中国古代建筑史·第一卷》，北京：中国建筑工业出版社，2003年，第143页。

[13] 段渝：《先秦蜀国的都城和疆域》，《中国史研究》2012年第1期。

[14] 赵殿增：《三星堆考古发现与巴蜀古史研究》，《四川文物》1992年第S1期。

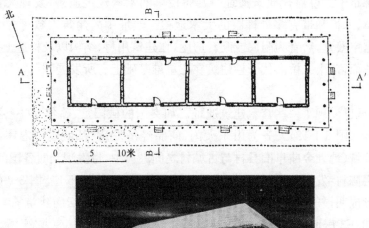

图 3-2-4 盘龙城宫殿复原平面图、效果图

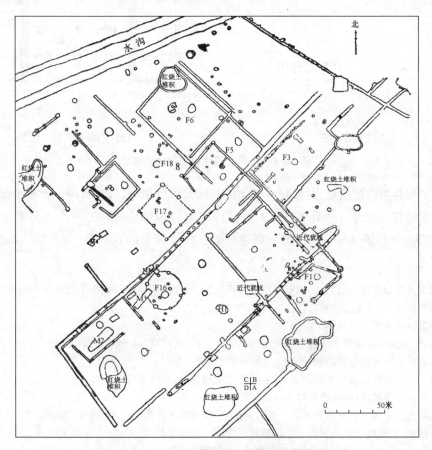

图 3-2-5 广汉三星堆商代建筑遗址房基分布图

四川成都市十二桥商代建筑遗址[1]：商代早期木构建筑遗迹，发现大量的木棒、圆木、竹片、茅草、木板和带有多处榫眼的大木地梁。遗址中的建筑大致可分大型、小型两种。前者属宫室殿堂，后者为附属或配套房屋，在建筑用材、结构以及构造上，都存在一定的区别。总体而言，十二桥商代干栏建筑在三星堆基础上有所发展[2]。

（3）周

目前，各地已发现了一些宫室建筑遗址。如秦国的棫阳宫、蕲年宫[3]、秦雍城等，临淄齐国故城[4]（图 3-1-12）。齐为山东大国，商品经济发达、都城建筑宏伟，均非列国可比[5]，鲁国鲁城（地处今曲阜旧县村与古城村之间[6]）中，也发现当时各国的宫室基址。

扶风县召陈村：发现西周早、中期木结构地面居住建筑共 15 座[图 3-2-6(a)]。各建筑之间并未形成明显的南北中轴线与对称关系，与周代宫室或坛庙建筑的平面组合有较大差别。例如：F3 房址位于遗址东部，台基夯土筑城，东西长 24、南北宽 15 米，东西两侧中间凹进一段，略呈工字形，面积达 360 平方米，是该建筑群遗址中最大者[图 3-2-6(b)]，推测其屋顶形式为四阿顶或九脊殿式样[7]。F3 属西周明堂[8]。

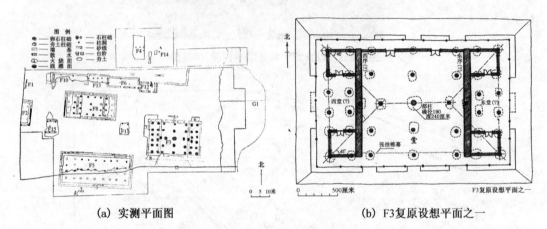

(a) 实测平面图   (b) F3复原设想平面之一

图 3-2-6　扶风县召陈村西周建筑遗址

燕下都台榭建筑遗址：共发现基址 40 多处，且位置集中，分布有序。大型主体宫室建筑基址主要有武阳台（1 号建筑基址）、望景台（2 号建筑基址）、"张公台"（3 号建筑基址）、"老姆台"（4 号建筑基址）[9]。燕下都遗址的宫殿建筑组群有三个，分布在武阳台东北、

〔1〕　四川省文物管理委员会、四川省文物考古研究所、成都市博物馆：《成都十二桥商代建筑遗址第一期发掘报告》，《文物》1987 年第 12 期。

〔2〕　季富政：《方圆》，1997 年，第 42 页。

〔3〕　刘亮、王周应：《秦都雍城遗址新出土的秦汉瓦当》，《文博》1994 年第 3 期。

〔4〕　群力：《临淄齐国故城勘探纪要》，《文物》1972 年第 5 期。

〔5〕　曲英杰：《齐都临淄城复原研究》，《中国历史地理理论丛》1991 年第 1 期。

〔6〕　曲英杰：《鲁城再探》，《齐鲁学刊》1993 年第 6 期。

〔7〕　刘叙杰：《中国古代建筑史·第一卷》，北京：中国建筑工业出版社，2003 年，第 284 页。

〔8〕　白晓银、罗红侠：《扶风召陈三号建筑基址为西周明堂考》，《文博》2011 年第 5 期。

〔9〕　王素芳、石永士：《燕下都遗址》，《文物》1982 年第 8 期。

东南和西南等处。它们都围绕着中心建筑武阳台[1]。遗址出土了大量瓦当、栏杆等建材，其纹饰之多样、工艺之精美、内涵之丰富为列国所不及，是研究燕文化的重要实物。燕下都的瓦当大约从春秋早期开始使用，直到秦王政灭燕，持续近500年[2]。

秦雍城宫室建筑遗址[3]：分三区：姚家岗、马家庄和高王寺一带，大体位于城内中区，其时代为春秋中期至战国中期。姚家岗春秋宫殿遗址面积约2万平方米。夯土台基破坏严重，有残墙、白色卵石铺成的散水等。遗址内先后出土3个窖藏，出铜质建筑构件64件，常饰有精美纹饰——"釭"[4]。此外，遗址内还出土有半瓦当、筒瓦和板瓦等[5]。

凌阴遗址位于姚家岗高地的西部，是我国古代冰镇低温贮藏技术方面的重大发现[6]。平面近似方形，四边夯筑东西长16.5、南北宽17.1米的土墙一周，可藏冰190立方米（图3-2-7）[7]。

秦雍城三号建筑遗址，东距一号建筑［图3-2-8(a)］——宗庙遗址约500米，西距姚家岗宫殿遗址约600米，占地21 849平方米。除保存较完整和规模巨大外，又在宫室中采用"五门"制度，是我国古建筑史中一项重要发现[8]，可能是秦公的朝寝之所，使用年代从春秋到战国时期。

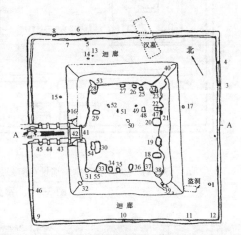

图 3-2-7　凤翔春秋秦国凌阴遗址平面图

秦雍城三号建筑遗址是迄今发现规制整齐、面积最大的周代诸侯宫室群组，符合《周礼·考工记》中王宫居中，祖庙在东的情况。此组建筑依南北向中轴作对称布置，前后五重庭院，外周以宫垣［图3-2-8(b)］。令人瞩目的是其"五门"制式，沿用时间大致为春秋到战国，属诸侯称霸与周王室衰微期[9]。雍城出土大量的建筑材料，瓦当尤其精美，动物纹瓦当别具一格，或是当时宏大建筑的有力证明（图3-2-9）[10]。

---

〔1〕 河北省文化局文物工作队：《河北易县燕下都故城勘察和试掘》，《考古学报》1965年第1期。

〔2〕 吴磬军、刘德彪：《燕下都瓦当纹饰分期述补》，《文物春秋》2003年第5期。

〔3〕 陕西省文管会雍城考古队：《秦都雍城钻探试掘报告》，《考古与文物》1985年第2期；陕西省社会科学院考古所凤翔队：《秦都雍城遗址勘察》，《考古》1963年第8期。

〔4〕 杨鸿勋：《凤翔出土春秋秦宫铜钩——金釭》，《考古》1976年第2期。

〔5〕 凤翔县文化馆、陕西省文管会：《凤翔先秦宫殿试掘及其铜质建筑构件》，《考古》1976年第2期。

〔6〕 卫斯：《我国古代冰镇低温贮藏技术方面的重大发现——秦都雍城凌阴遗址与郑韩故城"地下室"简介》，《农业考古》1986年第1期。

〔7〕 陕西省文管会雍城考古队：《陕西凤翔春秋秦国凌阴遗址发掘简报》，《文物》1978年第3期。

〔8〕 刘叙杰：《中国古代建筑史·第一卷》，北京：中国建筑工业出版社，2003年，第219页。

〔9〕 刘叙杰：《中国古代建筑史·第一卷》，北京：中国建筑工业出版社，2003年，第235-236页。

〔10〕 田亚岐、景宏伟、王保平：《雍城秦汉瓦当艺术》，《四川文物》2008年第5期。

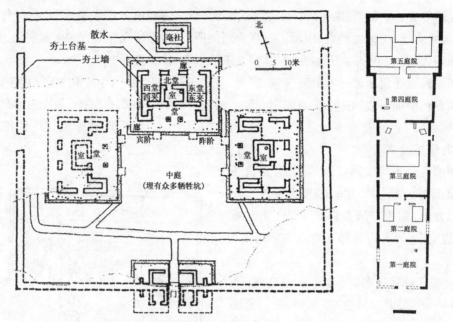

（a）春秋时期秦国宗庙建筑遗址（秦雍城马家庄一号建筑）　（b）秦雍城三号建筑遗址

图 3-2-8　秦雍城宫室建筑遗址

图 3-2-9　秦雍城出土的动物纹瓦当

纪南城宫殿建筑遗址[1]：其 30 号建筑遗址在城内东南部（图 3-1-12）。夯土台基上原建有大型房屋建筑，现存遗迹包括墙基、磉墩、柱洞、散水和排水沟，还有水井、灰坑等。

纪南城东 50 公里处有章华台遗址，位于潜江县龙湾镇[2]。夯土台基大部分分布在遗址的东南部，已调查发现放鹰台、荷花台等 10 余个。放鹰台一号宫殿遗址出土一大批建筑遗物和铜、陶质生活器皿，揭示东周楚宫殿基址的一、二、三层台主体建筑及其附属建

---

〔1〕　湖北省博物馆：《楚都纪南城的勘探与发掘》，《考古学报》1982 年第 3 期、第 4 期；湖北省博物馆、
　　　江陵纪南城考古工作站：《楚都纪南城》，《文物》1980 年第 10 期。
〔2〕　荆州地区博物馆、潜江县博物馆：《湖北潜江龙湾发现出国大型宫殿基址》，《江汉考古》1987 年第 3 期。

筑遗迹等[1]。

齐临淄故城宫殿遗址：主要见于小城内。小城北部偏西为桓公台，呈椭圆形，台周围有不少夯土基址，是以其为主体建筑的大片建筑群。此外，在小城东北部现存一处30～40米见方的台基，俗称"金銮殿"。

三、宅邸民居

1. 典籍

《仪礼》载春秋时士大夫住宅布局，平面呈南北稍长的矩形，门屋置于南墙正中，面阔三间，中央为门道，左右各有堂、室，（即"塾"），沿踏阶可登（图3-2-10）。

入门后又广庭。厅堂设于庭北，与北垣相近，下有台基，设东西二阶。东侧称"东阶"，又称"阼阶"，供主人用[2]；西侧称"西阶"，又称"宾阶"，供宾客用。

台基上建筑似面阔五间，进深三间，中三间为堂，是主人生活起居、接待宾客以及举行各种典礼仪式之处。堂两侧有南北向内墙，名"东序"和"西序"。其外则有侧室"东堂""东夹"及"西堂""西夹"。堂后有后室及东、西房，是主人寝居所在。东房之后有北室，另设踏阶供上下。东墙北端辟一小门，称"闱门"[3]。

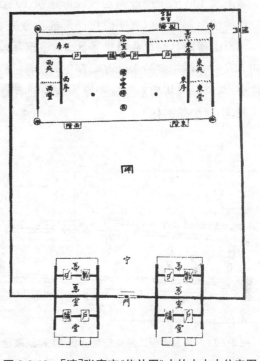

图 3-2-10　[清]张惠言《仪礼图》中的士大夫住宅图

2. 实例

（1）夏

伊克昭盟(现鄂尔多斯市)朱开沟遗址[4]：位于内蒙古自治区伊克昭盟伊金霍洛旗，发现夏代早期住所23处，建筑形式主要为浅穴居式及地面建筑，与龙山文化建筑相近。早期以圆形（或近似圆形）平面为多。编号为F2026直径达4.8米，周以夯土墙，近墙处发现径约15厘米的柱洞8处，柱洞内填碎陶片。此外，住房平面还有圆角方形、圆角矩形。朱开沟遗址夏代中期民居多为方形或长方形浅穴（约占此期已发现房址70%），少数作圆角方形。小型住所门户多向西南，室内地面铺筑黄土。晚期民居址以长方形浅穴为

〔1〕　荆州市博物馆等：《湖北潜江龙湾放鹰台Ⅰ号楚宫基址发掘简报》，《江汉考古》2003年第3期；
〔2〕　此即后世所谓"东道主"之来源。
〔3〕　刘叙杰：《中国古代建筑史·第一卷》，北京：中国建筑工业出版社，2003年，第280页。
〔4〕　内蒙古文物考古研究所：《内蒙古朱开沟遗址》，《考古学报》1988年第3期。

多,此外还有圆角方形及圆形平面者。面积较小,室内铺黄、红色土壤,并有烧烤现象。

山西夏县东下冯村二里头文化居住遗址[1]:相当于夏代中、晚期及商初。其房屋遗址有半地穴、窑洞和地面建筑三类,以窑洞为最多,为该区特色。东下冯聚落内的窑洞遗址均依黄土崖或沟壁开凿而成,面积很小,多在 5 平方米左右,有方、圆、椭圆三种平面。

(2) 商

山西夏县东下冯村商代聚落遗址:原建于夏代中期,商初仍沿用,有若干新建与扩建。夯土墙位于聚落南部,其稍北处被东西向冲沟破坏,现仅存南墙全部长 400、东墙南段 40、西墙南段 130 米。遗址内发现圆形建筑 10 余处,左右成行排列,间距约 5～6 米,为储藏粮食的粮囷,分四室,表明商代已形成比较完善的仓储制度[2]。

河南偃师县二里头遗址Ⅲ区 F1 建筑基址[3]:为夯土台基建筑遗址(图 3-2-11)。台基上有一分作三室的木骨泥墙房屋,槽基一般宽 40 厘米左右,墙槽内靠室内一侧有木骨柱洞,两道隔墙将房基隔成三室。墙南北有廊。南、北廊均宽 0.9 米左右。北廊外有一排柱洞,推测为挑檐柱。

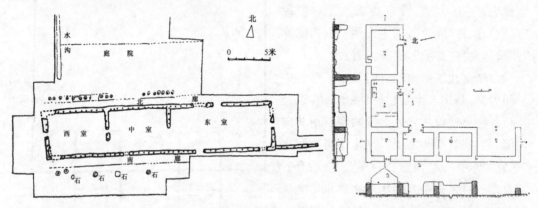

图 3-2-11　河南偃师二里头遗址Ⅲ区 F1 建筑基址平面图　　图 3-2-12　河北藁城台西商代居住遗址 F6

河北藁城台西商代居住遗址[4]:共发现房址 14 座,可分为早、晚两期。早期两座,一座浅穴居式,一座地面建筑。晚期 12 座,除 F10 为浅穴居式外,其余均为木构梁架的地面建筑[5]。F11 是一座早期半地穴式房屋,东西向,似"凹"字,为内外两室。

F6 房址(图 3-2-12)是目前台西遗址中所见最大的一座,平面"曲尺"形,由 6 个矩形单室组成。室与室间以土墙相隔,并不连通。

〔1〕　东下冯考古队:《山西夏县东下冯遗址东区、中区发掘报告》,《考古》1980 年第 2 期。
〔2〕　程平山、周军:《东下冯商城内圆形建筑基址性质略析》,《中原文物》1998 年第 1 期。
〔3〕　中国社会科学院考古研究所二里头工作队:《偃师二里头遗址 1980—1981 年Ⅲ区发掘简报》,《考古》1981 年第 7 期。
〔4〕　河北省文物研究所:《藁城台西商代遗址》,北京:文物出版社,1985 年,第 15 - 35 页。
〔5〕　唐云明:《藁城台西与安阳殷墟》,《殷都学刊》1986 年第 3 期。

（3）周

原始社会至商代一般民居常见的半穴居式样,周代仍沿用。如陕西西安市沣西张家坡西周早期民居[1]、河北磁县下潘汪西周房屋遗址[2]等。而湖北蕲春县毛家嘴西周居住遗址[3]、陕西扶风县召陈村西周居住建筑遗址[4]等中,则发现若干木结构地面居住建筑。

沣西张家坡遗址:主要是西周居住遗存和墓葬。早期房屋遗迹有二种:一是长方形浅穴居式,一是略呈圆形的深土窑式。晚期房屋遗迹有二座,圆形,较小,直径2米多,挖在地下1米多深。墙面经过修饰,涂一层细泥。在正南有斜坡的出口,屋内地面涂有黄土细泥,平坦且坚硬,地上挖一个十字形的小灶。张家坡东北约1.5公里客省庄居住遗址发现10座房屋,都是挖在地面下的浅穴居式,有方形和圆形两种。有两个房间组成,也有单间。曾发现一座保存较好的大房子,内室的地面上偏向北壁有柱洞1个,柱洞的内壁及底部坚硬,并填入碎陶片(图3-2-13)[5]。客省庄遗址发现各式瓦,或为上层社会建筑生产的瓦件[6]。

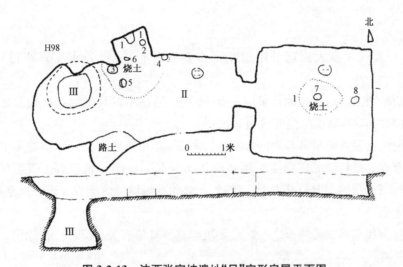

图3-2-13　沣西张家坡遗址"吕"字形房屋平面图
Ⅰ.内室　Ⅱ.外室　Ⅲ.窖穴　一、二.柱穴　1."壁炉"　2~8.小灶

扶风县海家村西周遗址:位于扶风县召公乡南侧、渭水交流漆水河西岸的黄土台塬上,东距漆水河约4公里。海家村一带地势开阔平坦,宜于居住,或是普通的平民居住区[7]。

〔1〕　中国科学院考古研究所:《沣西发掘报告》,北京:文物出版社,1962年。
〔2〕　河北省文物管理处:《磁县下潘汪遗址发掘报告》,《考古学报》1975年第1期。
〔3〕　中国科学院考古研究所湖北发掘队:《湖北圻春毛家嘴西周木构建筑》,《考古》1962年第1期。
〔4〕　陕西周原考古队:《扶风召陈西周建筑群基址发掘简报》,《文物》1981年第3期。
〔5〕　考古研究所沣西发掘队:《1955—57年陕西长安沣西发掘简报》,《考古》1959年第10期。
〔6〕　中国科学院考古研究所:《沣西发掘报告》,北京:文物出版社,第13页
〔7〕　巩文、姜宝莲:《扶风县海家村发现西周时期遗址》,《考古与文物》1995年第6期。

四、陵 墓

1. 夏

《史记·夏本纪》:"帝禹东巡狩,至于会稽而崩。"相传禹葬于今浙江绍兴市东南约六公里的会稽山香炉峰北麓。目前,确切的夏代墓葬资料较少。

二里头文化的墓葬在河南洛阳东干沟、东马沟、偃师二里头、山西夏县东下冯等都有发现。规模一般不大,迄今尚未发现与二里头宫殿遗址相称的大型陵墓。

二里头遗址发现的几十座二里头文化的墓葬,可分大、中、小三种,均为长方形土坑竖穴[1]。

二里头文化的墓葬区,一般与居住区无严格区分,独立于居住区的墓地目前还未发现。

2. 商

商代墓葬可分早、中、晚三期,早期以二里头文化晚期遗存为代表,中、晚期以二里冈期文化和小屯文化为典型[2]。

(1) 早期[3]

目前,已发现早商大型遗址中的墓葬多零星分布,可定为成片墓地者只有几处。例如:

偃师商城西二城门发现商代早期墓葬 21 座。另在小城北城墙拐折处发现打破城墙的两座墓(M1、M2),墓主是当时城内居民[4]。

郑州商城已发现的早商墓葬的分布亦较零散,有几处墓区也只是相对集中分布几座或十几座墓葬。郑州商城铭功路西侧制陶作坊及其附近的一批墓葬。带腰坑的墓有 5座,皆殉狗 1 只,狗的头向与墓主人一致[5]。郑州商城城墙内侧曾发现一批墓葬,其年代从早商到中商[6]。

腰坑是商代墓葬显著特点之一。设腰坑与墓葬规格有关,体现身份、地位。

(2) 中期[7]

中商形制与早商较一致,仍以长方形土坑竖穴墓为主。

---

〔1〕 张之恒、周裕兴:《夏商周考古》,南京:南京大学出版社,1995 年,第 42 - 43 页。

〔2〕 中国大百科全书总编辑委员会《考古学》编辑委员会,中国大百科全书出版社编辑部:《中国大百科全书·考古学》,第 444 页。

〔3〕 杨锡章、商炜主编,中国社会科学院考古研究所编著:《中国考古学·夏商卷》,北京:中国社会科学出版社,2003 年,第 237 - 248 页。

〔4〕 中国社会科学院考古研究所河南二队:《1983 年秋季河南偃师商城发掘简报》,《考古》1984 年第 10 期。

〔5〕 马全:《郑州市铭功路西侧的商代遗存》,《文物参考资料》1956 年第 10 期。

〔6〕 河南省博物馆、郑州市博物馆:《郑州商代城遗址发掘报告》,文物编辑委员会编:《文物资料丛刊(1)》。

〔7〕 杨锡章、商炜主编,中国社会科学院考古研究所编著:《中国考古学·夏商卷》,北京:中国社会科学出版社,2003 年,第 279 - 284 页。

此期,设腰坑墓葬渐多,特别是中型墓,一般都有。中商墓葬可分五类:

第一类,墓室面积约在 10 平方米以上,有棺、椁、腰坑,随葬青铜器数十件。此类墓葬以黄陂盘龙城李家嘴 M1 为代表。

第二类,一般墓圹长 2 米以上,宽 1 米以上。有棺、腰坑,有的殉人。随葬青铜器在 10 件以下,有的还随葬铜兵器、工具,玉器及印纹硬陶或原始瓷器等。如河南郑州白家庄 M3[1] 和北二七路 M1、M2[2] 等。

第三类,墓圹稍大于人骨,或有腰坑,多无木棺。随葬品组主要是陶器,仅有单件的青铜礼器,或有柄形饰等单件玉器。如郑州北二七路 M4[3]、铭功路 M146[4] 等均属此类。

第四类,墓圹大小与第三类相当。墓内有腰坑者很少,多无木棺,无铜器,仅随葬陶器、石器、骨器。如东下冯 M519[5]。

第五类,墓坑仅够容身,无腰坑,或有棺,或无棺。无随葬品,在各遗址发现甚多。

以上五类墓葬,第一至第三类随葬青铜器,有腰坑和棺椁,应是贵族墓。第四、五类应为平民墓,有无木棺和随葬品,反映墓主的贫富之别。

(3) 晚期

晚期墓葬资料丰富,除安阳殷墟已清理墓葬近千座外,在河南郑州、南阳,河北磁县、武安,山东长清、兖州,安徽颍上,陕西西安附近,山西灵石、屯留等地,都有发现。

殷墟晚商墓葬,有王陵区和族墓地之分。在青州苏埠屯和滕州前掌大等地分布有方国国君墓,但其余大部分地区只有族墓地[6]。安阳殷墟资料表明,除王陵有独立兆域外,一般晚商墓葬也多分布成一个个相对独立的墓区。同一墓区墓葬所出铜器的族徽相同(图 3-2-14),不同墓区铜器上的族徽有别。有学者认为不同墓区的墓葬,应是以血缘和亲属关系为纽带的商代同一族系下不同族的"族墓地"[7]。

晚商墓葬绝大多数是长方形竖穴土坑墓,部分带墓道,有一条墓道(甲字形)、两条墓道(中字形)和四条墓道(亚字形)等类型。四条墓道的墓室商代墓葬中规格最高的一类,属王陵墓葬,目前只发现于安阳殷墟和青州苏埠屯两地,受"天圆地方"观念影响[8]。墓葬方向不全一致,但绝大多数取东北方位。商人崇东北方位,可能与日月星辰的崇拜有关,或是对商人先祖起源地的怀念和崇敬[9]。殷墟范围内的墓葬,约半数有腰坑。殷墟以外的晚商墓葬,腰坑也十分流行,应是晚商墓葬的一个重要特征。

———————————

[1] 河南文物工作队第一队:《郑州白家庄商代墓葬发掘简报》,《文物参考资料》1955 年第 10 期。

[2] 河南省文物研究所:《郑州北二七路新发现三座商墓》,《文物》1983 年第 3 期。

[3] 郑州市博物馆:《郑州商代遗址发掘简报》,《考古》1986 年第 4 期。

[4] 河南省文物研究所:《郑州市商代制陶遗址发掘简报》,《华夏考古》1991 年第 4 期。

[5] 中国社会科学院考古研究所:《夏县东下冯》,北京:文物出版社,1988 年。

[6] 杨锡章、商炜主编,中国社会科学院考古研究所编著:《中国考古学·夏商卷》,北京:中国社会科学出版社,2003 年,第 333 页。

[7] 杨锡章:《商代的墓地制度》,《考古》1983 年第 10 期。

[8] 周学鹰:《四出羡道与"天圆地方"说》,《同济大学(社会科学版)》2001 年第 3 期。

[9] 杨锡章:《殷人尊东北方位》,《庆祝苏秉琦考古五十五年论文集》编辑组编:《庆祝苏秉琦考古五十五年论文集》,北京:文物出版社,1989 年。

图 3-2-14　安阳殷墟郭家庄 M160 出土铜铙铭文拓本

1. M160:41 鼓内壁　2. M160:41 甬下部　3. M16023 鼓内壁
4. M160:23 甬下部　5. M160:22 鼓内壁　6. M160:22 甬下部

墓上建筑与坟丘:有学者根据安阳殷墟侯家庄西北冈大墓的发掘,推测当时的墓葬可能有坟丘[1],得到目前考古资料的佐证。河南罗山天湖晚商贵族墓地已发现坟丘[2],残存封土高约 0.3 米,据此更多学者相信商代墓葬有坟丘[3]。有学者主要依据妇好墓及叠压在妇好墓上的一处房基,提出晚商时期有墓上建筑[4]。山东滕州前掌大也有墓上建筑报告[5]。但从安阳殷墟数千座墓葬的清理情况看,上述墓上建筑很可能只是晚期房址叠压早期墓葬的偶然现象,即“墓上建筑”与其所叠压的墓葬并无必然联系[6]。

3. 周

迄今,西周王陵未能找到。但岐山周公庙高等级陵墓群的发现,或会有令人惊喜的结果。

东周王陵耸立在洛阳国家高新技术开发区境内的周山之巅,成为古都洛阳重要的文物名胜[7]。

截至 2004 年,全国已发掘西周墓葬约 3 000 座,分布于陕西、陕西、河南、河北、北京、山东、甘肃、宁夏、安徽、江苏、四川、云南等省。东周墓葬亦达数千座,分布范围亦广。其中有诸侯集体墓,如山西侯马晋侯墓地、河南三门峡虢国墓地等;有诸侯个体大墓,如陕西宝鸡茹家庄弓鱼伯墓及其夫人井姬墓、北京市琉璃河西周燕国早期 1193 号大墓、安徽屯

〔1〕　高去寻:《殷代墓葬已有墓冢说》,李光周编:《台湾大学考古人类学刊》第 41 期,1980 年。

〔2〕　河南省信阳地区文管会、河南省罗山县文化馆:《罗山天湖商周墓地》,《考古学报》1986 年第 2 期。

〔3〕　胡方平:《试论中国古代坟丘的起源》,《考古与文物》1993 年第 5 期。

〔4〕　杨鸿勋:《关于秦代以前墓上建筑的问题》,《考古》1982 年第 4 期。

〔5〕　中国社会科学院考古研究所山东工作队:《滕州前掌大商代墓葬》,《考古学报》1992 年第 3 期。

〔6〕　杨宝成:《殷墓享堂疑析》,《江汉考古》1992 年第 2 期。

〔7〕　蔡运章:《中华第一陵——洛阳高新区周山东周王陵考》,《建筑与文化》2007 年第 3 期。

溪西周中期一号土墩墓、河南洛阳中州路战国大墓、河北平山中山国王墓、湖北随州曾侯乙墓(图 3-2-15)等，这些墓葬多属侯伯及以下；以春秋、战国为主；多木椁墓。

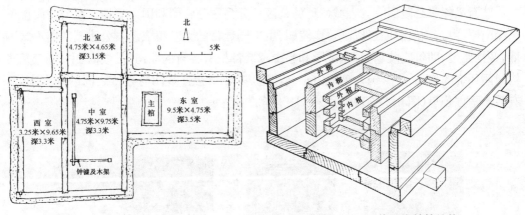

图 3-2-15　随州曾侯乙墓平面图　　　　　图 3-2-16　战国木棺椁结构

周代王室、诸侯至庶民的墓葬大多采用一定范围内依宗族群葬的形式。前者又分两种：一称"公墓"，是王室、贵族的墓地，由"冢人"掌管[1]；一称"邦墓"，葬一般平民百姓，由"墓大夫"管理[2]。墓葬礼制在公墓中反映更为突出，主要在墓穴的大小、深浅，墓道的形制，封土的高低，棺椁的多寡，明器的质地、种类和数量及有无陪葬墓、车马坑及殉人等多方面。

周代墓葬采用墓道数量愈多表明墓主的地位愈高，沿袭商代王陵传统。墓道之中一般以南墓道为主(秦以东墓道为主)，常作成斜度平缓的坡道；北墓道(秦之西墓道)作成踏跺且长度较短。

一般而言，西周早期墓葬尚无封土，西周末至春秋逐渐流行，战国定制。后封土上建享堂等，如河南辉县固围村魏国大墓封土面积 150 米×135 米。

周代陵墓之外用陵垣，且常不止一道，如中山国王厝墓用"宫垣"三道。秦公墓则以壕沟划分陵区范围及内外，称之为"湟"(隍)，亦有内、中、外三道之多。

周代墓葬用多重棺椁，而其数目则依墓主等级而有差别(图 3-2-16)。《荀子·礼论》："太子棺椁十重，诸侯五重，大夫三重，士再重。"《庄子·杂篇·天下》云"天子棺椁七重，诸侯五重，大夫三重，士再重。"除"十"与"七"或为讹误外，其余记述均同。但实例与史籍有异，河北中山国王陵用四重棺，为目前所见棺椁数量最多者。

(1) 竖穴木椁墓

土圹竖穴木椁墓室是周代各地诸侯贵族最常用的葬式，上承殷商，下启秦汉，是我国

〔1〕《周礼·春官·冢人》载："(冢人)掌公墓之地，辨其兆域而为之图。先王之葬居中，以昭、穆为左、右。凡诸侯居左、右以前，卿大夫居后，各以其族。……凡有功者居前，以爵等为丘封之度，与其树数。"陈戍国点校：《周礼·仪礼·礼记》，长沙：岳麓书社，2006 年，第 50 页。
〔2〕《周礼·春官·墓大夫》载：墓大夫"令国民族葬而掌其禁令"。陈戍国点校：《周礼·仪礼·礼记》，第 50 页。

古代最有代表性的葬制之一。

山西侯马晋侯墓地[1]:清理出 9 组 19 座大墓,及陪葬墓、祭祀坑、车马坑等。9 组晋侯墓分南北三排。除 M93 为南、北两条墓道的中字形墓外,其余均为墓道在南的甲字形墓。

陕西凤翔秦公陵园[2]:雍城遗址的墓区可分为秦公陵园和国人墓地。秦公陵园位于凤翔南原,由若干座陵园组成。每座陵园,由不同数目的大墓组成。秦公陵园四周不筑围墙,开挖兆沟,即每座陵墓、每座陵园和整个陵区都挖有各自的兆沟,形成内、中、外三条兆沟封闭环绕的格局[3]。国人墓地由小墓葬组成,位于秦公陵园与雍城之间的雍水南岸,有数十平方公里(图 3-2-17)。

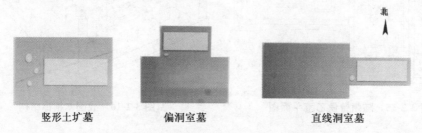

竖形土圹墓　　　偏洞室墓　　　　　直线洞室墓

图 3-2-17　秦国国人墓葬的三种形式示意图

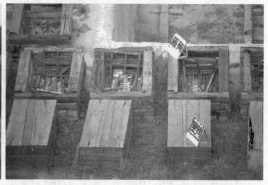

图 3-2-18　秦公一号大墓(局部)　　　**图 3-2-19　秦公一号大墓的箱殉与匣殉(复原)**

凤翔秦公大墓 M1 发现人牲 20 具,置于墓室顶上的填土内,殉葬 166 人(图 3-2-18)。其中 72 人葬具为枋木垒成的箱,94 人被置于匣状的薄木葬具里,前者在内、后者在外(图3-2-19)[4]。秦公大墓 M1 全墓工程浩大。未见墓上封土,但有大型建筑残迹,或有享堂一类建筑。

〔1〕 张长寿、殷玮璋主编,中国社会科学院考古研究所编著:《中国考古学·两周卷》,北京:中国社会科学出版社,2004 年,第 86 - 98 页。
〔2〕 刘叙杰:《中国古代建筑史·第一卷》,北京:中国建筑工业出版社,2003 年,第 257 - 259 页。参见:陕西省雍城考古队、韩伟:《凤翔寝宫陵园钻探与试掘简报》,《文物》1983 年第 7 期;《凤翔秦公陵园第二次钻探简报》,《文物》1987 年第 5 期。
〔3〕 陕西省文管会雍城考古队:《凤翔秦公陵园钻探与试掘简报》,《文物》1983 年第 7 期。
〔4〕 文物编辑委员会:《文物考古工作十年》,北京:文物出版社,1991 年,第 300 - 301 页。

陕西临潼县秦东陵[1]：芷阳陵区是战国秦国王室陵区，目前已探明 4 座陵园，有"亚"字形"中"字形和"甲"字形大墓[2]。秦孝公十二年（BC350）再一次徙都咸阳，王陵也随之东移，位于咸阳以东，故称东陵。东陵 1 号陵区周以壕沟（即"隍"），其内发现建筑夯土台基四处。

河北平山县中山王陵[3]：分布于河北平山县三汲公社东部城址（很可能是中山国都城——灵寿城）内的西北部及城外的西部高地上，分二区。1 号墓平面呈"中"字形，具方形墓圹和南北墓道。墓上矩形封土，平面呈方形，成三级台座，现高约 15 米[4]，原是一座周以回廊、上覆瓦顶的三层高台建筑[图 3-2-20(a)]。此墓椁室内出土铜版"兆域图"[图 3-2-20(b)]，为我国现知最早用正投影法绘制的工程图和建筑总平面图，用阳文标示出包括坟茔和宫垣等在内的兆域诸部位名称、位置、规模和间距及中山国王之诏命。整体设计因地制宜，符合旷野环境，有很强的纪念性格，是优秀的建筑与环境艺术设计。

（a）复原图 　　　　　　　　　　　（b）"兆域图"平面图

图 3-2-20　平山县中山王陵

（2）空心砖墓

空心砖墓出现于战国，关中、中原、沿海等地均有出土。例如，河南郑州市二里岗战国十六号空心砖墓（图 3-2-21）。土圹内用空心砖为陶棺，底部平铺 6 块，两侧面各横向立砌 4 块，两端各横向立砌 2 块，共 18 块。

（3）土墩墓

这类墓葬发现于江南的江苏和安徽南部，以及浙江的新安江流域一带。其与一般墓葬的最大区别在于不挖地为穴，而在地面平铺天然石料等作墓床，在其上堆垒经夯筑的封土，后期有堆砌石墓室[5]。例如：

无锡鸿山越国贵族墓（土墩墓）位于江苏省无锡市锡山区鸿山镇东部。目前，共发掘

〔1〕 刘叙杰：《中国古代建筑史·第一卷》，北京：中国建筑工业出版社，2003 年，第 259-265 页。

〔2〕 陕西省考古研究所、临潼县文管会：《秦东陵第一号陵园勘查记》，《考古与文物》1987 年第 4 期；骊山学会：《秦东陵探查初议》，《考古与文物》1987 年第 4 期。

〔3〕 张长寿、殷玮璋主编，中国社会科学院考古研究所编著：《中国考古学·两周卷》，第 344-347 页；刘叙杰：《中国古代建筑史·第一卷》，北京：中国建筑工业出版社，2003 年，第 266-267 页。

〔4〕 杨晓勇、徐吉军编著：《中国殡葬史》，北京：中国社会出版社，2008 年，第 90 页。

〔5〕 刘叙杰：《中国古代建筑史·第一卷》，北京：中国建筑工业出版社，2003 年，第 276 页。

战国越国贵族墓葬 7 座，可分小型、中型、大型和特大型四个等级。其中，特大型墓葬丘承墩出土青瓷器、陶器、玉器、琉璃器等共计 1 098 件。鸿山越国贵族墓地是继绍兴印山越王陵之后最重要的发现，填补了春秋战国越国考古资料的空白[1]。目前，无锡鸿山已列入首批国家考古遗址公园。

丹阳大夫墩墓位于丹阳市西北约 7.5 公里。现存土墩底径东西 60 米，南北残存约 40、高约 12 米。墓坑位于墩体的中部偏西，地面以上的墩内下挖"熟土"竖穴[2]。

两周的墓葬形式多样，除以上各类外，还有如多见于我国东北及西南边远地区的石棺墓、见于我国辽东半岛和朝鲜等地的支石墓（"石棚"）以及悬棺葬和崖墓等。

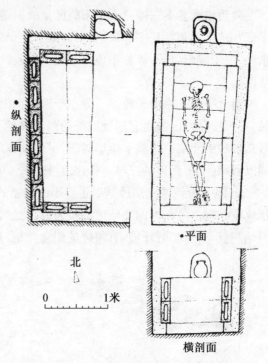

图 3-2-21　郑州二里岗战国十六号空心砖墓

第三节　理论与技术

一、理　论

《小戴礼记·表记》："殷人尊神，率民以事神，先鬼而后礼。"商代甲骨卜辞记录，与先秦古籍文献、考古学的报告互相印证，商代巫者曾从事过建筑方面的巫术活动[3]。

例如，商王和奴隶主贵族大兴土木，在宗庙、宫殿建造过程举行奠基、置础、安门、竣工等仪式时，常杀牲甚至杀人祭祀，以作厌胜之用[4]。

商代存在建筑"奠基"，原因有二：一是希望在建造时能够获得稳定的精神诉求，二是举行奠基让商人获得精神上团结的政治意义[5]。

〔1〕　南京博物院考古研究所、无锡市锡山区文物管理委员会：《无锡鸿山越国贵族墓发掘简报》，《文物》2006 年第 1 期。
〔2〕　张长寿、殷玮璋主编，中国社会科学院考古研究所编著：《中国考古学·两周卷》，北京：中国社会科学出版社，2004 年，第 397 页。
〔3〕　赵容俊：《甲骨卜辞所见之巫者的建筑巫术活动》，《殷都学刊》2009 年第 4 期。
〔4〕　王慎行：《古文字与殷周文明》，西安：陕西人民教育出版社，1992 年，第 161 - 162 页。
〔5〕　杨谦.：《商代中原地区奠基遗存初探》，《中原文物》2013 年第 3 期。

周代建筑理论书籍，以《周礼·考工记》为翘楚。其成书年代，众说纷纭：以战国说为主流[1]；或"率多谓作于周初，只是后来不免有所羼入"[2]；或大约成书在秦始皇亲政之后[3]；或成书于西汉，不会早于秦汉[4]等。

周人"尊祖先""敬鬼神"的传统风尚，在两周时继续保持并有所发展，西周的尊老养老礼仪与制度是中华民族尊老养老文化的源头[5]，表现在举行各种祭祀活动和建造的坛庙与墓葬等方面。有研究者认为，若"历史城市"定义：自西周建立以来由军政衙署、商肆集市、官邸民宅、手工业作坊、坛庙庠塾等五类功能性设施组合形成的拥有较多官民集居之大型地理实体，则西周都城丰镐是我国最早的城市[6]。

诚如已故著名建筑史学家郭湖生先生所言："《考工记》对中国都城的影响，确是有一些，但绝非历代遵从，千古一贯。其作用是有限的"[7]。

二、技　术

夏商周是我国土木混合建筑结构与构造体系，迅速发展的时期。商代土木建筑中，已广泛使用夯土术、版筑土墙术、木构架及日影定向、以水测平之法等，达到了一定水平[8]。

1. 夏商

（1）夯筑与土坯

汤阴白营一处龙山文化晚期的聚落遗址，白灰面房子，居住面白灰涂层下夯砸房基[9]。这种原始的夯筑技术，从建筑学角度看，是使房屋建筑的负荷或承受压力由轻到重、房身的支撑点由穴壁到竖墙转变的一种技术较高的措施；夯筑对于确定什么是夏文化或早期的夏文化，提供了一个可资衡量的标准[10]。

王油坊遗址上层文化中发现 7 座房子，都为四周有墙壁的地面建筑，房基均经夯打，其中编号 F1 的一座，墙壁部分用"草泥土土坯砌成"[11]。龙山文化晚期的夯筑、土坯建筑技术，夏商得到进一步传承与发展。

〔1〕　周书灿：《〈考工记〉的科技史料价值新探》，《殷都学刊》2005 年第 2 期。

〔2〕　史念海：《〈周礼·考工记·匠人营国〉的撰著渊源》，《传统文化与现代化》1998 年第 3 期。

〔3〕　刘广定：《再研〈考工记〉》，《广西民族学院学报》（自然科学版）2005 年第 3 期。

〔4〕　宋烜：《〈考工记·匠人〉成书年代析》，《南方文物》1998 年第 2 期。

〔5〕　周斌：《〈礼记〉〈周礼〉所载尊长养老礼仪与制度》，《喀什师范学院学报》2000 年第 4 期。

〔6〕　朱士光：《论我国城市历史文化研究之意义、内容与理论问题》，《三门峡职业技术学院学报》2013 年第 3 期。

〔7〕　郭湖生：《中华古都》，台北：台湾空间出版社，1997 年，第 31 页。

〔8〕　王慎行：《商代建筑技术考》，《殷都学刊》1986 年第 2 期。

〔9〕　安阳地区文物管理委员会：《汤阴白营发现一处龙山文化晚期聚落遗址》，《中原文物》1977 年第 1 期。

〔10〕　王克林：《从龙山文化的建筑技术探索夏文化》，《山西大学学报》（哲学社会科学版）1980 年第 3 期。

〔11〕　商丘地区文物管理委员会、中国社会科学院考古研究所洛阳工作队：《1977 年河南永城王油坊遗址发掘概况》，《考古》1978 年第 1 期。

　　例如，夏代采用"柱础"，增强立柱的稳定性，并减轻土中的水分对木柱根部的侵蚀。商代出现在柱与础之间加放铜质垫片的构造做法，避免木柱埋地而腐朽[1]。

　　河南偃师二里头文化发现的房屋，多属于中小型的夯土建筑房基和一些大型的宫殿基址[2]。值得注意的是，二号宫殿遗址内地下水道设施，墙槽内置横木作连接柱础的作法，颇为独特[3]。除采用一般台基建筑形式外，商代初期宫殿还采用高台建筑形式，如河南郑州小双桥被误称的周勃墓[4]，应是《周礼》中祭天"燔柴"的遗迹，而其西侧的夯土基址性质，与《礼记》中的宗庙相近[5]。

　　有研究者认为，商汤灭夏后，吸取夏代的经验，并结合自身特点，创造出特征鲜明的二里岗商代前期文化。这种文化传统建筑技术上的一致性，说明郑州商都的兴建是石器时代晚期以来"城市"建设和文化传承的集大成者，也是殷商数百年灿烂文化的奠基与肇造[6]。

　　（2）木构架与榫卯

　　夏代晚期的宫室遗址中木构架已成为主要的结构形式，柱网排列整齐；商代建筑采用榫卯已基本普及。

　　叉手式构架应是夏商至秦汉均广为采用的重要构架方式。如杨鸿勋先生复原的二里头遗址主体殿堂（图3-3-1）、安阳小屯殷墟妇好墓上建筑[7]、湖北省黄陂县盘龙城[8]等商代建筑木构架皆然。

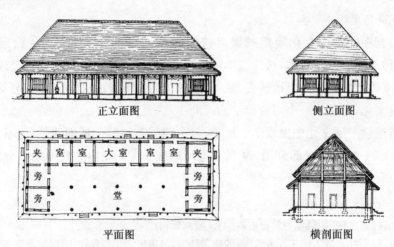

正立面图　　　　　　　　　　　　侧立面图

夹室	室	大室	室	室	夹室
旁		堂			旁
旁					旁

平面图　　　　　　　　　　　　横剖面图

图 3-3-1　二里头遗址主体殿堂复原设想之一

〔1〕　杨国忠、闫超：《中国古代地基基础技术研究》，《岩土工程学报》2011 年第 S2 期。
〔2〕　中国科学院考古研究所二里头工作队：《河南偃师二里头早商宫殿遗址发掘简报》，《考古》1974 年第 4 期；赵芝荃：《二里头考古队探索夏文化的回顾与展望》，《河南文博通讯》1978 年第 3 期。
〔3〕　赵芝荃、郑光：《河南偃师二里头二号宫殿遗址》，《考古》1983 年第 3 期。
〔4〕　误称为汉代的周勃墓。2003 年底，郑州考古研究院试掘后认定其为商代初期的高台建筑遗址。
〔5〕　裴明相：《论郑州市小双桥商代前期祭祀遗址》，《中原文物》1996 年第 2 期。
〔6〕　蔡全法：《商都郑州之根源》，《黄河科技大学学报》2006 年第 1 期。
〔7〕　杨鸿勋：《妇好墓上"母辛宗"建筑复原》，《文物》1988 年第 6 期。
〔8〕　杨鸿勋：《从盘龙城商代宫殿遗址谈中国宫廷建筑发展的几个问题》，《文物》1976 年第 2 期。

　　当然,对于由"殷人重屋"而来的重檐建筑、由主要立柱两侧或一侧的小柱洞而来的擎檐柱等,我们有不同看法:"殷人重屋"是指重屋的功用,由放置"重"而来,非屋顶造型,重檐建筑宋代后才出现;此外,张良皋先生指出小柱洞也非擎檐柱,应是支撑木地板的构造柱[1](图3-3-2)。

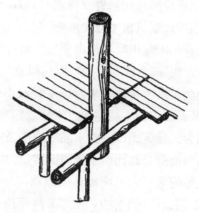

图3-3-2　商代的"双永定柱广缘"

2. 周

　　石、木、骨、蚌等在周代逐渐被金属工具(特别是铁工具)取代,生产工具的改进使得周代建筑技术在夏、商基础上,有大幅度的重要进步。

　　(1) 土工与高台

　　周代分封诸侯,各国筑城、建宫室、修陵墓等建筑中夯土技术进一步发展。战国盛行高台建筑,为夯土技术发展创造了更多的实践机会。

　　大规模的夯土工程首推筑城。因此并逐渐形成一套筑墙的标准方法,如《考工记》记载,墙高与基宽相等,顶宽为基宽的三分之一;门墙的尺度以"版"为基数等[2]。除新建城外,西周各国旧有之城邑多在春秋、战国时予以扩展,故"城城"之记载屡见于史籍。

　　周代已广泛采用版筑技术。陕西西周岐邑凤雏村甲组版筑墙底宽58~75、顶宽51厘米,略有收分。墙基内先立柱,然后夯筑,将柱打入墙内,承仰韶文化木骨泥墙做法而来,以加固版筑承重墙。

　　古代版筑技术主要应用于筑造大规模的防御性城垣。它起源于仰韶晚期的中原,夏代后开始用于修筑宫室宗庙大型建筑的墙体,如偃师二里头遗址的大型宫殿遗址是应用版筑技术建成[3];商代前期广泛传播至包括河套平原、燕山南北、东南沿海和长江中上游的广大地区。商代后期已是非常成熟的技术,成为大规模宫室宗庙建设的一项核心

---

〔1〕　张良皋:《匠学七说》,北京:中国建筑工业出版社,2002年,第53页。

〔2〕　刘敦桢:《中国古代建筑史》,北京:中国建筑工业出版社,1980年,第37页。

〔3〕　中国社会科学院考古研究所洛阳工作队:《河南偃师二里头遗址发掘简报》,《考古》1965年第5期。

技术[1]。

　　史前时代已确切使用简单的模板，主要采用桢榦技术解决模板的支撑，应用纵向排列模板的方块版筑法造城墙；商代前期已采用横向排列模板的分段版筑法；商至西周，版筑城垣主要采用增筑与削减并举的方法，以保持城墙外壁的峭直；战国时一整套扶拢模板的技术日益完善，主要以穿棍或穿绳直接悬臂支撑模板，以绳索揽系模板两端，直接筑出外壁峭立的城墙，标志着中国古代版筑技术完全成熟[2]。

　　台榭建筑于西周末至春秋始大量出现，《淮南子》云"高台层榭，接屋连阁"。东周时高台建筑普遍（图3-3-3），列国竞相"高台榭，美宫室，以鸣得意"[3]。事实上，高台建筑是多层木构建筑技术尚不能完全满足高大雄伟要求时的一种权衡，这种土木结合的构造法成为我国古代建筑特点之一；甚至在中国木构建筑已十分成熟时，仍有重要影响[4]。

　　战国青铜器图像出现高台式建筑图（通称"水陆攻战图"）[5]，如成都百花潭十号墓出土著名的采桑狩猎纹壶[6]、河南辉县赵固出土战国铜鉴（辉县出土水陆攻战纹铜壶，故宫博物院藏）、晋东南长冶出土残铜匜[7]、河南汲县山彪镇一号战国大墓出土青铜鉴[8]以及《美帝国主义劫掠的我国殷周铜器录》中的271、272两豆和774壶等，不论内容、题材或表现手法等都极其一致（图3-3-4）。据此，这种题材的建筑年代，起码应上溯至春秋末。

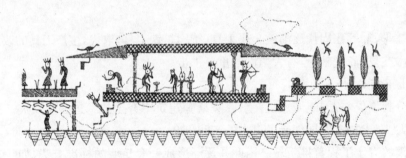

图3-3-3　高台建筑

[1]　宋镇豪、宫长为：《中华傅圣文化研究文集》，北京：文物出版社，2010年，第37页。

[2]　张玉石：《中国古代版筑技术研究》，《中原文物》2004年第2期。

[3]　赵立瀛、何融：《中国宫殿建筑》，北京：中国建筑工业出版社，1992年，第14页。

[4]　周学鹰：《汉代高台建筑技术研究》，《考古与文物》2006年第4期。

[5]　马承源：《漫谈战国青铜器上的画像》，《文物》1961年第10期；杨泓：《战国绘画初探》，《文物》1989年第10期；刘弘、李克能：《水陆攻战纹臆释》，《中原文物》1994年第2期。

[6]　四川省博物馆：《成都市百花潭十号墓发掘记》，《文物》1976年第3期；郑志《战国铜器上的"高緺"图考》（《中原文物》1994年第3期）认为是"高禖"图，也就是"画面所力图表现的是男女交会的场面。"

[7]　山西省文物管理委员会：《山南长冶分水岭古墓的清理》，《考古学报》1957年第1期；侯毅：《长冶潞城出土铜器图案考释》，《中原文物》1989年第1期。

[8]　郭宝钧：《山彪镇与琉璃阁》，北京：科学出版社，1959年；高明：《略谈汲县山彪镇一号墓的年代》，《考古》1962年第4期。

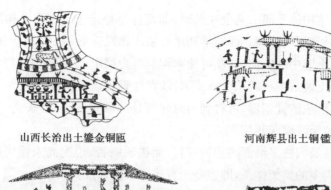

山西长治出土鎏金铜匜　　　　　　河南辉县出土铜鉴

上海博物馆藏铜栝　　　　　　故宫博物院藏铜钫

图 3-3-4　青铜器上的高台建筑形象

（2）木构架与榫卯

木构架在构造上尚存在一些问题，如在多层建筑和复杂屋顶等方面。从周代建筑实践看，这些问题正在被努力探索并逐步解决。

商末周初仍采用埋柱，并在柱底垫卵石或砾石的"暗柱础"方式，但具有一些无法克服的缺陷。陕西岐山县召陈村西周中期建筑遗址，其柱础除将基坑底部土壤夯实外，还填入夹有土的大块河卵石多层，并逐层夯筑，最上再置以大块的柱础石以承托木柱。由此柱基础的柱脚埋置由深变浅，缓解木材糟朽；且稳定性较以往进步。

叉手式构架技术进一步发展。傅熹年先生复原陕西岐山凤雏西周建筑遗址[1]、扶风县法门公社庄白大队召陈村西周建筑遗址[2]等皆然。此构架方式，可得到出土资料的有力佐证（图 3-3-5）[3]。

（a）固始侯古堆一号战国墓肩舆　　　　　　（b）满城汉墓铜帐构

图 3-3-5　肩舆、帐构

〔1〕　傅熹年：《陕西岐山凤雏西周建筑遗址初探——周原西周建筑遗址研究之一》，《文物》1981 年第 1 期。

〔2〕　傅熹年：《陕西岐山凤雏西周建筑遗址初探——周原西周建筑遗址研究之二》，《文物》1981 年第 3 期。

〔3〕　周学鹰：《从秦汉骊山汤遗址看汉代单层建筑结构技术》，《中原文物》2006 年第 4 期。

　　木构架本身的结构体系尚未完全成熟时，如何保持稳定十分重要。构架的稳定首先在于柱的稳定，最早是深埋柱脚。西周早期凤雏宗庙建筑遗址和中期的居住建筑遗址中，可看到木柱置于夯土墙中的实例，如此可使木构架更为稳定，这是当时生产技术水平低下的原初选择。这种土墙与木柱的结合方式，对浅埋柱脚会产生积极影响。

　　表现周代建筑形象的青铜器，可看到当时建筑柱间联系甚少；柱头之间无阑额，柱头之上有柱头枋，流传至汉魏南北朝。

　　平面上，其时建筑内柱多沿面阔排列成行，而进深则否，说明尚未使用正式的抬梁式梁架，而是以桁架为主的梁架体系，即檩条或直接置于柱顶或大斜梁上[1]。

　　目前，实测周代木建筑柱距一般 3 米左右，最大达 5.6 米。但内柱排列通常不十分规则，以致召陈建筑遗址中出现类似后世"减柱"或"移柱"的情形。平面中央的内柱，通常较其他柱更粗大，可能是原始社会圆形房屋遗风，如半坡建筑遗址[2]，一直延续至清代。

　　建筑结构技术的进步，使单体建筑面积扩大、高度增加。如陕西召陈遗址的厅堂建筑 F3 达 360 平方米，F5 达 384 平方米，均超过商代二里头 1 号宫殿的 350 平方米。而战国中山王陵上的享堂，最上层建筑面积约 680 平方米，说明建筑技术已能满足社会对宏大宫室的奢求。

　　建筑工具的发展同样促进了建筑技术的进步，夏商已有青铜斧、凿、钻、铲等[图 3-3-6(a)]，也许还有锯，山东曾发现用于锯骨料的青铜锯[3]，周代也有[图 3-3-6(b)]。西周已有少数铁器。春秋时铁工具开始推广，提高了建筑施工效率与加工精度。

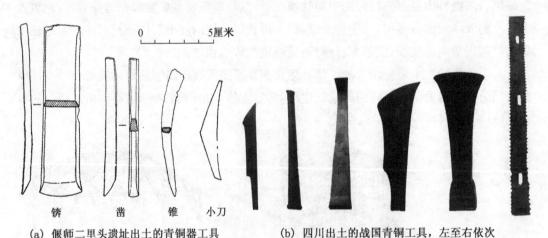

（a）偃师二里头遗址出土的青铜器工具　　（b）四川出土的战国青铜工具，左至右依次
　　　　　　　　　　　　　　　　　　　　　为削、凿、曲头斤、刀、斧、锯

图 3-3-6　青铜工具

　　工具的完善也使得周代木建筑构件的榫卯构造渐趋发达。同时，运用榫卯技术的干栏建筑越发成熟。墓室中木棺椁构造，可得到间接体认。如湖北当阳县曹家岗 5 号楚墓

〔1〕　刘临安：《中国古代建筑的纵向构架》，《文物》1997 年第 6 期。
〔2〕　罗哲文：《中国古代建筑》，上海：上海古籍出版社，1990 年，第 80 页。
〔3〕　刘敦桢：《中国古代建筑史》，北京：中国建筑工业出版社，1980 年，第 31 页。

的主外棺,采用"嵌扣楔""落梢榫""对偶式燕尾榫""半肩榫""合槽榫"及"环扣"等多种结合方法[1]。此外,湖南长沙楚墓木棺椁中,又有"搭边榫""燕尾式半肩榫""割肩透榫"等榫卯样式[2](图3-3-7)。

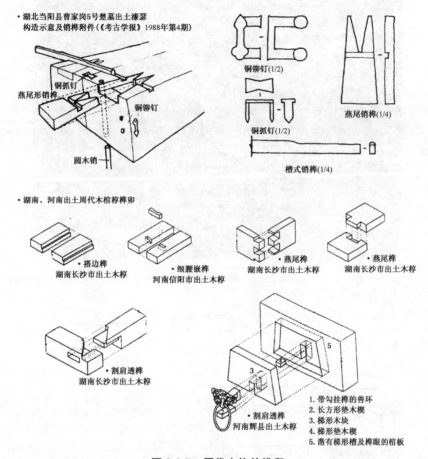

图 3-3-7　周代木构件榫卯

著名建筑史学家刘叙杰先生认为,虽西周铜器上已出现斗栱形象,但与建筑实际差距甚远[3]。战国中山王国铜制方形几案(图3-3-8),出现斗子蜀柱,斗栱已较成熟,表明数百年后斗栱的发展。

实际上,战国中山国建筑中已采用陶斗,且形状各异,后世常见的各类斗几乎均有(图3-3-9)[4]。虽为陶斗,但资料完备,类型多样,说明当时建筑上使用的木斗栱应较为丰富,汉代更为成熟。

〔1〕 湖北省宜昌地区博物馆:《当阳曹家岗 5 号楚墓》,《考古学报》1988 年第 4 期。
〔2〕 湖南省博物馆等:《长沙楚墓》,北京:文物出版社,2000 年,第 10-13 页。
〔3〕 刘叙杰:《汉代斗栱的类型与演变初探》,文物编辑委员会编:《文物资料丛刊(2)》,北京:文物出版社,1978 年,第 222 页。
〔4〕 陈应祺、李士莲:《战国中山国建筑用陶斗浅析》,《文物》1989 年第 11 期。

图 3-3-8　错金银青铜龙凤案

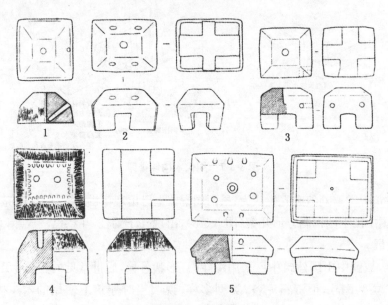

图 3-3-9　陶斗图

1. 平盘斗　2—3. 交互斗　4. 栌斗（丁字口）　5. 栌斗

第四节　成就及影响

夏商周建筑加速发展,"承前启后"。其成就和影响主要有以下几方面[1]:

一、夏　商

(1)"筑城以卫君,造郭以守民"的城市规划思想初步确立

早期,偃师商城遗址宫室位于都城内,并已划分为各自独立的三区[2]。有城垣,与后世高度集中的宫城形制,差别较大。

中商的郑州商城遗址,亦建墙垣,其位于城内东北隅的众多大型夯土台周围虽未发现墙垣,但集中一处,与偃师已有不同。郑州商城已形成宫城、内城、外城郭等多层防御体系,或认为这是中国第一座有规划的王都[3]。

晚商安阳殷墟遗址,宫城已十分明确的将后宫、朝廷与皇室祭祀建筑依南北轴线组合在一起。除以壕堑代替宫墙外,组合方式、内容已与后世宫城大体一致。这表明:"城以卫君,郭以守民"的思想,至少商代起,已形成构筑内外二重城垣制度,并成为后世古代城市规划重要原则。特别是,早商偃师商城已出现宫殿分置、前朝后寝雏形;晚商殷墟中,这个最具中国传统文化特色的宫室制度已相当清晰[4]。近有河洛古城值得关注。

(2)"前朝后寝"的宫室布局初现端倪

以庭院或廊院为单元的建筑组合,商代各期宫室遗址中多见,也是目前我国这类建筑平面组合的最早实例。

总体上,殷墟商代宫室自南而北三区排列,应是后世"前朝后寝,左祖右社"的早期例证。说明《周礼·考工记》"国"的记载,确有所本[5]。

宫室组群沿中轴线(多南北向)对称布置,在商代后期宫殿遗址中已很显著。这个确立于夏、商之际的原则,对中国古代建筑(特别是宫室及官式建筑)十分突出与重要,并成为后世的范式。

从各遗址来看,凡宫室都建于地面土阶之上,不同于其时民居的浅穴居式建筑。这不仅舒适,更是等级制在政治和建筑上的映射。

(3)我国古建筑各主要基形出现,墓葬建筑等级制初步建立

夏代国家建立,与之相应,宫殿、苑囿、陵寝、官署、监狱等主要建筑形式相继出现;而

---

〔1〕 刘叙杰:《中国古代建筑史·第一卷》,北京:中国建筑工业出版社,2003年,第175-181页。

〔2〕 中国社会科学院考古研究所:《考古精华》(中英文版),北京:科学出版社,1993年,第136页。

〔3〕 陈晓丹:《中国文化博览1》,北京:中国戏剧出版社,2009年,第39页。

〔4〕 杜金鹏:《殷墟宫殿区建筑遗址研究》,北京:科学出版社,2010年。

〔5〕 王宇信:《殷墟宫殿宗庙基址研究的新突破——读杜金鹏〈殷墟宫殿区建筑基址研究〉》,《南方文物》2011年第4期。

原始社会中已出现的如城市、聚落、民居、坛庙、作坊等进一步发展。墓葬建筑等级体系出现。

商代墓葬以竖穴土圹为主，其大、中、小型墓区别，主要在于墓道数量的多少、土圹面积的大小与深度，以及有无二层台等。大、中型墓葬有一面、两面或四面的墓道，形成"甲"字形、"中"字形及"四出"平面，来源于"天圆地方"的宇宙观[1]。

商代墓圹上是否有祭祀建筑，争议较大[2]；有学者认为"墓上建筑"说难以成立[3]。

商代墓上不起坟的风习，沿袭到东周春秋时发生重大变化。此时，"墓上建筑得到较大的发展，而在陵墓上建造享堂已是诸侯列国流行的通制，这在当今的考古资料中得到了证实"[4]。墓上营建享堂，则对后世陵墓的祭殿、寝便殿与享堂制度等，产生深远影响。

例如：河南辉县固围村的三座魏国王室墓，墓上都覆盖有宏伟的瓦顶"享堂"，基址范围比墓室宽出一圈。如二号墓享堂为七开间，包括砾石散水在内的基础25～26米见方；两侧"享堂"规模要稍小些，五开间。

河北邯郸、永年境内的数座赵国王室墓，不仅陵墓封土上可见大量板瓦、筒瓦等构件遗物，且在陵墓周围还发现大约500米见方的陵垣遗迹[5]。

河北省平山县中山王陵享堂的发掘和兆域图的出土，进一步证明战国举行墓祭，并有享堂[6]。

（4）木梁柱成为主要的构架方式，铜质柱锧出现

夏代晚期宫室遗址可知以木构架为主，柱网排列整齐。

商代木构架体系进一步发展。其时木构节点主要采用榫卯，屋架坚实性提高。西安老牛坡商代墓葬规模稍大的中型墓棺椁俱全，四壁木板以榫卯扣合[7]。商代铜质工具运用日益广泛，时代相当于早商的巴蜀地区之成都十二桥遗址，其地栿、梁、柱等构件都用榫卯[图3-4-1(a)][8]。因此，商代重要建筑已广泛使用榫卯。

各建筑遗址柱穴位置有在同一中心线上，也有相互错位，说明当时的柱网布置还不十分规整。至于建筑开间、面阔，既有奇数又有偶数，以偶数为多，表明我国早期宫殿多使用偶数开间[9]。

偶数开间方式，东汉时尚见于石墓、祭堂及若干明器，此时奇数开间比较迅速发展与普及，并在魏晋南北朝末期成为主流，应与礼制、佛教文化等有关，而其源流至少可上溯到夏末。

---

〔1〕 周学鹰：《四出羡道与"天圆地方"说》，《同济大学学报》（社会科学版）2001年第3期。

〔2〕 杨鸿勋：《关于秦代以前墓上建筑的问题》，《考古》1981年第4期；杨宽：《中国古代陵寝制度史》，上海：上海人民出版社，2008年，第103页。

〔3〕 杨宝成：《殷墟文化研究》，武汉：武汉大学出版社，2002年，第83-93页。

〔4〕 杨晓勇、徐吉军：《中国殡葬史》，北京：中国社会出版社，2008年，第89页。

〔5〕 中国社会科学院考古研究所：《新中国的考古发现与研究》，北京：文物出版社，1984年，第292-293页。

〔6〕 张守中、郑名桢、刘来成：《河北省平山县战国时期中山国墓葬发掘简报》，《文物》1979年第1期。

〔7〕 刘士莪：《西安老牛坡商代墓地初论》，《文物》1988年第6期。

〔8〕 李昭和等：《成都十二桥商代建筑遗址第一期发掘简报》，《文物》1987年第12期。

〔9〕 王鲁民：《中国古典建筑文化探源》，上海：同济大学出版社，1997年，第45页。

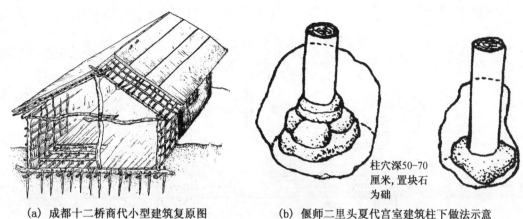

(a) 成都十二桥商代小型建筑复原图　　　(b) 偃师二里头夏代宫室建筑柱下做法示意

图 3-4-1　木梁柱构架方式

此时木柱仍埋入地下，柱底多置天然砾石或河卵石为柱础。实例如偃师二里头夏代宫室遗址[图 3-4-1(b)]、郑州商城宫殿遗址等中都有发现。安阳小屯商代宫殿中，还发现础石与柱底间放置一特制铜片，隔绝土中水分对柱脚产生毛细管现象。这是目前我国古建筑中使用柱锧、采用金属最早的实例[1]。

(5) 夯筑、土坯砖、制陶、测向等技术进一步发展

夯土筑城起墙，在原始社会城市及聚落遗址中已有不少实例。真正具有一定技术的夯筑建筑，起源于龙山文化时期，如山西襄汾丁村、河南汤阴白营、孟淖小潘沟和永城王油坊等处龙山文化遗址的房屋建筑中，都曾发现夯面坚实的夯土房基。而具有一定规模或体例的防御工程设施的夯筑城垣遗迹，要算河南登封告成和淮阳粮平台龙山文化时期的城垣，较典型和具有时代性。

商代夯土应用于筑城、屋基、墙体及墓圹回填等，技术又有提高，夯土的均匀性和密实性得到进一步改善，"就是在龙山文化夯筑技术基础上一个飞跃发展的明证"[2]。

土坯砖的使用见于藁城台西 F2 及 F6 房址，均置于夯土墙上部。台西遗址共发现 14 座房子，除 2 座半地穴式外，余者均以木材做梁架、以夯土和土坯做墙壁的地面建筑。虽然不如安阳殷墟发现的大型宫寝宗庙宏伟壮观，但保存完整(图 3-4-2)[3]。

河南淮阳县平粮台古城一号房址(F1)亦用土坯砖砌墙。土坯长 32、宽 27～29、厚8～10 厘米。砌时上下错缝，土砖间用黄泥浆黏合[4]。这些都是建筑构造技术进步的表现。

自原始社会开始使用陶制品，见于此时建筑中。陶质水管多作地下排水管道。正规

图中文字：柱穴深50-70厘米, 置块石为础

〔1〕　张驭寰、郭湖生：《中华古建筑》，北京：中国科学技术出版社，1990 年，第 72 页。当然，我们也要注意到，商周时期的建筑采用柱础与否、埋深深浅若何，并非一律。换言之，古人建房造屋是因地制宜的，如地基承载力较好，或下部地层坚实难以深挖时，不采用柱础的可能性是存在的。

〔2〕　中国先秦史学会：《夏史论丛》，济南：齐鲁书社，1985 年，第 68 - 69 页。

〔3〕　唐云明：《藁城台西商代遗址》，《河北学刊》1984 年第 4 期。

〔4〕　曹桂岑、马全：《河南淮阳平粮台龙山文化城址试掘简报》，《文物》1983 年第 3 期。

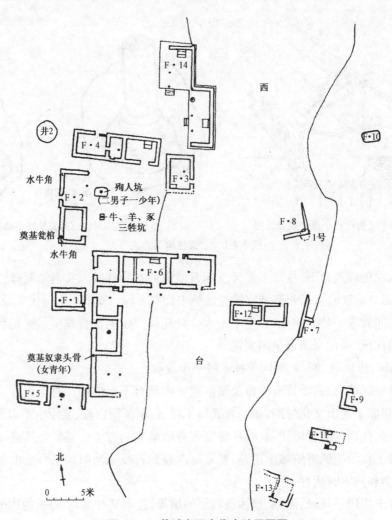

图 3-4-2　藁城台西商代房址平面图

的陶质砖瓦虽未发现，但陕西岐山县周原先周大型建筑遗址中，已使用瓦钉、瓦环的大型陶瓦[1]。早在新石器晚期芦山峁、石峁等出现成套的瓦件，晚商也被使用。碎陶片或铺于建筑外侧作泛水，或铺设室外道路，或用于填充柱洞。此外，石料也逐渐用作建材，如偃师商城 4 号宫室遗址四处台阶均于外侧包砌石片以资保护[2]。

夏商的城址、宫室、王陵、民居等遗址实测表明，其主要轴线均为北偏东 8°左右，这种朝向可使建筑在冬季获得充分阳光。关于建筑朝向的确定，原始社会已为人注意，商代进一步发展，商人测定方位技术已相当成熟。

（6）各种艺术对建筑造型及装饰影响巨大

造型艺术中，美术与雕塑对建筑装饰影响可谓最大。在一些商代贵族墓葬中，夯土中

---

[1]　刘连山、巨万仑：《周原出土文物》，《人文杂志》1979 年第 2 期。

[2]　河南省文化局文物工作队刘胡兰小队：《河南偃师县灰咀商代遗址的调查》，《考古》1961 年第 2 期。

仍留下表面呈朱红色的饕餮纹和雷纹的模印，是此时棺椁表面涂颜色的雕刻纹样残余。这些木刻已出现在墓葬中，或可推断更多使用于地面建筑，尤其是宫室、坛庙一类的高等级建筑装饰中。这些施于建筑的装饰纹样及色彩，其来源大致为同时的陶器和铜器。

另一方面，建筑造型对铜器也产生若干反馈。如殷墟妇好墓所出的偶方彝，其顶盖作四坡屋顶式样（图3-4-3），梁头状装饰承檐等。

图 3-4-3　安阳殷墟妇好墓青铜偶方彝

二、周

周代建筑成就和对后世的影响，大致可表现在以下几方面[1]：

（1）出现最早建筑文献，奠定封建制建筑体系格局

《周礼·考工记》一书内容齐备。如对周王朝政治统治中心王城而言：包括城的形状、面积、城门数量、道路宽度、王宫与宗庙、社稷的位置与关系、朝廷与市的关系等重要布局原则。此外，亦对王宫宫门、宫垣和角楼的高度，及其与诸侯门、垣、角楼的对应关系等，从尺度上作出比较具体的规定。诸多文献所谓"内城外郭""前朝后寝""三朝五门"等建筑规划与设计原则皆源于此，且后世沿用。当然，历代都城结构，并不单纯对周礼形制模仿，除因地制宜、水运等诸多因素外，政治及官僚制度等因素亦起到很大的作用[2]。

周代封建完备，各类建筑都须严格依照等级制（禁止僭越、变更），以显示其上下、内外、亲疏、嫡庶等。如城市可分天子王城，大、小诸侯都邑及地方城市等几类。此外，建筑群体和单体，都强调中轴线，内外对称布置。

在"普天之下，莫非王土"和"居天下中，以抚四夷"思想影响下，都城要择定国土中央；

〔1〕　刘叙杰：《中国古代建筑史·第一卷》，北京：中国建筑工业出版社，2003年，第314-317页。
〔2〕　周易知：《论中国古代官僚制度对都城规划的影响力》，《北京建筑工程学院学报》2011年第2期。

王宫也要建在国都中心（或在主要中轴线上）。宫中，主要殿堂形制和体量最高大，并由其他次要门、殿所围绕和烘托，以显示其主导地位。此外，王城与王宫的面积也较诸侯为大，城垣、角楼和宫门等亦较诸侯为高。这种贯穿于各类建筑中的建筑群体组合思想和布置原则，是长时间逐步形成，并在后世的帝都、宫室、坛庙、衙署等官式建筑兴造中，成为至高无上的指导性法则。

墓葬建筑方面，周代统治阶级继承并确立了以土圹木椁墓为主的墓葬形式。又将墓垣、封土、祭堂等增添为不可缺少的主要内容，形成以墓葬为中心的"陵园建筑"，这些都给后世带来了极为深远的影响。

（2）建筑等级制严格，模数制初步形成

周代通过分土立社、封疆建藩的宗法分封，形成封建等级制[1]。中国古代建筑等级制是统治阶级试图创设理想社会秩序的物化表现[2]，其核心是儒家的宗法制和礼制，对我国古代城市、聚落、单体建筑等的发展演变，影响深刻[3]。

周代设有专司丈量建筑尺度的官吏——"量人"。可见，建筑尺度必有相当严格的规定，且已定为国家制度。与此同时，周代对各种建筑尺度，曾作过专门规定。如《考工记》："周人明堂，度九尺之筵，东西九筵，南北七筵，堂崇一筵。五室，凡室二筵。室中度以几，堂上度以筵，宫中度以寻，野度以步，涂度以轨。庙门容大扃七个，闱门容小扃三个。路门不容乘车之五个，应门二彻三个。……王宫门阿之制五雉，宫隅之制七雉，城隅之制九雉。经涂九轨，环涂七轨，野涂五轨。"可见，不同建筑用不同的单位衡量；同类型者则依等级高低而定。这种用某一标准尺度来衡量建筑宽窄、高低的方法，是建筑模数制形成与演化的雏形。

（3）木构架技术进一步发展，高台建筑技艺成熟

木梁架建筑在周代得到更广泛应用，技术更高。如岐山凤雏西周宗庙遗址开间、进深柱网均排列整齐，木构架技艺已然成熟。

西周中期建筑柱下基础进步和夯土墙中置柱的做法，增加了木柱的稳定性，并延长使用年限，柱础虽然仍在地面以下，但比商代建筑大大抬升（图3-4-4）。战国时出现将木柱半置于墙内的"倚柱造"方式，对木材防潮止腐大有裨益。

高台建筑是夯土与木构架相结合，聚合许多单体建筑在一个土台上的建筑形式[4]。利用多层夯土台（或局部改造天然地形）以弥补木构架尚未解决的高

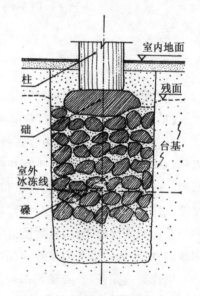

图3-4-4　扶风召陈F3礅、础、柱

〔1〕 李向平：《王权与神权》，沈阳：辽宁教育出版社，1991年，第179页。
〔2〕 刘森林：《中国古代民居建筑等级制度》，《上海大学学报》（社会科学版）2003年第1期。
〔3〕 庄雪芳、刘虹：《中国古代建筑等级制度初探》，《大众科技》2005年第7期。
〔4〕 周学鹰：《汉代高台建筑技术研究》，《考古与文物》2006年第4期。

层结构问题,东周盛行。战国秦咸阳一号宫殿建筑具备取暖、排水、冷藏、浴洗等设施,显示战国高超的建筑技艺,堪称代表。秦汉仍沿其制。

(4)陶质建材种类增多、使用普及,较大促进了建筑发展

陶质砖、瓦及其他制品用于建筑,不仅在建筑结构和构造上产生重要变革,同时也对建筑外观和用途带来诸多影响。

陶瓦应用早于陶砖。文献载虞舜造瓦的传说,但目最早实物见于芦山峁,实际应更早。西周早期,岐山凤雏早周遗址中出土陶瓦。此瓦附有瓦环、瓦钉,应非瓦件原初形式[图 3-4-5(a)]。

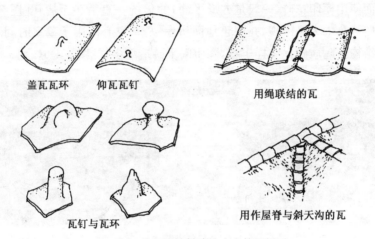

盖瓦瓦环　　仰瓦瓦钉　　　　用绳联结的瓦

瓦钉与瓦环　　　　用作屋脊与斜天沟的瓦

(a) 岐山凤雏村遗址出土的西周瓦

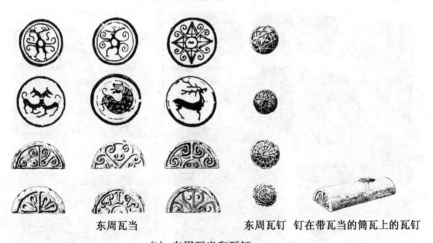

东周瓦当　　　　东周瓦钉　钉在带瓦当的筒瓦上的瓦钉

(b) 东周瓦当和瓦钉

图 3-4-5　陶制建材

周初及其间筒瓦[1]、板瓦仅用于屋面合缝处(如屋脊、天沟)与檐口等局部,西周中期已变为屋面满铺。陶瓦的使用,不仅改善屋面防水,也改善了居住者的生活条件,同时为

---

[1]　游清汉:《河南南阳市十里庙发现商代遗址》,《考古》1957 年第 7 期。

建筑屋面的扩大及坡度的降低等提供条件；而建筑形体的变化又带来外观的改变。此外，陶瓦的使用改变屋面的构造，增加屋面荷载，对屋架结构的发展亦起到推进作用。

由于陶瓦大量铺设屋面，不限于屋脊和天沟，因此瓦的形状与尺度也须相应调整。陶瓦尺度逐渐由大变小，后又出现瓦当。早期瓦当为素面半圆形，其使用是为防雨保护檐口木椽端部，后来在其表面施以各种装饰纹样。半瓦当是周代瓦当的主要形式，战国末期起，出现圆瓦当[图 3-4-5(b)]。由于其能更好地保护椽头且装饰纹样更多，成为流传后世两千余年基本不移的范式。

目前，陶砖的应用约始于西周晚期，见于铺地与包砌壁体[图 3-4-6(a)]。宫室、坛庙等高级建筑地面使用模印花砖（一般是方形平面）的传统一直沿袭至唐代[图 3-4-6(b)]。小砖则在汉代砖券墓中大量出现，并用于地面房屋[1]。空心砖用于墓室时间不长，主要砌筑墓室拱券结构。陶质砖瓦纹样丰富，陶质阑干砖造型多样[图 3-4-6(c)]。

(a) 铺地与包砌壁体

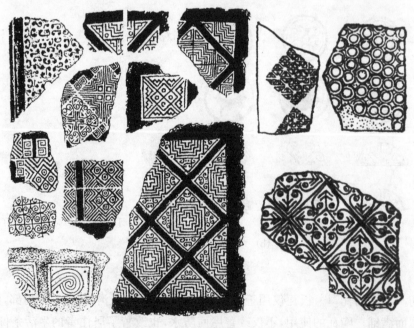

(b) 模印花砖

---

[1]　屈定富、常宝琳：《宜昌市发现一座古代军垒》，《文物》1987 年第 4 期。

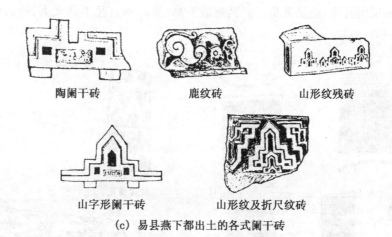

陶阑干砖　　　　　　鹿纹砖　　　　　　山形纹残砖

山字形阑干砖　　　　山形纹及折尺纹砖

(c) 易县燕下都出土的各式阑干砖

图 3-4-6 陶制砖瓦

陶质水管周代前后都使用,既有直管,亦有三通式样(图 3-4-7)。由于埋置于地下,功能仅为给、排水,故其式样似已基本定型。

图 3-4-7 安阳殷墟出土的三通陶水管

　　井圈采用陶套管，应是进步。但其烧造不易、易碎和直径不能太大，故后代多用砖石叠砌（图 3-4-8）。

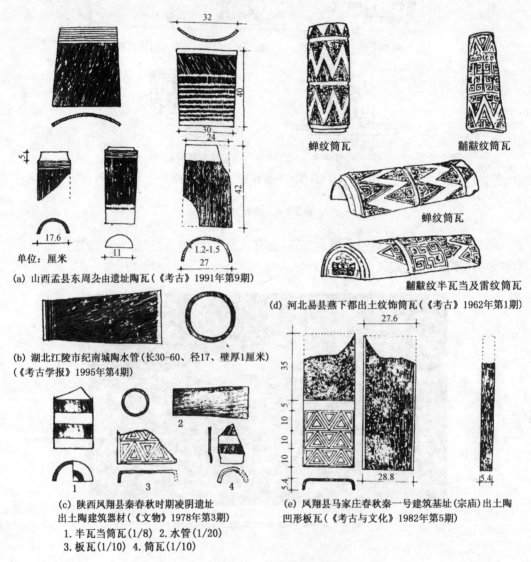

蝉纹筒瓦　　　　　黼黻纹筒瓦

蝉纹筒瓦

黼黻纹半瓦当及雷纹筒瓦

单位：厘米

(a) 山西孟县东周㠱由遗址陶瓦（《考古》1991年第9期）

(d) 河北易县燕下都出土纹饰筒瓦（《考古》1962年第1期）

(b) 湖北江陵市纪南城陶水管（长30～60、径17、壁厚1厘米）
（《考古学报》1995年第4期）

(c) 陕西凤翔县秦春秋时期凌阴遗址
出土陶建筑器材（《文物》1978年第3期）
1. 半瓦当筒瓦(1/8)　2. 水管(1/20)
3. 板瓦(1/10)　4. 筒瓦(1/10)

(e) 凤翔县马家庄春秋秦一号建筑基址(宗庙)出土陶
凹形板瓦（《考古与文化》1982年第5期）

图 3-4-8　西周陶制建材

（5）金属装饰发展,纹饰丰富多彩

周代铜器纹样发达(图3-4-9、10)。宫室中采用金属装饰发达,此时建筑遗址中,常出土一些铜建筑构件"釭",或称"金釭"。或用其增强木构件榫卯结点的连接(图3-4-11);或可能作为装饰构件(有精美纹饰,具很强装饰性)。后世木结构技术发展,釭作为一种装饰构件保留下来,并得到发展,降及清代。

图3-4-9　周代铜器装饰纹样

河南洛阳出土彩陶豆纹饰

河南辉县出土金银错车马饰

河南辉县出土镂花银片

河南辉县出土铜质车马饰

河南辉县出土木棺纹饰

河南信阳木椁墓出土透花玉佩

河南信阳木椁墓出土大鼓彩绘鼓环纹饰

河南信阳木椁墓出土铜质镂孔瓮
形器（展开1/3）

湖南长沙木椁墓出土彩绘漆盾牌

河南信阳木椁墓出土彩绘方盒纹饰

河南信阳木椁墓出土彩绘木豆纹饰

河南信阳木椁墓出土彩绘棺板

图3-4-10 战国装饰纹样

（a）陕西省历史博物馆展出的"金釭"

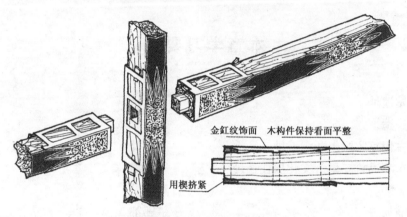

金釭纹饰面　木构件保持看面平整

用楔挤紧

（b）凤翔金釭安装示意

图 3-4-11　金釭

推测此期室内墙壁木制"壁带"上，曾大量使用这种装饰性的金属构件。

西周青铜器中表现出建筑构件形象（图 3-4-12）；浙江绍兴出土的战国"坡塘铜屋"（图 3-4-13），或称之戏台。

令毁

图 3-4-12　西周青铜器中表现的建筑构件

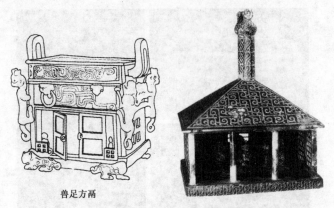

兽足方鬲

图 3-4-13　绍兴坡塘战国铜屋，三开间庑殿顶（内有乐俑）

本章学习要点

大师姑遗址

二里头遗址

内蒙古伊克昭盟朱开沟遗址

夏县东下冯村二里头文化居住遗址

新密新砦

郑州商城

偃师商城遗址

殷墟及洹北商城遗址

黄陂盘龙城遗址

三星堆商代建筑遗址

十二桥商代建筑遗址

河北藁城台西商代居住遗址

岐山凤雏西周建筑遗址

扶风召陈西周建筑遗址

沣西张家坡遗址

蕲春遗址

丰镐二京

鲁国故城

燕下都

齐临淄

秦雍城

楚郢都

纪南城

凤翔秦公陵园

中山国王墓

鸿山越国贵族墓

金釭

瓦当

板瓦

《周礼·考工记》

夏、商、周建筑技艺成就

第四章 秦汉建筑

秦统一全国,立郡县制(BC221—BC207),车同轨,书同文,废井田,泽被后世。郡县制对我国城市规划、建筑形式等,影响深远。

秦集全国人力、物力与六国技术成就(交融),在咸阳建都城、宫殿、陵墓等,至今震撼人心。辟驰道,统一度量衡等,均属创见。秦祚虽短,影响绵长。

公元前 202 年 10 月,西汉立。西汉(BC206—AD8)、新莽(AD9—25)、东汉(AD25—220)。

汉高祖时,规定每县筑城,为我国县城之始。汉代高台建筑继续流行,楼阁兴起,高层构架技术已解决。建筑装饰华奢,相关典籍不胜枚举,得到考古资料佐证[1]。

第一节 聚 落

一、都 城

1. 秦

秦祚甚短。目前,对其城市了解,不及周、汉两代[2]。

(1)咸阳

咸阳为秦"俗都"(雍城是秦"圣都")[3]。因地处九嵕山之南、渭水之北,故名[4]。《三辅黄图》:"咸阳故城,自秦孝公至始皇帝、胡亥并都此城。始皇兼天下,都咸阳,因北陵营殿,端门四达,以为紫宫,象帝居。渭水贯都,以象天汉。横桥南渡,以法牵牛。"布局模拟天象。

秦咸阳城遗址位于今陕西省咸阳市东约 15 公里窑店镇一带,东西约 6、南北约 7.5 公

---

〔1〕 周学鹰:《解读画像砖石中的汉代文化》,北京:中华书局,2005 年。

〔2〕 刘叙杰:《中国古代建筑史·第一卷》,北京:中国建筑工业出版社,2003 年,第 329 页。

〔3〕 潘明娟:《秦咸阳的"俗都"地位》,《唐都学刊》2005 年第 5 期。

〔4〕 《三秦记》:"咸阳,秦所都,在九嵕山南、渭水北,山水俱阳,故名咸阳。"见刘庆柱辑注:《三秦记辑注·关中记辑注》,西安:三秦出版社,2006 年。

里,面积 45 平方公里[1]。始皇即位后,陆续外扩。如在咸阳北坂上仿建六国宫室,而"诸庙及章台、上林皆在渭南"[2]。于是另建阿房宫于渭南,与旧城跨渭水大桥相连,"渭水贯都"。

目前,秦咸阳城布局基本了解,发现宫城遗址,发掘咸阳一号、三号宫殿遗址[3]。

文献中未记载咸阳城垣。鉴于中国上古时代城市普遍缺乏包围整个聚落之城垣,有学者认为"大都无城"是汉代及其前中国古代都城的主流[4]。秦咸阳或许就没有建造城垣[5]。

秦末,项羽至咸阳,"杀子婴及秦诸公子宗族,遂屠咸阳,烧其宫室,虏其子女,收其珍宝货财……"[6],咸阳城破。

刘邦定天下,改咸阳为新城县。后渭水北移,秦咸阳余址大部为河水淹没,毁弃约在东汉中期。

（2）栎阳

栎阳为秦都共 34 年,在秦国发展史上起了重要作用[7]。公元前 384 年,秦献公立;献公二年,从雍城迁都栎阳。秦末楚汉相争之际,项羽三分关中,封"司马欣为塞王,王咸阳以东至河,都栎阳"[8]。

公元前 205 年,刘邦率军进占关中,令"诸侯子在关中者,皆集栎阳为卫"[9]。刘邦又以栎阳为都城[10];长安宫室未成,一度临时定都栎阳[11];至"高祖七年,长乐宫成,自栎阳徙长安"[12]。

秦汉栎阳故城在今陕西咸阳市东北约 60 公里处。故城遗址中发现有夯土台基、下水管道、陶砖瓦、陶器、铜料、铁渣等[13]。

〔1〕 刘庆柱、白云翔主编,中国社会科学院考古研究所编著:《中国考古学·秦汉卷》,北京:中国社会道学出版社,2010 年,第 32 - 35 页。

〔2〕 [西汉]司马迁撰:《史记》卷六《秦始皇本纪》,《二十五史》(百衲本),杭州:浙江古籍出版社,1998 年,第 239 页。

〔3〕 陕西省考古研究所:《秦都咸阳考古报告》,北京:科学出版社,2004 年。

〔4〕 许宏:《大都无城——论中国古代都城的早期形态》,《文物》2013 年第 10 期。

〔5〕 从秦始皇之心胸而言,"天子以四海为家",天地四方均为其所有,一世,二世乃至万世。以地上的人居,相应天上之星宿等,故他有可能以咸阳为天下之中枢,无须修筑城墙。

〔6〕 [西汉]司马迁撰:《史记》卷六《秦始皇本纪》,《二十五史》(百衲本),杭州:浙江古籍出版社,1998 年,第 275 页。

〔7〕 陈正奇:《河西之争与秦都栎阳》,《陕西师范大学学报》(哲学社会科学版)2009 年第 5 期。

〔8〕 [西汉]司马迁撰:《史记》卷七《项羽本纪》,《二十五史》(百衲本),杭州:浙江古籍出版社,1998 年,第 316 页。

〔9〕 [西汉]司马迁撰:《史记》卷八《高祖本纪》,《二十五史》(百衲本),杭州:浙江古籍出版社,1998 年,第 372 页。

〔10〕 汉王二年,冬十一月,"汉王还归,都栎阳。"[东汉]班固撰:《汉书》卷 1《高帝纪》,北京:中华书局,1964 年,第 33 页。

〔11〕 孙文阁:《简析西汉初年的建都》,《石家庄师范专科学校学报》2003 年第 1 期。

〔12〕 [西汉]司马迁撰:《史记》卷二十二《汉兴以来将相名臣年表》,《二十五史》(百衲本),杭州:浙江古籍出版社,1998 年,第 1121 页。

〔13〕 中国社会科学院考古研究所栎阳发掘队:《秦汉栎阳城遗址的勘探和试掘》,《考古学报》1985 年第 3 期;刘叙杰:《中国古代建筑史·第一卷》,北京:中国建筑工业出版社,2003 年,第 331 - 333 页。

（3）夏阳

夏阳故城遗址在今陕西省韩城市南 10 公里[1]。秦惠文王十一年（BC327），更名夏阳[2]。经西汉沿用，属左冯翊[3]；至东汉时迁治它处。

故城就台地修建，平面大体呈东西略长的矩形，东西广约 1 750、南北长约 1 500 米。目前，其东、南、西三面城垣尚有断续存留[4]。门道有路土面，附近发现大量质地坚硬的青灰色筒、板瓦。城内发现夯土建筑基址 10 处。

2. 汉

汉代城市发展经历了三阶段：刘邦立汉至文景时期、西汉中后期和东汉时期。其发展的主要标志是：数量增多、规模扩大、经济职能增强[5]。

（1）帝都

长安[6]：西汉全国政治、经济、文化和军事指挥中心。张骞通西域后，汉长安成为著名的国际都市，与罗马并称为古代世界的东、西方两大都会[7]。

西汉王朝初以秦离宫——兴乐宫为基础建长乐宫，作临时皇宫[8]，故两汉习称长安为"咸阳"[9]。

东汉立，刘秀迁都洛阳，长安为陪都，称西京。东汉末，董卓于公元 190 年焚洛阳迁都长安。五年后，毁长安为墟。

《三辅黄图》："城南为南斗形，城北为北斗形，至今人呼京城为斗城是也"。这是汉长安斗城的由来。长期以来，争论颇多[10]。

汉长安城遗址位于陕西省西安市西北郊，即今未央区未央宫乡、汉城乡和六村堡乡辖区之内。目前，初步揭示其布局结构（图 4-1-1）[11]。

城址平面近方形，总面积 34.39 平方公里[12]。城墙为版筑夯土墙，城墙中的穿棍、穿绳和夹板痕迹明显。城墙外侧 20～30 米处，有宽 40～50 米、深约 3 米的城壕。城墙四角

〔1〕　呼林贵：《司马迁生葬地新探》，《人文杂志》1987 年第 4 期。

〔2〕　吴朋飞、张慧茹：《司马迁所居"夏阳"城址考辨》，《求索》2007 年第 10 期。

〔3〕　王世昌：《历史文化名城——韩城》，《文博》1988 年第 6 期。

〔4〕　呼林贵：《陕西韩城秦汉夏阳故城遗址勘查记》，《考古与文物》1987 年第 6 期；刘叙杰：《中国古代建筑史·第一卷》，北京：中国建筑工业出版社，2003 年，第 333－334 页。

〔5〕　陈昌文：《汉代城市的布局及其发展趋势》，《江西师范大学学报》，1998 年第 1 期。

〔6〕　中国社会科学院考古研究所汉长安城工作队、西安市汉长安城遗址保管所编著：《汉长城遗址研究》，北京：科学出版社，2006 年。

〔7〕　李毓芳：《汉长安城的布局与结构》，《考古与文物》1997 年第 5 期。

〔8〕　刘运勇：《再论西汉长安布局及形成原因》，《考古》1992 年第 7 期。

〔9〕　楚一鸣：《两汉已习称长安为"咸阳"》，《中国历史地理论丛》1996 年第 3 期。

〔10〕　陈喜波、韩光辉：《汉长安"斗城"规划探析》，《考古与文物》2007 年第 1 期。

〔11〕　刘庆柱、李毓芳：《汉长安城》，北京：文物出版社，2003 年。

〔12〕　董鸿闻、刘起鹤、周建勋、张应呼、梅兴铨：《汉长安城遗址测绘研究获得的新信息》，《考古与文物》2000 年第 5 期。

有角楼[1]。汉长安城共 12 座城门,每面 3 座,大小不一。每座城门 3 门道,宣平门外的夯土基址现存东西 13.8 米、南北 11.7 米,残高 8.2 米(图 4-1-2)。

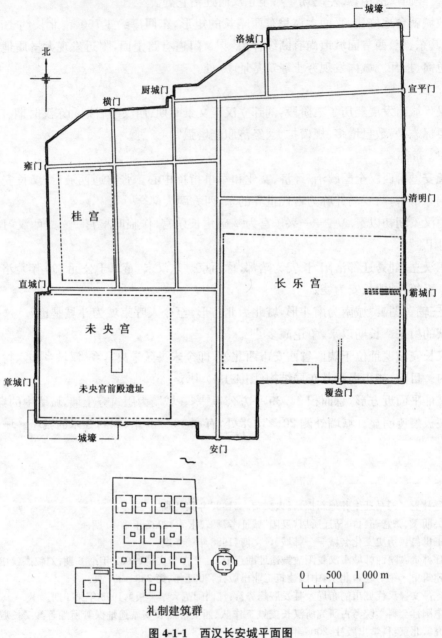

图 4-1-1　西汉长安城平面图

〔1〕 李毓芳、张连喜、杨灵山:《汉长安城未央宫西南角楼遗址发掘简报》,《考古》1996 年第 3 期;中国社会科学院考古研究所汉长安城工作队:《西安市汉长安城城墙西南角遗址的钻探与试掘》,《考古》2006 年第 10 期。

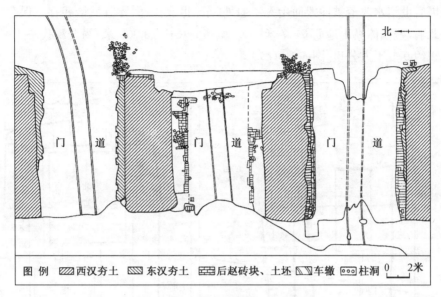

图例 ▨西汉夯土 ▨东汉夯土 ▤后赵砖块、土坯 ▨车辙 ▭柱洞 0　2米

图 4-1-2　西汉长安城宣平门遗址平面图

汉长安城中与 8 座城门连接的 8 条大街,将城内分成 11 区,未央宫(包括武库)、长乐宫(包括太上皇庙、高庙和惠帝庙)、桂宫、北宫、明光宫、东市、西市各占 1 区,里居占 4 个"曲"(区)。

王莽篡汉,改制甚多。如易长安十二城门名[1]。

汉长安园林开创了中国城市园林的先河,把宫廷建设与园林相结合,将自然山水作为造园的基础,并建成园中之园,奠定传统园林的基本格局,对今天的城市造园有重要参考价值[2]。

洛阳[3]:故址在今河南洛阳东 15 公里,地处洛阳郊区与孟津、偃师二县(市)结合部[4]。汉魏洛阳故城始建于西周,此后东周、东汉、曹魏、西晋、北魏等朝代先后为都,至唐初废弃,前后延续 1 600 余年,作为都城达 540 余年[5]。

秦封吕不韦为洛阳十万户侯,并以此城为三川郡治,复将城址向南扩展,最终奠定两汉洛阳城的基本形制和规模[6]。秦至西汉,洛阳已是天下名都之一,刘邦初称帝时曾驻跸洛阳三月,意欲建都于此。后接受张良、娄进等人建议,立都长安。

东汉洛阳城是一座四周建有高大城墙和深广护城河的封闭型城市。现存遗址上,除

〔1〕 谭家健、李知文选注:《〈水经注〉选注》,北京:中国社会科学出版社,1989 年,第 201‑202 页。

〔2〕 马正林:《论汉长安园林》,《陕西师大学报》(哲学社会科学版)1995 年第 4 期。

〔3〕 洛阳市文物局、洛阳白马寺汉魏故城文物保管所:《汉魏洛阳故城研究》,北京:科学出版社,2000年;刘庆柱、白云翔主编,中国社会科学院考古研究所编著:《中国考古学·秦汉卷》,北京:中国社会科学出版社,2010 年,第 228‑244 页;[清]徐松辑:《河南志》,北京:中华书局,1994 年;刘叙杰:《中国古代建筑史·第一卷》,北京:中国建筑工业出版社,2003 年,第 398‑399 页。

〔4〕 徐金星、杜玉生:《汉魏洛阳故城》,《文物》1981 年第 9 期。

〔5〕 陈建军、郑美蓉:《汉魏洛阳故城名称考略》,《黄河科技大学学报》2013 年第 5 期。

〔6〕 中国社会科学院考古研究所洛阳汉魏城队:《汉魏洛阳故城城垣试掘》,《考古学报》1998 年第 3 期。

南城墙因后世洛水改道被冲毁而殆无孑遗外，东、北、西三面皆有城墙残存。保存最好的为城东北隅，残墙体高出地面 6～7 米[1]。城墙周长达 13 000 米，约合汉代三十一里，城内总面积约 9.5 平方公里[图 4-1-3(a)]。

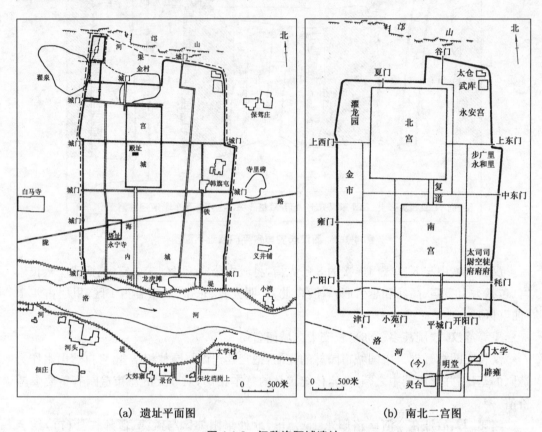

(a) 遗址平面图　　　　　　　　　　(b) 南北二宫图

图 4-1-3　汉魏洛阳城遗址

　　相比于西汉长安城，东汉洛阳城布局的主要特点之一是宫殿区相对集中，形成南宫和北宫南北对峙的格局。但据《括地志》洛州洛阳县条引顾野王《舆地志》，洛阳城"秦时已有南、北宫"[2]。曾有学者根据汉魏洛阳城道路网勘察资料和有关文献记载，对二宫的位置和范围做出复原[图 4-1-3(b)][3]，南、北宫面积达 3.1 平方公里，超过全城面积的三分之一。虽较汉长安城大大减低，但与后代都城相比，所占比例仍然很大。

　　东汉洛阳城内还存在大量的各类官府及太仓、武库、商市，故推测居民里坊应不会很多，且多为达官贵人的宅第[4]。重要礼制建筑如北郊兆域位于城北，圜丘、灵台、明堂、辟

〔1〕 北城墙和西城墙的长度，系依据《考古》1973 年第 4 期刊出之汉魏洛阳城实测图量出，而非实测数据。

〔2〕 段鹏琦：《汉魏洛阳城的几个问题》，《中国考古学研究——夏鼐先生考古五十年纪念论文集》，北京：文物出版社，1986 年 5 月。

〔3〕 王仲殊：《中国古代都城概说》，《考古》1982 年第 5 期。

〔4〕 〔清〕徐松辑，高敏点校：《河南志》，北京：中华书局，1994 年。

雍则在城南[1]。著名的东汉太学也在城南。

(2) 诸侯王封邑

汉代郡国并行,有直接受中央政府控制的郡县,又有分封的诸侯王国。目前,发现的汉代诸侯国王城有:河南商丘睢阳故城(梁国);河北邯郸大北城(赵国)、献县乐成故城(河间国);山东临淄齐国故城(齐国)、曲阜鲁国故城汉城、莒县城关古城(城阳国)、长清卢县故城(济北国)、平度即墨故城(胶东国)、寿光剧县故城(西汉淄川国)、东平须城村古城(东平国)、高密城阴城(高密国);江苏泗阳凌城故城(泗水国)、扬州蜀岗古城(广陵国)、盱眙东阳城(江都国)等。

除中原诸侯王都邑外,在西北、东北、西南、福建及岭南等也分布此类城市。如新疆维吾尔自治区巴音郭勒盟自治州若羌县罗布泊北岸的若羌楼兰古城[2];辽宁省桓仁县东北,浑江左岸五女山上的五女山城,是高句丽初期的都城[3];福建省武夷山市兴田镇城村西南的武夷山城村汉城(崇安汉城)[4]等。聊举数例如下:

梁国:睢阳城旧址在今商丘城南南关外至新近发现的西周宋国都城城北,及其以东的范围内。睢阳城基于春秋宋国都城而建,自梁孝王迁睢阳扩建。

西汉睢阳城可分东、西两城,东城可能为宫殿区,西城为旧城、居民区和作坊区。梁孝王的宫殿不仅有前宫(正宫),也有后宫,仿天子之制[5]。

临淄:位于山东临淄齐都镇,西周晚期至汉代齐国的都城[6],由大、小两城组成(图3-1-10)。大城为南北长方形,小城位于大城西南,部分嵌入大城西南角,平面呈长方形,两城总面积约 20 平方公里。汉武帝除齐国为齐郡,政治地位下降。东汉临淄城的发展更趋衰微,外部环境破坏严重,使之很难再兴[7]。

楼兰古城:遗址位于罗布泊西北角崎岖不平的风蚀地面上,今属若羌县界,西南距若羌县城 220 公里。罗布泊地区是古代楼兰的政治中心所在地,楼兰城在西汉元凤四年以前就已存在[8]。楼兰城略呈正方形,总面积 10.824 万平方米。楼兰古城不应为国都,应是以军亭和屯田为主的城市,后亦一度成为西域长史的驻地[9]。

〔1〕 中国社会科学院考古研究所:《汉魏洛阳故城南郊礼制建筑遗址 1962—1992 年考古发掘报告》,北京:文物出版社,2010 年。
〔2〕 新疆楼兰考古队:《楼兰城郊古墓群发掘简报》《楼兰古城址调查与试掘简报》,《文物》1988 年第 7 期。
〔3〕 陈大为:《桓仁县考古调查发掘简报》,《考古》1960 年第 1 期;梁志龙:《桓仁地区高句丽城址概述》,《博物馆研究》1992 年第 1 期。
〔4〕 福建博物院、福建闽越王城博物馆:《武夷山城村汉城遗址发掘报告(1980—1996)》,福州:福建人民出版社,2004 年。
〔5〕 阎道衡:《汉代梁国睢阳城考略》,《黄淮学刊》(哲学社会科学版)1996 年第 4 期。
〔6〕 山东省文物管理处:《山东临淄故城试掘简报》,《考古》1961 年第 6 期;群力:《临淄齐国故城勘探纪要》,《文物》1972 年第 5 期。
〔7〕 王卫东:《临淄盛衰原因试探》,《管子学刊》1999 年第 1 期。
〔8〕 王守春:《楼兰国都与古代罗布泊的历史地位》,《西域研究》1996 年第 4 期。
〔9〕 陈汝国:《楼兰古城历史地理若干问题探讨》,《新疆大学学报》(哲学社会科学版)1984 年第 3 期。

崇安汉城：位于福建省崇安县兴田公社城村西南,北距崇安县城 35 公里处,逶迤曲折的墙垣仍隐约可见[1]。城址建筑在起伏的丘陵上,西高东低,逶迤而下。城址城墙依山势而建,全部为夯土筑成,平面呈不规则长方形,面积约 48 万平方米(图 4-1-4)。关于武夷山城村古城的年代和形制,学界至今仍有争论[2]。目前多数学者主张,城址年代在西汉前期,上限不会早于汉高祖五年(BC202),下限为汉武帝元封元年(BC110)[3]。初期可能

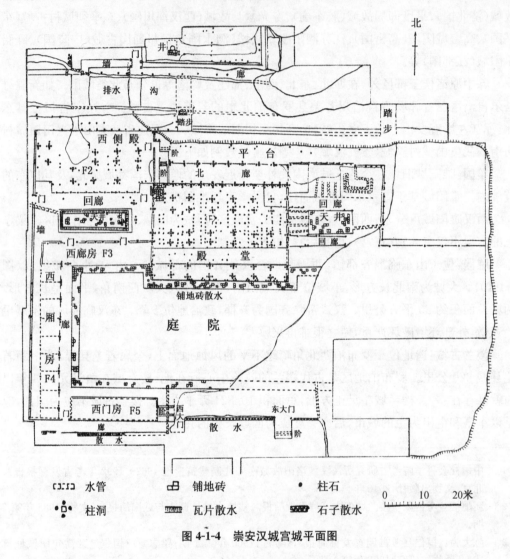

图 4-1-4　崇安汉城宫城平面图

〔1〕张其海:《崇安城村汉城探掘简报》,《文物》1985 年第 11 期。

〔2〕陈直:《福建崇安城村汉城遗址时代的推测》,《考古》1961 年第 4 期;吴春明:《崇安汉城的年代及族属》,《考古》1988 年第 12 期;杨琮:《论崇安城村汉城的年代和性质》,《考古》1990 年第 10 期;林忠干:《崇安汉城遗址年代与性质初探》,《考古》1990 年第 12 期等。

〔3〕黄展岳:《闽越东冶汉冶县的治所问题》、卢兆荫:《关于闽越历史的果敢问题》,王培伦、黄展岳主编:《冶城历史与福州城市考古论文选》,福州:海风出版社,1999 年。

是闽越一处军事据点，汉武帝立余善为东越王后，为其王都。

此外，河北元氏县汉元氏故城遗址出土"常山长贵""常山长昌"等瓦当，属汉常山郡、常山国官署建筑用瓦，应是封国旧都[1]。

二、村落

目前，秦代村落遗址没有发现。

汉代文献中的农村聚居称"里"，多周密规划，内部管理体系完备。考古发现则揭示汉代有另外两种自发的聚居形式：一是辽阳三道壕遗址发现的相对集中的聚落，一是河南内黄三杨庄遗址发现的散居式的自然聚落[图 4-1-5(a)]。

河南内黄县三杨庄汉代村落遗址：有房屋、院落、水井、厕所、田垄等遗迹，出土陶器、建材、铁犁、石臼、石磉、钱币等一批遗物，首次较完整揭示汉代乡村聚落实景[2]。目前共

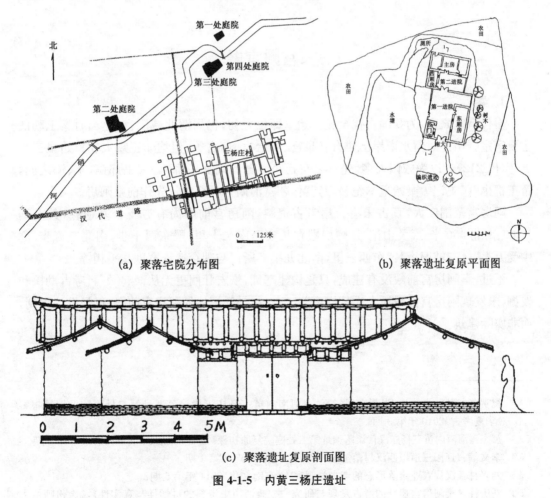

(a) 聚落宅院分布图　　　　　　　　　(b) 聚落遗址复原平面图

(c) 聚落遗址复原剖面图

图 4-1-5　内黄三杨庄遗址

〔1〕 胡海帆：《河北民间藏汉代"常山长贵""常山长昌"瓦当》，《文物春秋》2012 年第 4 期。
〔2〕 杨勇、洪石：《"汉代城市和聚落考古与汉文化国际学术研讨会"纪要》，《考古》2011 年第 6 期。

发现 10 余处庭院遗存，其中第二处庭院坐北朝南，由水井、南大门、西门房、东西厢房、主房、厕所，及院落西侧的池塘等组成，同时在庭院东、北、西三面发现垄作农田遗迹，是一处保存完整的两汉之际的普通民居遗存[1]。曾有学者进行了初步复原[图 4-1-5(b)、(c)][2]。

  三道壕遗址：在辽阳市北郊 3 里的三道壕村，占地约 4 万平方米。目前，发掘面积一万多平方米，是全村址的一小部。有农民居住址 6 处、水井 11 眼、砖窑址 7 座、铺石道路 2 段[3]。

  有学者认为，汉代聚落中"田"（小家的田地）与"宅"（小家聚居处）的空间布局呈现两种特征：三杨庄式的汉代农业聚落中"田""宅"相连，文献中的"里"与三道壕式聚落中"田""宅"不相连[4]。

第二节　群（单）体建筑

一、宫殿官署

1. 秦

  秦代宫室之盛，为我国古代罕见。始皇即位之初，仍居渭北咸阳宫，是当时秦王朝的主要宫室。虽此时渭水南岸已建有甘泉宫、章台宫、信宫等，但均非正规大朝。始皇三十五年（BC212），"以为咸阳人多，先王之宫廷小。吾闻周文王都丰，武王都镐，丰、镐之间，帝王都也"（《史记·秦始皇本纪》），乃营作朝宫渭南上林苑中。先作前殿阿房。

  阿房宫范围广大，亘古未有。据考古资料，阿房宫前殿尚有夯土台基遗存，其东西 1 200、南北 450 米。《关中记》："阿房殿在长安西南二十里，殿东西千步，南北三百步，庭中受万人"；《三辅旧事》："东西三里，南北九里。"所记与现存遗址宽度几乎相等。

  不过，秦阿房宫前殿没有建成，只是构建基址，恢宏壮丽更无从谈起[5]。考古勘探和发掘，未发现阿房宫前殿被大火焚烧痕迹[6]。司马迁记述的阿房宫前殿，仅是设计规划，而非实际建筑[7]。

〔1〕　祝贺、刘海旺、朱汝生、张新文、张粉兰：《河南内黄三杨庄汉代聚落遗址第二处庭院发掘简报》，《华夏考古》2010 年第 3 期。

〔2〕　郝杰：《河南内黄三杨庄汉代聚落遗址第二处庭院复原初探》，《中华民居（下旬刊）》2014 年第 1 期。

〔3〕　李文信：《辽阳三道壕西汉村落遗址》，《考古学报》1957 年第 1 期。

〔4〕　刘兴林：《汉代农业聚落形态的考古学观察》，《东南文化》2011 年第 6 期。

〔5〕　刘庆柱：《秦阿房宫遗址的考古发现与研究——兼谈历史资料的科学性与真实性》，《徐州师范大学学报》（哲学社会科学版）2008 年第 2 期。

〔6〕　李毓芳、孙福喜、王自力、张建锋：《西安市阿房宫遗址的考古新发现》，《考古》2004 年第 4 期。

〔7〕　杨东宇、段清波：《阿房宫概念与阿房宫考古》，《考古与文物》2006 年第 2 期。

（1）关中

"周"与"秦"文化,是关中文化的两大源头[1]。

在今咸阳市渭城区窑店镇以北的 13 号公路以东至姬家倒沟以西,勘探发现了大面积的秦宫殿建筑遗址及其墙垣遗迹,后者为秦咸阳宫宫城墙垣。宫城城址之内勘探发现 7 处大型夯土建筑基址,按其位置可分西北、中、东北三区。譬如:

第 1 号宫殿遗址[2]:位于今咸阳窑店镇牛羊村以北约 200 米的咸阳原上。平面"凹"字形,东西长 130、南北宽 45 米,中间凹进部分南北宽约 20 米[图 4-2-1（a）]。

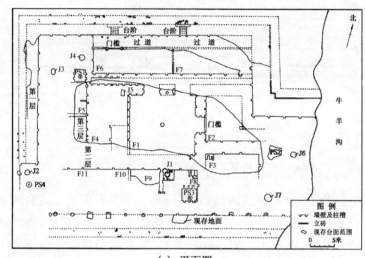

(a) 平面图

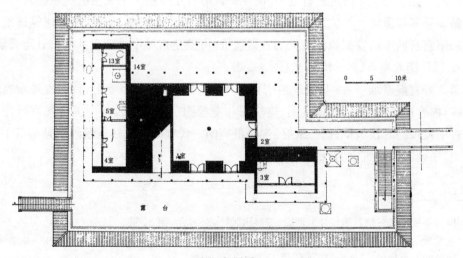

(b) 复原图

图 4-2-1 秦咸阳宫第 1 号宫殿建筑遗址

[1] 胡义成:《关中隐型文化的互补结构及其历史展开——围绕资源配置方式再探关中隐型文化之一》,《长安大学学报》（社会科学版）2006 年第 1 期。

[2] 刘庆柱、白云翔主编,中国社会科学院考古研究所编著:《中国考古学·秦汉卷》,北京:中国社会科学出版社,2010 年,第 37 - 39 页。秦都咸阳考古工作站:《秦都咸阳第一号宫殿建筑遗址简报》,《文物》1976 年第 11 期。

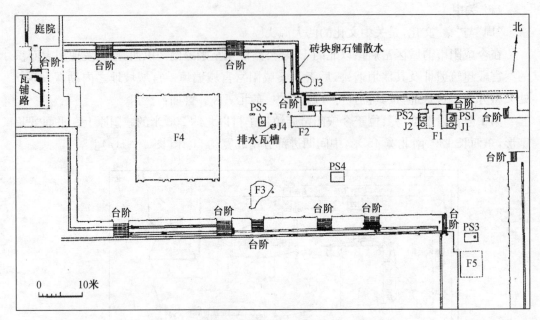

图 4-2-2　秦咸阳宫第 2 号宫殿建筑遗址平面图

　　1 号殿址以夯土高台为宫殿建筑的核心,不同建筑依高台而建。高台顶部为宫殿主体建筑——殿堂(F1)[1]。发掘表明,这是一处将各种不同功能(采暖、盥洗、储藏等)统一一体的高台宫殿建筑群,在使用功能、通道、采光、排水及结构诸方面都做了合理的安排。杨鸿勋先生对 1 号殿址进行复原[图 4-2-1(b)],是一座上下三层的巍峨建筑[2]。

　　第 2 号宫殿遗址[3]:位于宫城西北部,东南距 1 号殿址约 93 米,高台建筑遗址。这是秦咸阳宫宫城中已发掘规模最大的宫殿遗址,可能是宫城中处理政务的一处重要建筑。东西长 127、南北宽 32.8~45.5 米(图 4-2-2)。

　　第 3 号宫殿遗址[4]:1 号殿址西南百余米处。东、西坎墙墙壁上,首次发现秦宫殿建筑壁画,内容主要有车马图、仪仗图、建筑图和麦穗图(图 1-3-4),是中国古代宫殿建筑遗址考古中发现的时代最早、保存最好、规格最高的古代壁画。此建筑壁画填补丰富了中国美术史、中国古代建筑史的研究资料[5]。

〔1〕　何清谷校注:《三辅黄图校注》,西安:三秦出版社,2006 年,第 31 页。

〔2〕　王学理、梁云:《秦文化》,北京:文物出版社,2001 年,第 71 页;杨鸿勋:《秦咸阳宫第一号遗址复原问题的初步探讨》,《文物》1976 年第 11 期。

〔3〕　刘庆柱、白云翔主编,中国社会科学院考古研究所编著:《中国考古学·秦汉卷》,北京:中国社会科学出版社,2010 年,第 39 - 41 页;秦都咸阳考古工作队:《秦咸阳宫第二号建筑遗址发掘简报》,《考古与文物》1986 年第 4 期。

〔4〕　咸阳市文管会、咸阳市博物馆、咸阳地区文管会:《秦都咸阳第三号宫殿建筑遗址发掘简报》,《考古与文物》1980 年第 2 期。

〔5〕　刘庆柱、白云翔主编,中国社会科学院考古研究所编著:《中国考古学·秦汉卷》,北京:中国社会科学出版社,2010 年,第 40 - 41 页。

（2）行宫遗址

秦始皇统一六国后曾多次东巡，刻石颂功，所到之处建立行宫。《史记·秦始皇本纪》："关中计宫三百，关外四百余"。秦始皇三十二年（BC215）曾东巡碣石，求羡门、高誓，并刻碣石门。

元封元年（BC110），汉武帝"行自泰山，复东巡海上，至碣石"（《汉书·武帝纪》）。三国曹操亦曾到过碣石，"东临碣石，以观沧海"。

目前，辽宁省绥中县至河北秦皇岛市的沿海地区发现多处规模宏大的秦汉建筑群基址，应是渤海西岸的秦汉行宫遗址。

绥中秦行宫遗址[1]：位于辽宁绥中万家镇南"姜女石"附近海岸线一带，由石碑地、止锚弯、黑山头、瓦子地、大金丝屯、周家南山等6处相互关联的秦汉建筑遗址组成。其中，以石碑地遗址保存最好，面积最大，地下夯土密集，为该遗址最重要一处[2]，或是秦始皇和汉武帝登临的"碣石宫"。

石碑地遗址：位于万家镇墙子里村的海岸边，东西宽500、南北长600米，总面积30万平方米。其中心部位南北长约500、东西宽约300米（图4-2-3），地势较平坦，遗址有两期建筑堆积。

秦皇岛秦行宫遗址：有两处，河北秦皇岛市北戴河金山嘴遗址群，山海关去石河口遗址群。这两处遗址群位于"姜女石"建筑遗址群西南，沿渤海西岸，可能都与行宫建筑有关。

金山嘴秦代建筑群遗址[3]：目前，主要有金山嘴、横山及横山北三处遗址，分布在以金山嘴为起点的南北轴线上。另外，在滨海地带还发现联峰山中峰、剑秋路西侧、石油疗养院西侧、秦皇岛角等遗址，所出建筑构件与金山嘴建筑群遗址基本相同，年代相当。

石河口遗址[4]：位于山海关城西南4公里，处金山嘴与石碑地遗址中间，为突入海中的岬角或岛屿，又名"五花城"，从遗物判断是一处秦代行宫遗址。

〔1〕　刘庆柱、白云翔主编，中国社会科学院考古研究所编著：《中国考古学·秦汉卷》，北京：中国社会科学出版社，2010年，第55-63页。

〔2〕　辽宁省文物考古研究所姜女石工作站：《辽宁绥中县"姜女石"秦汉建筑群石碑地遗址的勘探与试掘》，《考古》1997年第10期；《辽宁绥中县石碑地秦汉宫城遗址1993—1995年发掘简报》，《考古》1997年第10期。

〔3〕　刘庆柱、白云翔主编，中国社会科学院考古研究所编著：《中国考古学·秦汉卷》，北京：中国社会科学出版社，2010年，第63-67页；河北省文物研究所、秦皇岛市文物管理处、北戴河区文物保管所：《金山嘴秦代建筑遗址发掘报告》，《文物春秋》1992年增刊；陈应祺：《秦皇岛市北戴河区秦代行宫遗址》，《中国考古学年鉴（1987）》，北京：文物出版社，1988年，第105-106页；郑绍宗：《河北省文物考古工作十年的主要收获（二）（1979—1988）》，《文物春秋》1989年第3期。李书和主编，秦皇岛市政协文史学宣委秦皇岛市徐福研究会编：《秦皇求仙·徐福东渡·秦皇岛》，北京市：北京燕山出版社，2000年。

〔4〕　刘庆柱、白云翔主编，中国社会科学院考古研究所编著：《中国考古学·秦汉卷》，北京：中国社会科学出版社，2010年，第67页；康群：《渝关考辨》，《辽海文物学刊》1988年第2期。

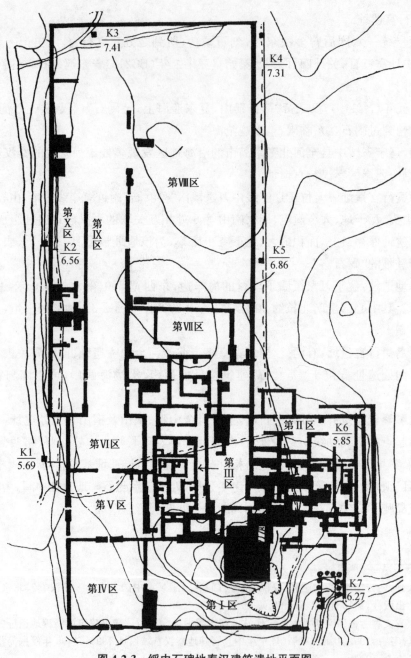

图 4-2-3　绥中石碑地秦汉建筑遗址平面图

2. 汉

(1) 长安

长乐宫遗址[1]：在今西安市未央宫乡和汉城乡的阁老门、唐寨、张家巷、罗寨、讲武

---

〔1〕　刘庆柱、白云翔主编,中国社会科学院考古研究所编著:《中国考古学·秦汉卷》,北京:中国社会
　　　科学出版社,2010 年,第 195 - 198 页;刘振东、张建锋:《西汉长乐宫遗址的发现与初步研究》,《考
　　　古》2006 年第 10 期。

殿、查寨、樊家寨和雷寨等村庄一带。原在秦都咸阳"渭南"离宫——兴乐宫基础上修建[1]，又称"东宫"[2]，面积约 6 平方公里，位于长安城东南、未央宫之东，约占汉长安城总面积六分之一（图 4-1-1）。

其第四号建筑遗址位于罗家寨北部，主体基址东西 79.4、已发掘部分南北 27.4 米（图 4-2-4），其上分布两座地下建筑结构的房屋[3]。

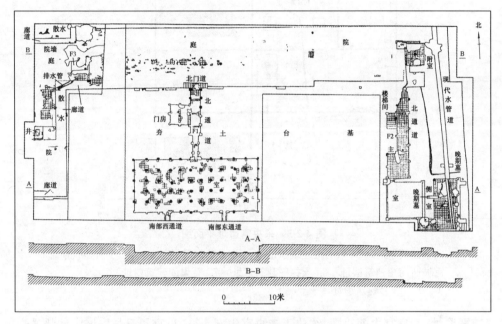

图 4-2-4　西安汉长乐宫第四号建筑遗址、剖面图

未央宫[4]：在汉长安城内西南部，汉长安城地势最高处。遗址平面近方形，周围夯筑宫墙，面积约 5 平方公里（图 4-2-5），约占汉长安城面积的七分之一。文献载未央宫有东、北阙，现东宫门外发现"东阙"遗址[5]。西南部有沧池遗址[6]，沧池中建象征"山"的"渐

〔1〕　何清谷校注：《三辅黄图校注》，西安：三秦出版社，2006 年。

〔2〕　[东汉]班固撰：《汉书》卷三十六《楚元王传》："依东宫之尊，假甥舅之亲，以为威重。"[唐]颜师古注："东宫，太后所居也。"又，[清]王先谦《汉书补注》："胡注：汉制，太后率居长乐宫，在未央宫东，故曰东宫。"清光绪二十六年刊行。

〔3〕　中国社会科学院考古研究所汉长安城工作队：《西安市汉长安城长乐宫四号建筑遗址》，《考古》2006 年第 10 期。

〔4〕　刘庆柱、白云翔主编，中国社会科学院考古研究所编著：《中国考古学·秦汉卷》，北京：中国社会科学出版社，2010 年，第 183 - 95 页；杨鸿勋：《建筑考古学论文集》，北京：文物出版社，1987 年。

〔5〕　中国社会科学院考古研究所：《汉长安城未央宫（1980—1989 年考古发掘报告）》，北京：大百科全书出版社，1996 年 11 月。

〔6〕　[东汉]班固撰：《汉书》卷九十三《佞幸传·邓通传》：文帝梦"觉而之渐台"。颜师古注："未央殿西南有苍池，池中有渐台"；又，[北魏]郦道元《水经注》卷十七《渭水》："飞渠引水入城，东为仓池，池在未央宫西，池中有渐台，汉兵起，王莽死于此台"；又《三辅黄图》："沧池，在长安城中，《旧图》曰：'未央宫有沧池，言池水苍色，故曰沧池。'"见何清谷校注：《三辅黄图校注》，西安：三秦出版社，2006 年。

台",将"渐台"的"山"与"沧池"的"水"结合在一起的"山水"池苑置于宫城之中,未央宫开启先河。

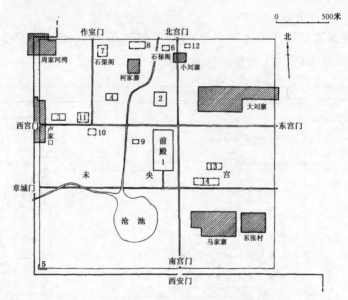

图 4-2-5　未央宫遗址平面图

1. 前殿建筑遗址　2. 椒房殿建筑遗址　3. 中央官署建筑遗址　4. 少府建筑遗址
5. 宫城西南角建筑遗址　6. 天禄阁建筑遗址　7. 石渠阁建筑遗址
8~14. 8~14 号建筑遗址

前殿遗址:为皇宫大朝正殿,约位于未央宫中部,是未央宫及汉长安城中地势最高处,现存基址高出附近地面 0.6~15 米,南北 400、东西 200 米[图 4-2-6(a)]。前殿基址上自南向北排列 3 座大型宫殿建筑遗址。未央宫前殿遗址发现战国晚期和秦代建筑遗址堆积,说明西汉之前有建筑存在,或是文献中的秦章台[1]。杨鸿勋先生进行了复原研究[图 4-2-6(b)]。

椒房殿遗址:位于前殿基址以北 330 米,首次揭示出汉代皇后宫殿建筑形制,由正殿、配殿和附属建筑组成。正殿基址东西 54.7、南北 29~32 米,殿堂周置回廊,四面回廊宽度不一(图 4-2-7),回廊外置卵石散水。正殿南面设东、西并列二阶[2]。

---

[1] [西汉]司马迁撰:《史记》卷七十一《樗里子列传》:"昭王七年,樗里子卒,葬于渭南章台之东。曰:'后百岁,是当有天子之宫夹我墓。'樗里子疾室在于昭王庙西渭南阴乡樗里,故俗谓之樗里子。至汉兴,长乐宫在其东,未央宫在其西,武库正直其墓。";又,[东汉]班固撰:《汉书》卷七十六《张敞传》:"然敞无威仪,时罢朝会,过走马章台街,使御吏驱,自以便面拊马。"孟康注:章台街"在长安中"。"章台街"因"章台"而得名;又,[东汉]班固撰:《汉书》卷二十七《五行志》:"章城门通路寝之路。"推测章城门得名于章台,未央宫前殿原为秦章台,故名与前殿连通的"通路寝之路"城门为"章城门";刘庆柱、李毓芳:《秦都咸阳"渭南"宫台庙苑考》,《秦汉论集》,西汉:陕西人民出版社,1992 年。
[2] 原简报(中国社会科学院考古研究所汉城工作队:《汉长安城未央宫第二号遗址发掘简报》,《考古》1992 年第 8 期)、报告(中国社会科学院考古研究所:《汉长安城未央宫(1980—1989 年考古发掘报告)》)称其为椒房殿正殿南面的二阙址,实际应为进出正殿的"阶"。

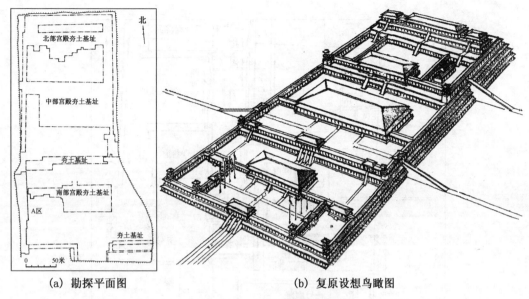

(a) 勘探平面图　　　　　　　　　(b) 复原设想鸟瞰图

图 4-2-6 未央宫前殿遗址

少府(或其所辖官署)建筑遗址[1]:位于未央宫前殿遗址西北 430 米。该建筑遗址主体建筑居中,两侧附属建筑,南、北各置庭院。主体建筑由南、北殿堂组成(图 4-2-8)。础石置于础墩之上,础墩夯筑,表面包砌石板。殿堂地面置木质地板,地板下构筑基槽,槽壁包砌石板。建筑群东北部的大面积水池,亦较为少见。

中央官署遗址[2]:位于前殿遗址西北 880 米。该遗址是一座封闭式的大型院落遗址,院落东西 133.8、南北 68.8 米。院落周筑围墙,围墙内外有壁柱。院落内约东西居中位置有一南北向排水渠,将院落分为东、西院,排水设施在建筑施工之前统一设计[3]。

未央宫:丞相萧何主持修建的正式皇宫。平面方形,不仅是建筑规划技术问题,西汉宗庙、社稷、辟雍及都城附近的帝陵封土(时称"方上")、地宫(时称"方中")、陵园等皇室重要建筑平面均方形,受"天圆地方"观深刻影响[4]。

《尚书·大传》:"九里之城,三里之宫。"汉长安城周长 25 700 米,未央宫周长 8 800 米,都城与宫城周长之比约 3:1,这是目前所知最早按此比例关系建造的都城与宫城。西汉以降,为汉魏洛阳城承袭。

未央宫宫城总体设计以宫殿建筑群为主,主体宫殿(大朝正殿——前殿)在宫城中位置居中、居前、居高,主要宫殿位居主体宫殿之后,辅助性宫殿安排在主体宫殿和主要宫殿两侧。未央宫以前殿为基点进行规划,汉长安城则又以未央宫为前提进行营筑。

〔1〕 刘庆柱、李毓芳、张连喜、杨灵山:《汉长安城未央宫第四号建筑遗址发掘简报》,《考古》1993 年第 11 期。

〔2〕 刘庆柱、李毓芳、张连喜、杨灵山:《汉长安城未央宫第三号建筑遗址发掘简报》,《考古》1989 年第 1 期。

〔3〕 李毓芳:《汉长安城未央宫骨签述略》,《人文杂志》1990 年第 2 期;李毓芳:《略论未央宫三号建筑与汉代骨签》,《文博》1993 年第 2 期。

〔4〕 周学鹰:《"四出羡道"与"天圆地方"说》,《同济大学学报》(社会科学版)2001 年第 3 期。

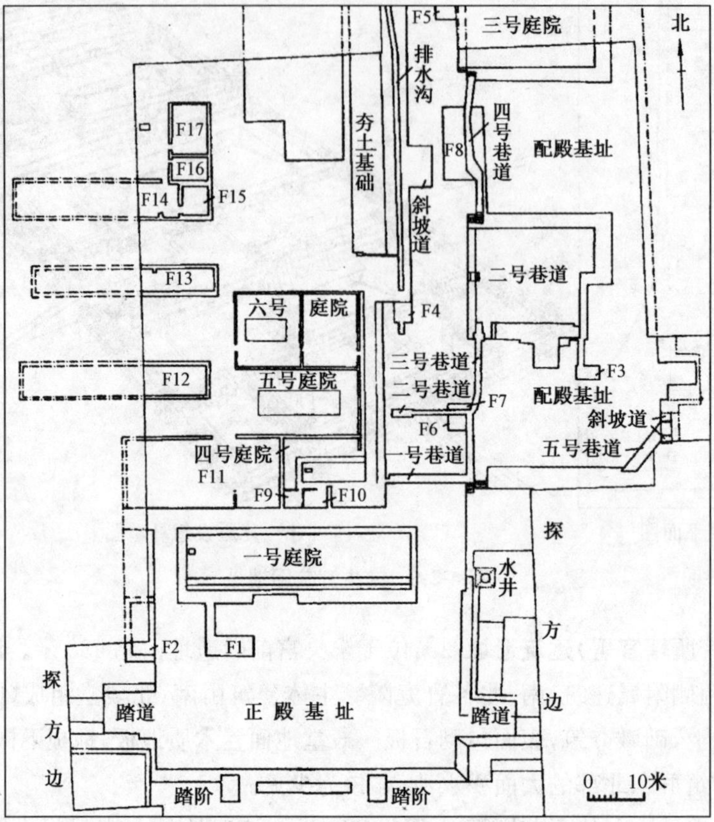

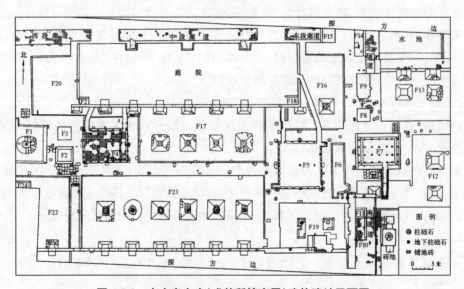

图 4-2-7　未央宫椒房殿遗址平面图

图 4-2-8　未央宫少府（或其所辖官署）建筑遗址平面图

　　桂宫遗址[1]：位于今西安市未央区六村堡镇，西为汉长安城西城墙，东临"横门大街"，与未央宫遗址南北相对，与文献一致，是汉武帝时修筑的后妃之宫[2]。平面长方形，面积 1.66 平方公里。后妃宫城中的正殿建筑群呈"前堂后室""前朝后寝"布局[3]。

　　北宫和明光宫[4]：文献载北宫位于未央宫北，与桂宫相邻。高祖刘邦时始建，武帝时增修[5]。北宫是供奉、祭祀神君的地方[6]，也是安排退居或废处后妃的宫城[7]。

　　建章宫[8]：西汉武帝与太初元年（BC104）在长安城西侧建"度比未央""千门万户"、规模宏大的建章宫。武帝把建章宫作皇宫使用，至昭帝元凤二年（BC79）"自建章宫徙未央宫"[9]。遗址为东西长、南北短的长方形，东西 2 130、南北 1 240 米。建章宫双"凤阙"阙址尚存，是我国地面现存最早的古代宫阙基址。宫城之内开凿太液池，并于池中筑台，建筑及布局与未央宫一致。太液池象征大海。又于池中筑台，象征大海中的蓬莱、方丈、瀛洲等神山[10]，或是汉武帝受东南文化影响所致[11]。后世唐长安城大明宫亦开太液池，池中置蓬莱岛；元大都在宫城西侧，皇城之内开太液池，池中筑瀛洲、琼华二岛，苏州拙政园有蓬莱岛等，受其影响深刻。神明台是建章宫内重要建筑，夯土基址现存高 10、东西 52、南北 50 米[12]。

　　武库遗址[13]：文献载武库建于西汉初[14]，位于汉长安城中南部的未央宫与长乐宫之间[15]，是目前唯一经过考古发掘的古代中央级"武库"遗址，出土兵器数量众多（图 4-2-9）。

---

〔1〕　刘庆柱、白云翔主编，中国社会科学院考古研究所编著：《中国考古学·秦汉卷》，北京：中国社会科学出版社，2010 年，第 198 - 202 页。

〔2〕　何清谷校注：《三辅黄图校注》。

〔3〕　江南：《中国古代的"立交桥"》，《资源与人居环境》2010 年第 23 期。

〔4〕　刘庆柱、白云翔主编，中国社会科学院考古研究所编著：《中国考古学·秦汉卷》，北京：中国社会科学出版社，2010 年，第 202 - 203 页。

〔5〕　何清谷校注：《三辅黄图校注》，西安：三秦出版计，2006 年。

〔6〕　［东汉］班固撰：《汉书》卷二十五《郊祀志》："又置寿宫、北宫，张羽旗，设共具，以礼神君。"

〔7〕　［清］王先谦：《汉书补注》："周寿昌曰，北宫废后所居。"清光绪二十六年刊行。

〔8〕　刘庆柱、白云翔主编，中国社会科学院考古研究所编著：《中国考古学·秦汉卷》，北京：中国社会科学出版社，2010 年，第 216 - 217 页。

〔9〕　［东汉］班固撰：《汉书》卷二十五《郊祀志》："于是作建章宫，度为前门万户，前殿度高未央。"；又，《汉书》卷 7《昭帝纪》：元凤"二年夏四月，上自建章宫徙未央宫"。

〔10〕　［东汉］班固撰：《汉书》卷二十五《郊祀志》：建章宫"其北治大地，渐台高二十余丈，名曰泰液，池中有蓬莱、方丈、瀛洲、壶梁，象海中神山龟鱼之属"。

〔11〕　吴郁芳：《建章宫与东南文化》，《文博》1992 年第 3 期。

〔12〕　刘庆柱、李毓芳：《汉长安城》，北京：文物出版社，2003 年，第 186 - 189 页。

〔13〕　刘庆柱、白云翔主编，中国社会科学院考古研究所编著：《中国考古学·秦汉卷》，北京：中国社会科学出版社，2010 年，第 203 - 205 页；中国社会科学院考古研究所：《汉长安城武库》，北京：文物出版社，2005 年。

〔14〕　［西汉］司马迁撰：《史记》卷八《高祖本纪》：高祖八年"萧丞相营作未央宫，立东阙、北阙、前殿、武库、太仓"。

〔15〕　［西汉］司马迁撰：《史记》卷七十一《樗里子列传》："昭王七年，樗里子卒，葬于渭南章台之东。曰：'后百岁，是当有天子之宫夹我墓。'樗里子疾室在于昭王庙西渭南阴乡樗里，故俗谓樗里子。至汉兴，长乐宫在其东，未央宫在其西，武库正直其墓。"

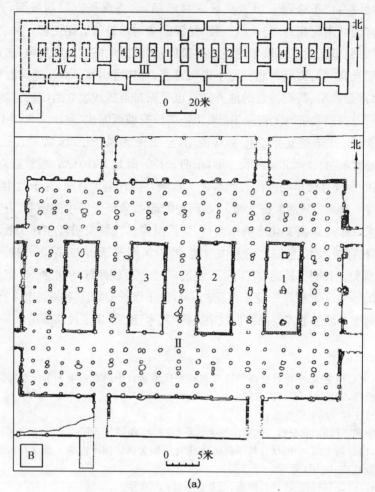

A.第七号建筑遗址平面图　Ⅰ～Ⅳ.房间　1~4.墙垛
B.Ⅱ号房间平面图　1~4.墙垛

图 4-2-9　汉长安城武库西院南部建筑遗址平面图

（2）洛阳[1]

东汉洛阳城布局的主要特点之一就是宫殿区相对集中，形成南宫、北宫对峙格局[2]。

南宫：五年（BC202）高祖置酒洛阳南宫（《史记·高祖纪》）。《汉书·高帝纪》："六年……上居南宫，从复道上见诸将往往耦语……"可知刘邦在五年二月至七年二月迁往长

〔1〕钱国祥：《北魏洛阳内城的空间格局复原研究——北魏洛阳城遗址复原研究之一》，《华夏考古》2019 年第 4 期；钱国祥：《北魏洛阳外部城的空间复原研究——北魏洛阳城遗址复原研究之二》，《华夏考古》2019 年第 6 期；钱国祥：《中国古代汉唐都城形制的演进——由曹魏太极殿谈唐长安城形制的渊源》，《中原文苑》2016 年第 4 期等。钱先生相关成果众多。

〔2〕刘庆柱、白云翔主编，中国社会科学院考古研究所编著：《中国考古学·秦汉卷》，北京：中国社会科学出版社，2010 年，第 234-235 页；刘叙杰：《中国古代建筑史·第一卷》，北京：中国建筑工业出版社，2003 年，第 413-414 页。

安之前,均居此。西汉末,南宫还相当完整。刘秀称帝后,于建武元年(AD25)十月"入洛阳,幸南宫却非殿,遂定都焉"(《后汉书·光武帝纪》)。

宫中主殿称前殿,建于光武帝建武十四年(38)春正月。中元二年(AD57)帝亦崩于此。另有嘉德殿、承福殿、宣德殿、乐成殿、却非殿、宣室殿、广德殿、千秋万岁殿、玉堂前、后殿、长秋殿、和欢殿、杨安殿、灵台殿等多座。其他还有藏图书、珍玩和列开勋臣三十二人图像的云台,校书之东观,官署及附属建筑丙署、冰室、朔平署、承禄署、黄门寺等。鸿都门位置当在洛阳南宫之中[1]。或认为东汉南宫位于洛阳城北,值得注意[2]。

北宫:《后汉书·明帝纪》:"永平三年(60)……起北宫及诸官府。……八年十月,北宫成"。依《汉典职仪》,联系南、北二宫间复道:"中央作大屋,复道三道行,天子从中道,从官夹左右,十步一卫。两宫相去七里"。

北宫亦应有四门阙。大朝为德阳殿,《洛阳宫阁传》:"南北七丈,东西三十四丈四尺"。建于明帝时,约在永平三年至八年(60—65)间。《东汉会要》卷六:"德阳殿周旋容万人。陛高二丈,皆文石作坛,激沼水于殿下,画屋朱梁,玉阶金柱,刻镂作宫掖之好,厕以青翡翠,一柱三带,韬以赤缇。天子正旦节会,朝百官于此。自偃师,去宫四十三里,望朱雀五阙,德阳其上,郁棒与天连"。德阳殿外,另有章德殿、寿安殿、温明殿、白虎观、增喜观等建筑。

永安宫:位于汉洛阳城内东北隅。《后汉书·百官志(三)》:"永安,北宫东北别小宫名,有园观",范围"周回九百六十八丈"。

东汉洛阳城南、北宫遗址,尚未全面勘探与发掘。曾有学者根据汉魏洛阳城道路网勘察资料和有关文献,对二宫位置和范围做出复原[3]。

据此,汉洛阳城南、北宫面积已达3.1平方公里,如加上永安宫、濯龙园等宫苑,则以南、北宫为主的宫殿区所占面积,超过全城三分之一。因此,宫殿区在东汉洛阳城所占比例虽较汉长安城降低,与历代都城相比仍较大。

3. 高台建筑[4]

我国商代初期已有高台建筑。秦汉大型、重要性建筑,一般均采用高台建筑。西汉边远地区的重要建筑如崇安汉城等亦用高台。古典文献中有关汉代高台建筑不少,目前汉代高台建筑遗址亦发现较多,可谓土木混合之建筑[5]。

西汉高台建筑,其柱子大多已不再埋于柱洞内,础石顶面已与室内地坪遗址平,说明此时立柱已不需要再挖柱洞,上部木构架稳定性得到增强。此外,西汉末期高台建筑的转角部位采用多根柱子,一般为二根,多至三、四根。这说明大型建筑转角部位的结构仍未

〔1〕　杨继刚:《汉鸿都门学地理位置与政治斗争考论》,《暨南学报》(哲学社会科学版)2014年第2期。

〔2〕　张鸣华:《东汉南宫考》,《中国史研究》2004年第2期。

〔3〕　王仲殊:《中国古代都城概说》,《考古》1982年第5期。

〔4〕　周学鹰:《汉代高台建筑技术研究》,《考古与文物》2006年第4期。

〔5〕　傅熹年:《考古所四十年成果展随笔》,《考古》1991年第1期。

能彻底解决。这种情况一直延续到北魏，如著名的洛阳永宁寺塔遗址[1]。

西汉的高台建筑比起战国秦咸阳一号宫殿建筑而言，其中土木构架结构技术已有较大的不同。前者是单层建筑在不同高度夯土台阶上的聚合，后者是不同高度的木构建筑组合在一起，围合、缠绕同一夯土台，木构分量已然增加。这种缠绕中心结构形成的多层、大体量木构架形式，其发展应与后世所谓"缠柱造"楼阁木构架体系的形成，有内在结构技术上的渊源关系。

发展到东汉的灵台，木结构所占的比例比起西汉时已有较大的提高。"灵台的做法在保证台顶面积不变的前提下，缩减了下层台的体量，亦即节约了费工费时的夯筑工程。这正显示了东汉时期楼阁代替传统台榭，而扬弃对夯土大台依赖的趋势"[2]。汉代楼阁木构架为主要承重技术的逐渐发展、成熟，对高台建筑技术有着相当大影响，它们相互借鉴、彼此促进。

此时，高台建筑外围柱头上使用纵架、其上再加横架[3]。随着夯土使用的逐渐较少，建筑内部壁柱柱头上也应有连续的纵架，内外柱之间的横架与纵架一起，形成了纵横向联系的框架，外槽空间逐步形成，也许这正是宋《营造法式》"槽"这一名称的由来。

二、离宫苑囿

秦汉是我国郡县制社会重要的发展阶段，所建苑囿沉雄博大、宏伟壮丽，为古今中外罕见。

巡狩游憩、祭祀、生产是当时苑囿的三大功能，汉代园林机构已成体系。汉代官僚富豪的私家苑囿既模仿皇家苑囿，又受文士影响，文人园林初见端倪，隐士和隐逸思想对园林已产生影响[4]。

（1）上林苑

上林苑是汉长安城的皇家苑囿，在秦上林苑旧址上营建，有大量的离宫别馆。《长安志》卷四引《关中记》："上林苑门十二，中有苑三十六，宫十二，观二十五。"范围西自周至县终南镇，东至蓝田县焦岱镇，北界渭河南，南到终南山北麓[5]。

近年来上林苑遗址中的昆明池遗址[6]、鼎湖延寿宫遗址、黄山宫遗址、长杨宫遗址、两座桥梁遗址等，进行了考古调查。

〔1〕　中国社会科学院考古研究所：《北魏洛阳永宁寺（1979—1994 年考古发掘报告）》，北京：中国大百科全书出版社，1996 年，第 17 页。钱国祥《北朝佛寺木塔的比较研究》，《中原文物》2017 年第 4 期。

〔2〕　杨鸿勋：《宫殿考古通论》，北京：紫禁城出版社，2001 年，第 334 页。

〔3〕　陈明达：《中国古代木结构建筑技术（战国——北宋）》，第 24 页。

〔4〕　基口淮：《秦汉园林概说》，《中国园林》1992 年第 2 期。

〔5〕　刘庆柱、白云翔主编，中国社会科学院考古研究所编著：《中国考古学·秦汉卷》，北京：中国社会科学出版社，2010 年，第 218－220 页。

〔6〕　中国社会科学院考古研究所汉长安城工作队：《西安市汉唐昆明池遗址的钻探与试掘简报》，《考古》2006 年第 10 期。

（2）甘泉宫和甘泉苑

《三辅黄图》："甘泉苑，武帝置。缘山谷行至云阳三百八十里，西入右扶风，凡周匝五百四十里。苑中其宫殿台阁百余所，有仙人、石阙、封峦、鹊观"。此外，苑中有长定宫、增成宫等[1]。

甘泉是西汉的北部军事要塞，也是皇帝日常活动的北部边界[2]。遗址内出土大量的砖、瓦、瓦当等建材。文字瓦当有"长生未央""长毋相忘""马甲天下"[3]"甘林""卫"、甘泉宫三字瓦当（图4-2-10）等[4]，砖瓦上有"北司""甘居""居甘"陶文[5]。

图4-2-10　汉"马甲天下""甘泉宫"瓦当

武帝时又在此宫外另建离宫别馆多所，形成一个广大的皇家苑囿，故又称甘泉苑。

此外，文献中西汉还有宜春下苑、思贤苑、乐游苑、中牟苑、安定呼池苑、黄山苑等。长安城内外有长门宫、钩弋宫、长信宫、步寿宫、仙人观、霸昌观、兰池观、安台观等。三辅畿内及他处的离宫或行宫还有武帝建的鼎胡宫、宜春宫、御宿宫、昆吾宫、集灵宫、思子宫、师得宫、棠梨宫等；沿用前代者有高泉宫、蕲年宫、棫阳宫等。东汉皇家苑囿数量及规模都不及西汉，除沿用若干西汉苑囿外，新建者不多，文献有西苑、鸿德苑、显阳苑、灵昆苑等[6]。

（3）诸侯王宫室

汉代诸宗室王侯封国都建有宫室，但制度少载，资料亦不多。

鲁恭王灵光殿[7]：《汉书·景十三王传》恭王"好治宫室、苑囿、狗马。……坏孔子宅以广其宫，……于其壁中得古文经传。"此宫就在鲁故都曲阜城中，主殿灵光殿虽经历西汉末战乱，东汉仍完好[8]。另据北魏郦道元《水经注》："（鲁城）孔庙东南五百步，有双石阙，

〔1〕 刘庆柱、白云翔主编，中国社会科学院考古研究所编著：《中国考古学·秦汉卷》，北京：中国社会科学出版社，2010年，第217－218页；刘叙杰：《中国古代建筑史·第一卷》，北京：中国建筑工业出版社，2003年，第417－418页。

〔2〕 李都都：《甘泉与西汉中期的国家祭祀》，《石河子大学学报》（哲学社会科学版）2011年第5期。

〔3〕 张强：《汉"甲天下"瓦当考辨及解读》，《中国典籍与文化》2003年第2期。

〔4〕 周晓陆：《西汉甘泉宫三字瓦当跋》，《考古与文物》2008年第1期。

〔5〕 姚生民：《汉甘泉宫遗址勘查记》，《考古与文物》1980年第2期。

〔6〕 刘叙杰：《中国古代建筑史·第一卷》，北京：中国建筑工业出版社，2003年，第418－420页。

〔7〕 吴晓峰、李惠娟、安永辉：《从〈鲁灵光殿赋〉看汉代宫殿的建筑特色》，《长春师范学院学报》2003年第2期；刘叙杰：《中国古代建筑史·第一卷》，北京：中国建筑工业出版社，2003年，第420－421页；刘庆柱、白云翔主编，中国社会科学院考古研究所编著：《中国考古学·秦汉卷》，北京：中国社会科学出版社2010年，第252－254页。

〔8〕 《后汉书·光武十王传》："初，鲁恭王好宫室，起灵光殿，其壮丽，是时犹存，……"[宋]范晔撰：《后汉书》卷四十二《光武十王列传第三十二》，北京：中华书局，1965年，第1424页。

即灵光之南阙。北百余步,即灵光殿基,东西二十四丈,南北十二丈,高丈余。东西廊庑别舍,中间方七百余步。阙之东北有浴池,方四十余步。池中有钓台,方十步,池台悉石也,遗基尚整。"目前,鲁灵光殿遗址有两种说法[1]。后汉王延寿《鲁灵光殿赋》、刘桢《鲁都赋》描述其状。

中山国王宫室[2]:《水经注》卷十一·滱水条:"水南卢奴县之故城……,城内西北隅,有水渊而不流,南北一百步,东西百余步,水色正黑,俗名曰:黑水池。或云黑水曰:卢,不流曰:奴,故城藉水以取名矣。池水东北际水,有汉王故宫处,台殿观树皆上国之制。简王尊贵,壮丽有加,始筑两宫,开四门,穿城北,累石窦,通洙唐水,流于城中,造鱼池钓台,戏马之观。岁久颓毁,遗基尚存"。可知此西汉中山国之宫室遗址,北魏时尚可分辨。

与交通路网的分布和经济发展水平相吻合,汉代河北郡国设置由西向东递减,城市南密北疏[3]。有关此地东汉诸侯王宫室记载不多。如汉光武帝子京封琅琊,"京都莒,好修宫室,穷极技巧,殿馆壁带皆以金银"[4]。

闽越王宫室[5]:福建崇安县汉城——西汉闽越王都东冶城宫室的高胡南坪甲组建筑群基址,位于城市中部,东西干道以北。建筑群总体形成一倒置的"品"字形平面,依南北向中轴作对称排列(图4-1-4)。有研究者认为,一号遗址应是宗庙,二号为附属于宗庙的地坛,是合为一体的闽越庙坛建筑遗址[6]。

三、宗教建筑

西汉末,佛教始传。此时社会动荡,以汉阙、坞堡、高台建筑等为基础的木楼阁逐渐流行。出土文物丰富,尤以河南、河北、陕西、山西等地为著[7]。

东汉末,群雄割据,争战再起。各地豪强纷纷造楼橹,作警戒、瞭望、游赏之所,坞壁、坞堡、坞等望楼类建筑迅速普及,又一次促进楼阁的发展[8]。世乱人散,佛教乘机发展。与此相应,佛教建筑大为流行。

〔1〕 杨朝明:《汉灵光殿遗迹考》,《曲阜市志》附录"考证文选",济南:齐鲁书社,1993年;傅崇兰、孟祥才、曲英杰、吴承照:《曲阜庙城与中国儒学》,北京:中国社会科学出版社,2002年。
〔2〕 刘叙杰:《中国古代建筑史·第一卷》,北京:中国建筑工业出版社,2003年,第421页。
〔3〕 王文涛:《两汉河北地区的交通及其对城市的影响》,《南都学坛》2011年第6期。
〔4〕 《后汉书·光武十王传》,[宋]范晔撰:《后汉书》卷42《光武十王列传第三十二》,第1451页。
〔5〕 福建省博物馆、厦门大学人类学系考古专业:《崇安汉城北岗一号建筑遗址》,《考古学报》1990年第3期;福建省博物馆、厦门大学人类学系考古专业:《崇安汉城北岗二号建筑遗址》,《文物》1992年第8期;杨琮:《崇安汉城北岗遗址性质和定名的研究》,《考古》1993年第12期;刘叙杰:《中国古代建筑史·第一卷》,北京:中国建筑工业出版社,2003年,第422-423页。
〔6〕 杨琮:《崇安汉城北岗遗址性质和定名的研究》,《考古》1993年第12期。
〔7〕 周学鹰:《中国汉代楚(彭城)国墓葬建筑及相关问题研究》,附录3-5统计表,博士学位论文,同济大学建筑与城市规划学院,2000年。
〔8〕 周学鹰:《从出土文物探讨汉代楼阁建筑技术》,《考古与文物》2008年第3期。

例如：丹阳人笮融造像立寺："大起浮图寺。上累金盘，下为重楼，又堂阁周回，可容三千许人"[1]。《三国志》："笮融者，丹阳人也……乃大起浮图祠，以铜为人，黄金涂身，衣以锦采。垂铜槃九重，下为重楼阁道，可容三千余人，悉课读佛经。"[2] 或认为此为楼阁式塔，"铜盘九重"为塔刹[3]。余嘉锡先生认为是以塔为寺庙中心，周围建廊庑的形制[4]。或认为中国式佛塔，是中国楼阁上冠以缩型的印度屠宰波[5]，有资料佐证（图4-2-11）。

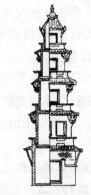

图 4-2-11　洛宁东汉墓出土的塔式陶楼

东汉以降，佛、道、儒三大文化开始交汇、融合。"晋南渡后，释氏始盛。"[6] 佛教吸收了道、儒家的养分，绽放出朵朵奇葩[7]。

四、都亭汉塞

1. 都亭

两汉都亭是指以治安管理为主的城市之亭。除街亭外，还有门亭和旗亭。都亭设置普遍，郡、国、县、道治所之城乃至大小城邑皆有。都亭负责治安管理，同时兼具行宿，非常时还有军事作用。都亭内部空间一般较大，亭设楼，楼中多室，是一种兼具行政与实用功能的建筑[8]。

在先秦与秦代基础上，汉代旅舍制度得到长足发展。汉代旅舍以官营为主，私营为辅。官营旅舍分邸、传舍、亭传等三类。

邸主要设于首都，接待来京的诸侯王、郡守及少数族与外国君长等。因服务对象不同，分国邸、郡邸与蛮夷邸。

传舍设于驿道，主要供各类官员，间或接待一些普通人。

亭传设于乡间，既接待官员，也接受外出的百姓。

〔1〕 ［南朝宋］范晔：《后汉书》卷七十三《陶谦传》，《二十五史》（百衲本），杭州：浙江古籍出版社，1998年，第882页。

〔2〕 ［晋］陈寿撰：《三国志》卷四十九《吴书·刘繇传》，《二十五史》（百衲本），杭州浙江古籍出版社，1988年，第1160页。

〔3〕 罗哲文、王世仁：《佛教寺院》，山西省古建筑保护研究所编：《中国古建筑学术讲座文集》，北京：中国展望出版社，1986年，第124页。

〔4〕 余嘉锡：《余嘉锡论学杂著（上）》，北京：中华书局，1977年，第126-127页。

〔5〕 吴庆州：《中国佛塔塔刹形制研究（下）》，《古建园林技术》1995年第1期。

〔6〕 ［清］钱大昕：《十驾斋养新录》卷六《沙门入艺术传始于东晋》，上海：上海书店，1983据商务印书馆1937年版本印发。

〔7〕 邓子美：《江南古代佛教文化散论》，高燮初主编：《吴文化资源研究与开发》，苏州：苏州大学出版社，1995年，第516页。

〔8〕 张玉莲：《汉代都亭考》，《中国文化研究》2007年第3期。

私营旅舍在东汉大规模发展,是一种纯商业性的服务机构,颇能满足时人的出行。私营旅舍大量出现,说明东汉人口流动加剧、工商业繁荣[1]。

2. 汉塞

河西汉塞是在战国至秦为防御匈奴构筑的长城等防御设施的基础上,发展完善而成的边境防御体系。文献记载众多,出土汉简也多有所载[2]。《汉书·匈奴传》:"起塞以来百有余年,非皆以土垣也。或因山岩石,木材僵落,谿谷水门,稍稍平之,卒徒筑治。"所有上述设施,总称汉塞。

汉塞是以堑壕构成,局部以山崖、河流等作自然屏障,与记载同。目前遗留的堑壕形制,可分两种。其一堑壕内铺细砂,名"天田"[3],以视人足迹,防止偷越。

河西汉塞或筑墙,就地取材,以红柳、芦苇为骨架,捆扎成束,围合框架,内填沙砾、碎石,上铺芦苇(或红柳);其上放苇束框架,再填沙砾,如此分层压成塞墙,高大雄伟(图4-2-12)。苇墙内的沙砾因盐分而凝固,极为坚硬,屹立至今,为我国古代工程史上的创举。

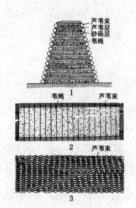

图4-2-12　塞墙结构示意

河西汉塞除堑壕、"天田"、土垒、塞墙、山川险阻等以外,还筑有一系列障、坞、燧、关等,形成完整的防御建筑组合[4]。

障,文献中称"城障""障塞""亭障"等。

坞,文献中称"坞""堡""壁",或"坞壁""坞候""堡壁""垒壁"等。居延地湾夯土汉堡,22.5米见方,基壁厚5、高8.4米[5]。有人认为汉代的坞壁是模仿城形制而来,是以木构作架子,四周以版筑城垣[6]。

燧,文献中称"亭""亭燧""烽燧""亭障""亭候""亭徼"等。亭燧形制,资料丰富(图4-2-13),

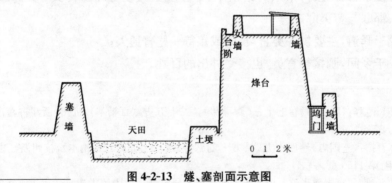

图4-2-13　燧、塞剖面示意图

〔1〕　张积:《汉代旅舍探析(上)》,《北京联合大学学报》(人文社会科学版)2007年第4期;张积:《汉代旅舍探析(下)》,《北京联合大学学报》(人文社会科学版)2008年第2期。

〔2〕　吴礽骧:《河西汉塞》,《文物》1990年第12期。

〔3〕　[东汉]班固撰:《汉书》卷四十九《晁错传》,苏林注曰:"作虎落塞下,以沙布其表,且视其迹,以知匈奴来入,一名天田",《二十五史》(百衲本),杭州:浙江古籍出版社,1998年,第452页。

〔4〕　吴礽骧:《河西汉塞》,《文物》1990年第12期。

〔5〕　陈公柔、徐苹芳:《关于居延汉简的发现与研究》,《考古》1960年第1期。

〔6〕　胡肇椿:《楼橹坞壁与东汉的阶级斗争》,《考古》1962年第4期。

为夯土版筑，或土坯砌筑。

汉代关隘形制，可见金关遗址。主体建筑为关门，是对峙如阙的长方形夯筑楼橹，各6.5＊5、最厚处 1.2 米，基部砌一层大土坯，中间门道宽 5 米。前口东侧有大门构件，地栿、垫木、门枢、门臼等，门道两侧有半嵌在墙内的方形、圆形排叉柱，下垫石块。门道上曾有桥或门楼等。左侧楼橹内有通橹顶的土坯台阶，右侧楼橹内有一隔墙。两楼橹外，向北用土坯筑有关墙，墙至阙柱后分别折向东西[1]。

此外，秦汉长城从遗留城墙的尺度和烽火台体形看，都远超前代。

五、陵　墓

1. 秦始皇陵

（1）范围

秦始皇陵坐落在陕西西安临潼区宴寨乡，我国第一个皇帝陵墓。包括陵园、陵墓、陵寝、陵邑、陪葬坑、陪葬墓、殉葬墓、修陵人墓及有关的防洪堤遗址、阻水域排水遗址、鱼池建筑遗址、石料加工场遗址等。

陵区南倚骊山，北临渭水，范围东西与南北各约 7.5 公里，占地约 56 平方公里，为古代帝陵之冠（图 4-2-14）[2]。

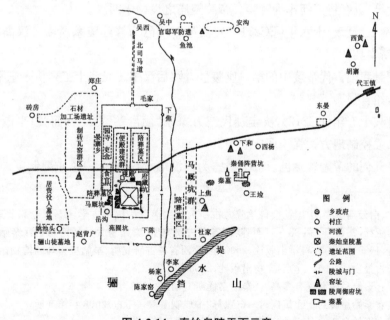

图 4-2-14　秦始皇陵平面示意

《史记·秦始皇本纪》："始皇初即位，穿治骊山。及并天下，天下徒送诣七十余万人。

〔1〕 甘肃居延考古队：《居延汉代遗址的发掘和新出土的简册文物》，《文物》1978 年第 1 期。

〔2〕 朱思红：《秦始皇陵园范围新探索》，《考古与文物》2006 年第 3 期。

穿三泉,下铜致椁,宫观、百官、奇器、珍怪徒芷满之。"

《三辅旧事》:"葬骊山,起陵高五十丈。下涸三泉,周回七百步。以明珠为日月,人鱼膏为脂烛,金银为凫雁,金蚕三十箔,四门施□,奢侈太过。"

《史记·贾山传》:"葬于骊山,吏徒数十万人,旷日十年,下澈三泉,合采金石,治铜锢其内,漆涂其外。被以珠玉,饰以翡翠,中成观游,上成山木。为葬薶之侈至于此。"不一而足。

(2) 陵园、陵邑与兵马俑坑

陵园[1]:包括帝陵封土、地宫、陵园内外城城垣与门阙、陵寝建筑和阻水与排水设施、陵园内的陪葬墓、陪葬坑等。

封土是秦始皇陵地面建筑的核心,"覆斗形",上有两级缓坡状台阶,形成三层阶梯状[2],为我国古代帝王陵墓最大者,故称"丽山"。帝王陵墓称"山"始于此。

秦始皇陵封土之下、地面之上,发现围绕墓扩的台阶式墙状夯土木构建筑——"中层观游"。已故著名考古学家段清波先生称其为九级豪华高台建筑[3]。

秦始皇陵园称"丽山园"[4],由内外城两重城组成。目前,学术界公认秦始皇陵陵园"坐西朝东"。

秦始皇陵的陵寝安排在陵墓封土之旁的陵园之中,是中国古代帝王陵寝制度的转折,对后代产生了重要而深远的影响。秦汉时代陵寝主要包括寝园(寝殿和便殿)、食官、陵庙及园寺吏舍等,也有将门阙作为陵寝。帝陵陵庙之设始于西汉。

陵邑:秦王(嬴政)十六年(BC231)"置丽邑",丽邑为修建陵墓所需。汉高祖七年,在秦丽邑设"新丰县"[5]。

"丽邑"是我国古代帝陵中的第一座陵邑,故《后汉书·光武十王列传·东平宪王苍》:"园邑之兴,始自强秦。"

秦始皇三十五年(BC212),决定徙民三万家于"丽邑"[6],一方面"以奉园陵"[7],一方面又可加强控制地方,"强干弱支"[8]。

秦始皇开创的帝陵置陵邑、徙民之法,为西汉继承,并成为一项重要制度。

---

〔1〕刘庆柱、白云翔主编,中国社会科学院考古研究所编著:《中国考古学·秦汉卷》,北京:中国社会科学出版社,2010 年,第 83－89 页;陕西省考古研究所、秦始皇兵马俑博物馆:《秦始皇帝陵园考古报告(1999)》,北京:科学出版社,2000 年;陕西省考古研究所、秦始皇兵马俑博物馆:《秦始皇帝陵园考古报告(2000)》,北京:文物出版社,2006 年。

〔2〕刘占成:《秦始皇陵究竟有多高》,《秦陵秦俑研究动态》1998 年第 4 期。

〔3〕段清波:《秦始皇陵封土建筑探讨——兼释"中成观游"》,《考古》2006 年第 5 期。

〔4〕赵康民:《秦始皇陵原名丽山》,《考古与文物》1980 年第 3 期。

〔5〕[东汉]班固撰:《汉书》卷二十八《地理志》:"新丰,骊山在南,故骊戎国。秦曰骊邑。高祖七年置。"

〔6〕[西汉]司马迁撰:《史记》卷六《秦始皇本纪》:秦始皇三十五年"徙三万家丽邑"。

〔7〕[东汉]班固撰:《汉书》卷九《元帝纪》:"徙郡国民以奉园陵。"

〔8〕[东汉]班固撰:《汉书》卷二十八《地理志》:徙民帝陵"盖亦以强干弱支,非独为奉山园也。";《汉书》卷 70《陈汤传》:徙民"以强京师,衰弱诸侯"。

地宫西侧发现 3 座陪葬坑，三号坑出土东西向排列，面朝西的两乘彩绘铜车马，相当于真车马的二分之一，结构、工艺复杂，施白地、彩绘，造型逼真，当属秦始皇车架卤簿之属车，又称"副车"或"贰车"（图 4-2-15）。

图 4-2-15　秦始皇陵一号铜车马

目前秦始皇陵陵区范围内发现陪葬坑 180 座，陵园内 76 座，陵园外 104 座[1]。

兵马俑坑[2]：共 3 座，另有 1 座"空坑"。

云梦出土的某些秦墓中，椁室内已置双扇版门，突出棺椁木建筑形象。例如：云梦县睡虎地十一号秦墓位于云梦县西北郊[3]、河南泌阳县官庄三号秦墓发现于泌阳县东北 1.5 公里之官庄北岗[4] 等。

2. 西汉帝陵

西汉诸帝陵陵制趋向完善，并对后世产生深远影响。《三辅黄图》《三秦记》《关中记》《水经注》《长安志》《关中胜迹图志》等有载，尤以《水经注》详尽。

西汉 11 座帝陵均位于都城长安附近，分两大陵区，即咸阳原陵区和长安东南陵区，以咸阳原陵区为主。每个皇帝及其皇后陵墓又形成独立的大陵园。

汉文帝霸陵及其后的帝陵大陵园之中，又包括有皇帝陵与皇后陵各自的陵墓封土及陵园。大陵园之中还有陪葬坑、寝殿与便殿组成的寝园、陵庙等，大陵园（之外）附近有帝

---

〔1〕 刘庆柱、白云翔主编，中国社会科学院考古研究所编著：《中国考古学·秦汉卷》，北京：中国社会科学出版社，2010 年。陕西省考古研究所、秦始皇兵马俑博物馆：《秦始皇帝陵园考古报告（1999）》。陕西省考古研究所、秦始皇兵马俑博物馆：《秦始皇帝陵园考古报告（2000）》。

〔2〕 刘庆柱、白云翔主编，中国社会科学院考古研究所编著：《中国考古学·秦汉卷》，北京：中国社会科学出版社，2010 年，第 99－103 页；陕西省考古研究所、始皇陵秦俑坑考古发掘队：《秦始皇陵兵马俑坑一号坑发掘报告》，北京：文物出版社，1988 年。

〔3〕 湖北孝感地区第二期亦工亦农文物考古训练班：《湖北云梦睡虎地十一座秦墓发掘简报》，《文物》1976 年第 9 期。

〔4〕 驻马店地区文管会、泌阳县文教局：《河南泌阳秦墓》，《文物》1980 年第 9 期。

陵陪葬墓、刑徒墓、陵邑等[1]。

（1）分布

渭北陵区位于咸阳原上，自西向东依次为汉武帝茂陵、汉昭帝平陵、汉成帝延陵、汉平帝康陵、汉元帝渭陵、汉哀帝义陵、汉惠帝安陵、汉高祖长陵和汉景帝阳陵；长安城东南灵渠有汉文帝霸陵和汉宣帝杜陵（图4-2-16）[2]。

西汉帝陵陵区规模巨大，特色显明：一陵墓规模较大；二大规模营建陵寝；三有大量陪葬墓；四陪葬坑众多；五建设陵邑。

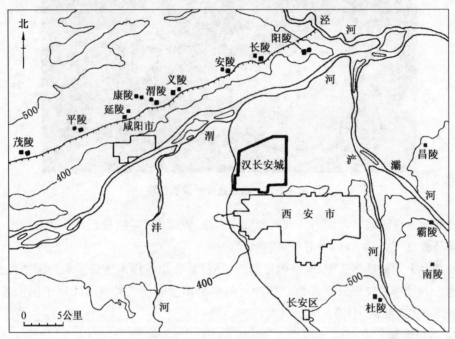

图4-2-16 西汉帝陵分布图

（2）封土与地宫

"事死如事生"[3]、"以大为贵"[4]的观念和盛行的高台建筑，给战国晚期王陵封土的规模和形制，带来深刻影响[5]。

［1］ 刘庆柱、白云翔主编，中国社会科学院考古研究所编著：《中国考古学·秦汉卷》，北京：中国社会科学出版社，2010年，第308-330页；刘叙杰：《中国古代建筑史·第一卷》，北京：中国建筑业出版社，2003年，第439-448页。

［2］ 刘庆柱、李毓芳：《西汉十一陵》，西安：陕西人民出版社，1987年。

［3］ 王文锦译解：《礼记译解》《祭义第二十四》，北京：中华书局，2006年，第701页。

［4］ 《礼记·礼器》："宫室之量，器皿之度，棺椁之厚，丘封之大，此以大为贵也。"陈戌国点校：《四书五经》，长沙：岳麓书社，2002年，第520页。

［5］ 《吕氏春秋·安死》："设阙庭，为宫室，遣宾阼也若都邑。"[战国]吕不韦：《吕氏春秋》，哈尔滨：北方文艺出版社，2014年，第112页。

西汉帝陵和皇后陵封土平面早期为长方形,文献曰"坊"[1],如汉高祖长陵帝陵封土底部东西约 159～160、南北约 126～129 米[2]。汉文帝后,封土一般均近方形,即"覆斗形",文献曰"堂"[3],如汉景帝阳陵帝陵封土边长 167.5～168.5 米[4]。与皇帝合葬的后陵封土形状与帝陵基本相同,但封土高度 25 米左右,多小于帝陵。西汉晚期,后陵封土进一步变小。

西汉帝陵与皇后陵墓地宫四条墓道、"亚"字形平面。西汉前期,四条墓道有明显主次之分,东墓道最大,应为主墓道。西汉中晚期,四条墓道形制、大小基本相同。

（3）陵园及门阙

陵园：西汉帝陵设陵园,筑墙为界。西汉初年延续战国传统,汉高祖长陵、汉惠帝安陵的帝后陵墓在同一陵园内。例如陵园平面方形,边长 780 米,陵园四角置角楼,吕后陵墓在高祖陵墓东南 280 米。从汉文帝霸陵开始,帝后陵墓各自筑成一座陵园。

目前,西汉诸帝陵陵园与皇后陵陵园的位置、形制已基本探明：帝陵与皇后陵陵园平面一般为方形,陵园每面中央各辟一门,如阳陵、茂陵、平陵、杜陵、渭陵、延陵、义陵和康陵帝陵陵园。

陵园门阙遗址：陵园四门称"门"[5]、"司马门"或"阙"[6],与各自的四条墓道相对。同一陵园中的四"司马门"形制、大小基本相同,东为正门。

西汉帝陵与皇后陵陵园"门阙"形制有二,一为"台门"、二为"阙门"[7]。两种门均中央置门道,门道两侧为左、右塾。"同茔不同穴"的帝陵与皇后陵陵园使用同一形制的"司马门"。

"台门"类型有汉高祖长陵、汉惠帝安陵、孝文窦皇后陵、汉宣帝杜陵、汉平帝康陵陵园[8],发掘有汉宣帝杜陵的帝陵陵园东门（图 4-2-17）和北门遗址,孝宣王皇后陵园东门遗址[9]。

"阙门"类型有汉景帝阳陵、汉武帝茂陵、汉昭帝平陵、汉元帝渭陵、汉成帝延陵和汉哀帝义陵的帝陵和皇后陵陵园司马门[10],发掘有汉景帝阳陵陵园南门遗址[11]。

〔1〕《礼记·檀弓》："昔者夫子言之日：吾见封之若堂者矣,见若坊者矣。"郑玄注："坊形旁杀,平上而长。"[汉]郑玄注：《四库家藏礼记正义 1》,济南山东画报出版社,2004 年,第 252 页。

〔2〕陕西省考古研究所：《西汉长陵、阳陵 GPS 测量简报》,《考古与文物》2006 年第 6 期。

〔3〕《礼记·檀弓》："昔者夫子言之日：吾见封之若堂者矣。"郑玄注："封筑土为垄堂形四方而高。"[汉]郑玄注：《四库家藏礼记正义 1》,第 252 页。

〔4〕陕西省考古研究所编著：《汉阳陵》,重庆：重庆出版集团,重庆出版社,2001 年。

〔5〕[东汉]班固撰：《汉书》卷九十九《王莽传》：王莽"遣使坏渭陵、延陵园门罘罳,日'勿使民复思也'。"《汉书（第 06 部）》,呼和浩特：远方出版社,2001 年,第 259 页。

〔6〕[东汉]班固撰：《汉书》卷二十七《五行志》：杜陵"园陵小于朝廷,阙在司马门中"。又,《汉书·五行志》：永始"四年……六月甲午,孝文霸陵园东阙南方灾。"《汉书（第 02 部）》,第 175 页。

〔7〕刘庆柱、李毓芳：《关于西汉帝陵形制诸问题探讨》,《考古与文物》1985 年第 5 期；《汉宣帝杜陵陵寝建筑制度研究》,《中国考古学论丛》,北京：科学出版社,1993 年。

〔8〕刘庆柱、李毓芳：《关于西汉帝陵形制诸问题探讨》,《考古与文物》1985 年第 5 期。

〔9〕中国社会科学院考古研究所：《汉杜陵陵园遗址》,北京：科学出版社,1993 年。

〔10〕刘庆柱、李毓芳：《关于西汉帝陵形制诸问题探讨》,《考古与文物》1985 年第 5 期。

〔11〕陕西省考古研究院：《汉阳陵帝陵陵园南门遗址发掘简报》,《考古与文物》2011 年第 5 期。

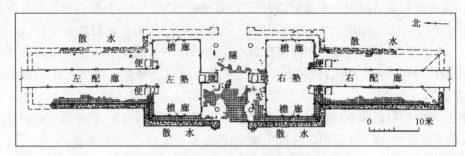

图 4-2-17　西安杜陵东门遗址平面图

阳陵帝陵陵园南门遗址,北距帝陵封土东边 120 米。门阙由内向外对称分布有塾、主阙台、副阙台,二塾之间为门道[1]。

(4) 礼制建筑

西汉帝陵和皇后陵的礼制建筑主要包括寝殿和便殿组成的寝园及陵庙,此外还有食官等建筑。一些帝陵附近,发现规模宏大的建筑遗址,或与帝陵、后陵礼制建筑有关。

寝园遗址:文献载西汉帝陵、后陵,诸侯王陵、后陵均置"寝园"[2]。寝园是以寝殿为主体,包括便殿一组建筑群,周围构筑夯土墙。西汉帝陵、后陵各有寝园。

汉宣帝帝陵与孝宣王皇后陵寝园,寝殿居西,便殿位东,寝殿平面呈长方形。便殿遗址位于宣帝陵陵园东南部(图 4-2-18)。寝殿自成一组建筑,形成一座大院落。

陵庙遗址:文献载西汉帝陵陵庙有汉高祖长陵"原庙"、汉景帝阳陵"德阳宫"(即景帝庙)、汉武帝茂陵"龙渊宫"(即武帝庙)、汉昭帝平陵"徘徊庙"、汉宣帝杜陵"乐游庙"、汉元帝渭陵"长寿庙"等[3]。如景帝陵东南约 300 米处"阳陵第二号建筑遗址",又称"罗经石"遗址,平面方形,边长 2.60 米,周筑围墙,围墙四面中央各辟一门(图 4-2-19)。当然,"罗经石"应为建筑中心柱础石,十字形沟槽便利木柱脚排水,以防腐烂。此遗址已被发掘。

西汉帝陵都有陪葬墓,数量多,规模大,且皇帝为陪葬者在帝陵陵区另辟茔地,墓上筑高大封土,冢旁或建礼制建筑,不同于先秦王陵的殉葬或陪葬者。其分布承袭先秦有关制度,《周礼》:"凡诸侯居左右以前,卿、大夫、士居后,各以其族。"

西汉帝陵及皇后陵一般均置陪葬坑。汉景帝阳陵发现、发掘陪葬坑数量最多[4]。

(5) 陵邑

西汉自高祖长陵至宣帝杜陵,均置陵邑。西汉关中先后有七座陵邑,其中咸阳原畔即

[1]　焦南峰:《西汉帝陵考古发掘研究的历史及收获》,《西部考古》第 1 辑,西安:三秦出版社,2006 年,第 289－303 页。

[2]　[东汉]班固撰:《汉书》卷七十三《韦贤传》:"昭灵后、武哀王、昭哀后、孝文大后、孝昭太后、卫思后、戾太子、戾后各有寝园,与诸帝合,凡三十所。"《汉书(第 05 部)》,第 76 页。

[3]　[东汉]班固撰:《汉书》卷四《文帝纪》,如淳注:"景帝庙号德阳,武帝庙号龙渊,昭帝庙号徘徊,宣帝庙号乐游,元帝庙号长寿,成帝庙号阳池。"《汉书》,北京:中华书局,2012 年,第 88 页。

[4]　陕西省考古研究所:《汉阳陵》;焦南峰:《汉阳陵从葬坑初探》,《文物》2006 年第 7 期;陕西省考古研究所汉陵考古队:《中国汉阳陵彩俑》,西安:陕西旅游出版社,1992 年。

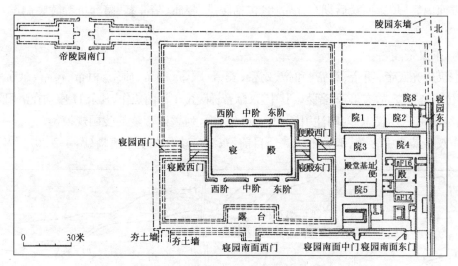

图 4-2-18　西安汉宣帝帝陵寝园遗址平面图

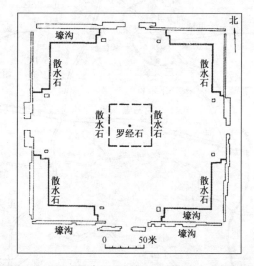

图 4-2-19　汉景帝"阳陵第二号建筑遗址"平面图

有五座[1]。分别是汉高祖长陵陵邑、汉惠帝安陵陵邑、汉景帝阳陵陵邑、汉武帝茂陵陵邑、汉昭帝平陵陵邑、汉宣帝杜陵陵邑。例如：

长陵陵邑：在长陵陵园北，陵园北墙是陵邑南墙的一部。其东西 2 200、南北 1 245 米，面积 2.739 平方公里[2]。

西汉帝后陵墓文化，包括陵墓形制、规模、礼制建筑、供奉祭祀、陪葬情况及陵邑设置

〔1〕 曾晓丽、郭风平、赵常兴：《西汉陵邑设置刍议》，《西北农林科技大学学报》（社会科学版）2005 年第 3 期。

〔2〕 石兴、马建熙、孙德润：《长陵建制及其有关问题——汉刘邦长陵勘察记》，《考古与文物》1984 年第 2 期。

等多方面内容[1]。西汉后期自元帝始,包括陵邑、陵庙、陪葬墓、陪葬坑等陵寝制度,发生很大变化[2]。

3. 东汉帝陵

东汉历光武帝、明帝、章帝、和帝、殇帝、安帝、顺帝、冲帝、质帝、桓帝、灵帝、献帝等 14 帝,两位少帝被废,故有 12 处帝陵。其中,汉献帝禅陵位于河南焦作,其余 11 座均在洛阳附近。

《续汉书·礼仪志》刘昭注引所用《古今注》中,列举诸帝陵的陵园规模等。

东汉帝陵史书多载,但并不统一。目前,东汉帝陵分布基本清晰(图 4-2-20)[3]。

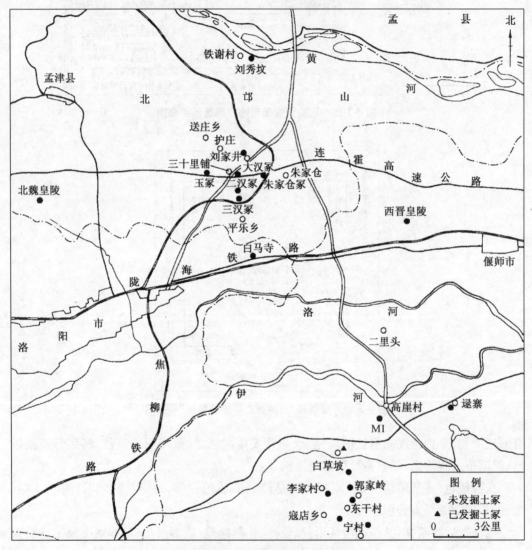

图 4-2-20　东汉帝陵分布平面图

〔1〕 梁安和:《论西汉帝后陵墓文化》,《咸阳师范学院学报》2001 年第 6 期。

〔2〕 董清丽:《浅析西汉后期陵寝制度变化及其原因》,《西安社会科学》2010 年第 4 期。

〔3〕 刘庆柱、白云翔主编,中国社会科学院考古研究所编著:《中国考古学·秦汉卷》,北京:中国社会科学出版社,2010 年,第 331 – 339 页。

或认为："从目前所发掘的东汉诸侯王墓看,东汉帝陵已经不使用'黄肠题凑'木结构墓,而是以'黄肠石'代替'黄肠木'"[1]。也有人认为,东汉帝陵的封土大小情况与文献记载相符,形状为圆形,并有多层台阶环绕。地宫方面,改四出墓道为单一南向斜坡墓道,为砖石结构的洞室墓(多室),突出南北"一"字状的家族聚葬形式;外藏系统衰落,基本不见陪葬坑,而被耳室、前室代替;帝、后同陵合葬;陵寝位于封土的东侧或南侧,逐渐改垣墙为行马;上陵制度逐步确立[2]。

与西汉帝陵相比较,东汉陵寝发生重大变化,不论是墓葬形制或是陵寝建筑,两者之间都有明显差异。他如对东汉陵寝制度的变制原因的探讨[3]、东汉帝陵及其神道石像的叙述[4]、对张禹碑及东汉帝陵[5]的研究等,对探究东汉帝陵均有较大帮助。

值得注意的是,东汉帝陵出土圆雕形石质"狮子",应为陵墓前的石像生;许昌、四川等地出土的汉代石雕天禄、辟邪等亦然(图 4-2-21)[6]。

(a)　河南省博物馆展出的东汉石辟邪　　　(b)　四川出土的东汉石马

图 4-2-21　出土的东汉石雕

4. 汉代王侯陵墓[7]

西汉诸侯王陵规模仅次于帝陵,数量较多,地域较广。目前,汉代帝陵虽无一发掘,但汉代诸侯王陵墓已发掘 60 多座,列侯墓葬更多。其中有些西汉早期诸侯王、诸侯墓葬中出土随葬品之多、之精,远超想象。如广州南越王陵,满城汉墓,徐州狮子山楚王陵,长沙

[1]　赵化成、高崇文等著:《秦汉考古》,北京:文物出版社,2002 年,第 61-62 页。
[2]　韩国河:《东汉帝陵有关问题的探讨》,《考古与文物》2007 年第 5 期。
[3]　韩国河:《洛阳东汉陵寝制度概述及变制原因探析》,《中国史研究》第 52 辑,(韩国)中国史研究会,2008 年。
[4]　宫大中:《东汉帝陵及其神道石像》,《洛都美术史迹》,武汉:湖北美术出版社,1991 年,第 133 页。
[5]　王竹林、赵振华:《张禹碑与东汉皇陵》,《古代文明研究通讯》第 23 期,2004 年。
[6]　张松利、张金凤:《许昌汉代大型石雕天禄、辟邪及其特点——兼论天禄、辟邪的命名与起源》,《中原文物》2007 年第 4 期。
[7]　周学鹰:《徐州汉墓建筑——中国汉代楚(彭城)国墓葬建筑考》,北京:中国建筑工业出版社,2001 年。

马王堆汉墓(图 4-2-22)、盱眙大云山汉墓、永城梁孝王陵(图 4-2-23)等,当时帝陵更远超过之。

(a) 朱地彩绘棺盖板

(b) 朱地彩绘棺头档　　　(c) 朱地彩绘棺足档

图 4-2-22　长沙马王堆一号汉墓彩绘漆棺

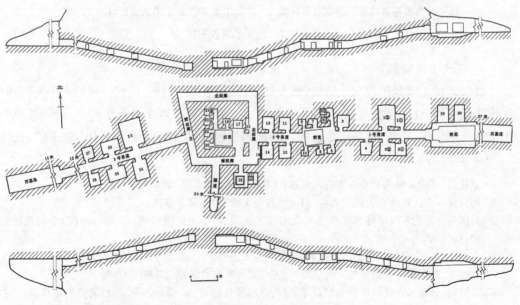

图 4-2-23　永城梁孝王陵平、剖面图

两汉诸侯王陵可分竖穴木棺椁、因山为陵（横穴崖洞墓，图 4-2-24）、砖室墓（图 4-2-25）、砖石墓[1]、石室墓[2]等五类。竖穴土、石坑墓，依据坑底墓室材质与构造方法的差异，又可分黄肠题凑墓、木椁墓和石室墓等。

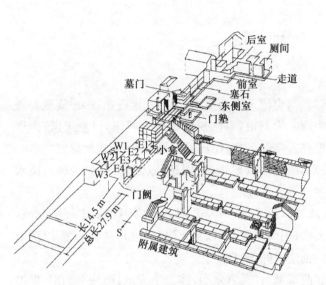

图 4-2-24　徐州北洞山楚王墓透视

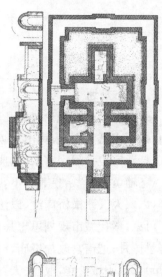

图 4-2-25　淮阳顷王刘崇墓平面及纵、横剖面图

汉代墓葬是我国古代葬制最具特色期，也是发展变化基本定型期。秦汉之前，多"竖穴""横穴"，土洞墓或岩墓等；至汉，出现"竖穴"岩墓向"横穴"岩墓过渡，进而流行"横穴"，"因其山，不起坟"[3]。

仅就江苏境内而言，西汉先后分封有异姓楚国、刘姓楚国，刘姓荆国、吴国、江都国和广陵国等。其中，汉初刘姓吴国、楚国与齐国如《汉书·诸侯王表》所载，同为"夸州兼郡，连城数十"的三大封国，有着举足轻重的地位[4]。近年，江苏盱眙大云山汉墓是汉代诸侯王墓的一次重大发现[5]。

在某些封国藩王的崖墓中，如江苏铜山县龟山西汉楚王刘注墓室内遗留大量陶瓦，墓中曾有木构覆瓦的"明器式"建筑[6]。

〔1〕 周口地区文物工作队，淮阳县博物馆：《河南淮阳北关一号汉墓发掘简报》，《文物》1991 年第 4 期。
〔2〕 济宁市博物馆：《山东济宁发现一座东汉墓》，《考古》1994 年第 2 期。
〔3〕 周学鹰：《"因山为陵"葬制探源》，《中原文物》年 2005 第 1 期。
〔4〕 李银德：《江苏西汉诸侯王陵墓考古的新进展》，《东南文化》2013 年第 1 期。
〔5〕 刘庆柱：《关于江苏盱眙大云山汉墓考古研究的几个问题》，《东南文化》2013 年第 1 期；李则斌、陈刚、盛之翰：《江苏盱眙县大云山汉墓》，《考古》2012 年第 7 期等。
〔6〕 周学鹰：《"建筑式"明器与"明器式"建筑》，《建筑史（第 18 辑）》，北京：机械工业出版社，2003 年，第 45 - 58 页。

第三节　理论与技术

一、理　论

1. 城市规划

秦代祚薄，建筑理论典籍几乎阙如。《史记·秦始皇本纪》：“三十五年，……周驰为阁道，自殿下直抵南山，表南山之顶以为阙。为复道，自阿房渡渭属之咸阳，以象天极；阁道绝汉，抵营室也。阿房宫未成，成欲更择。今名名之，作宫阿房，故天下谓之阿房宫”。

《三辅黄图》：“始皇兼天下，都咸阳，因北陵营殿，端门四达，以制紫宫，象帝居。渭水贯都，以象天汉。横桥南渡，以法牵牛。”

可见，秦代城市规划思想是象天法地。始皇统一中国，将六国宫殿仿造于咸阳北原，若群星捧月；把信宫改为极庙，以象天极；引渭水贯都，以象天汉（银河）；横桥南渡，以法牵牛（星）。咸阳城扩建，取“法天”思想，创造人间天宫[1]。

汉承秦制，城市规划亦然。班固《西都赋》：“其宫室也，体象乎天地，经纬乎阴阳；据坤灵之正位，仿太紫之圆方。”勉力建造天上人居。“因天材、就地利”“非壮丽无以重威”是汉长安城规划营建思想[2]。

2. 建筑单体

《史记·高祖本纪》：“八年……萧丞相营作未央宫。立东阙、北阙、前殿、武库、太仓。高祖还，见宫阙壮甚，怒谓萧何曰：天下匈匈，苦战数岁，成败未可知，是何治宫室过度也？萧何曰：天下方未定，故可因遂就宫室。且夫，天子以四海为家，非壮丽无以重威，且无令后世有以加也。高祖乃说”。“非壮丽无以重威”，把宫殿建筑的指导思想与实质坦露得淋漓尽致，可称之为我国古代宫殿建筑论（图4-2-5）。或认为此风“影响至今，近两千年一而贯之”，讽喻当今[3]。

建筑艺术是物质与精神的高度融合，隐伏着深刻的社会与传统，对其产生决定性影响。专制社会中，“皇权至上”“等级制度”无疑是左右建筑的重要杠杆，但原始崇拜、神仙之说、以西为尊等思想或习俗，也起着一定作用。例如，对山川、天地、日月、星辰等自古以来的自然神祇，汉代均设祠延巫以祀。迎仙，则起竹宫；求不死药，则立通天台、承露盘以贮甘露。又仿建“三神山”于太液池，形成皇家苑囿“一池三山”的重要特色等。

若干社会传统及思想意识在汉代建筑中得到充分的反映。具体到技术而言，《考工

〔1〕　张骅：《大秦一统秦郑国渠》，西安：三秦出版社，2003年，第26页。

〔2〕　权东计：《论汉长安城规划营建思想》，《西北工业大学学报》（社会科学版）2004年第4期。

〔3〕　杨永生：《萧何的建筑理念》，《建筑创作》2004年第10期。

记》中的标准化思想,对秦汉手工业标准化产生巨大影响〔1〕。

二、技　术

1. 秦

秦代不断运用和综合各地的建筑经验,并进行大规模与快速的土木工程建设〔2〕。

（1）夯筑

夯土工程在秦代建筑中地位仍然重要,如长城、墙垣、建筑台基、陵墓封土、道路、堤坝等,大多由夯筑而成,特点是夯筑层较薄、质地坚密、层次清晰,重要建筑更是如此。如秦始皇陵外缘夯层厚6～7厘米,而内垣夯层厚5厘米,秦王朝晚期对夯土技术与质量要求更高。

（2）木构架

目前,无完整的秦代木构存留,只能依据考古资料,对其木架构进行初步探讨。秦咸阳一号与二号宫殿遗址、骊山秦始皇陵北二、三、四号建筑遗址及兵马俑坑、铜车马坑等,提供了重要信息。当时多层建筑的木架构,尚未解决。秦代在建设多层建筑时仍将木构依附于夯土台基,如咸阳一号宫殿,虽仅高两层,但其布局与结构没有突破〔3〕。

单体木构建筑,如咸阳宫第二号建筑遗址的F4,其室内最大跨度已近20米,地面未发现设置内柱痕迹〔4〕。根据室内南、北壁均采用两两相对的壁柱来看,或可能采用叉手式梁架。一般建筑与陵墓中的随葬坑,跨度多在3～5米之间,可使用简单屋架或简支梁,如秦始皇陵一号兵马俑坑的过洞顶部结构即采用简支梁方式。

目前所知,秦代建筑木柱断面有矩形、方形、八角形及圆形几种。依其位置,有都柱、立柱、倚柱、暗柱等。暗柱下一般不施础石,其他柱或施或不施。础石多为天然砾石。柱脚及础石均埋置地面之下,与晚商殷墟宫室做法类似。

柱网一般已较规则。柱间距依建筑大小而有所变化,一般2.5～3米,个别大于4米或小至0.9米。建筑转角处常置相邻二柱,表明角部结构与构造问题尚未很好解决。此外,咸阳宫第二号建筑遗址F4的六壁柱皆采用双柱并联形式,该建筑东北及西侧回廊内亦有局部采用此式,源自商代初期的高台建筑。

因资料所限,目前对秦代建筑柱上的梁架布置与构造、斗栱及其他构件形制等,尚待深入。

〔1〕　邓学忠、姚明万、邓红潮:《〈考工记〉中的制车手工业标准化及对秦代的影响》,《南阳师范学院学报》2012年第4期。

〔2〕　刘叙杰:《中国古代建筑史·第一卷》,北京:中国建筑工业出版社,2003年,第368－374页。

〔3〕　刘庆柱、陈国英:《秦都咸阳第一号宫殿建筑遗址简报》,《文物》1976年第11期。

〔4〕　咸阳考古队:《秦都咸阳第二号宫殿建筑遗址简报》,《考古与文物》1986年第4期。

2. 汉[1]

汉代地面木构建筑无存。偶有小型木构建筑遗址出土，难以代表其时的木构建筑技艺[2]。故有关汉代建筑形象、技术、装饰手法等唯籍以考古资料。而建筑遗址、祠堂、汉阙、汉墓建筑本身及其出土的汉画像砖石、建筑明器等，对研究汉代建筑具有重要意义。

一般遗留的汉代祠堂本身（包括埋置在封土内的小祠堂，图 4-3-1），是模仿汉代地面木构而来，部分具地面建筑特征。但因石材加工不易、细部简略等原因，其反映的木构细部较少。所以，汉代祠堂在模拟当时现实建筑有局限，汉画像砖石可弥补某些不足[3]。

汉代屋面有单坡、两坡悬山、硬山，攒尖、囤顶、庑殿及悬山加披（或认为此为类似歇山顶的雏形）数种（图 4-3-2～4-3-4）。其中，庑殿构造较复杂，但正脊较短促，尚未使用"推山"，垂脊为 45°直线。广泛使用排山勾滴。此时，屋顶等级制尚未成熟，庑殿顶较低。

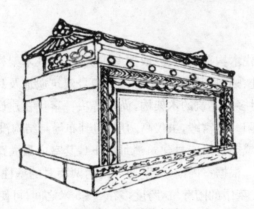

图 4-3-1　宋山小祠堂

汉代建筑技术特征有几方面内容：大木作、小木作、其他。

（1）大木作

汉代大木实物罕有。从墓葬、画像砖石、壁画和建筑遗址发掘资料知，汉代大木结构基本可分抬梁式、穿斗式、叉手式三种，另有井干、干栏造型等（图 4-3-5）。

从建筑遗址可知，此时普遍使用木构架，柱网很整齐。面阔与开间，有单数、偶数两种，以偶数开间为多，如宫殿、祭祀建筑等。此外，部分建筑明间宽度增加，这不仅出于对建筑材料性能认识的提高和对内部空间使用的考虑，还反映当时礼制制度的变化与要求。汉代大木结构较周、秦更为进步，但仍保存若干早期做法。

〔1〕　刘叙杰：《中国古代建筑·第一卷》，北京：中国建筑工业出版社，2003 年，第 327－532 页；周学鹰：《解读画像砖石中的汉代文化》，北京：中华书局，2005 年，第 244－549 页。
〔2〕　周学鹰：《从秦汉骊山汤遗址看汉代单层建筑结构技术》，《中原文物》2006 年第 4 期。
〔3〕　陈明达：《汉代的石阙》，《文物》1961 年第 12 期。

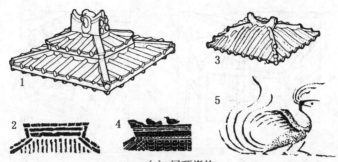

(a) 屋顶脊饰

1. 高颐阙屋脊　　4. 武梁祠石刻屋顶
2. 两城山石刻屋脊　5. 四川成都画像砖阙屋脊上凤
3. 明器屋脊

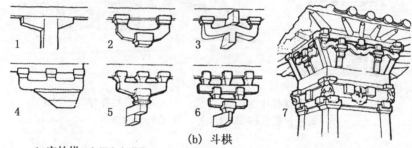

(b) 斗栱

1. 实拍栱　广州出土明器
2. 一斗二升斗栱　四川渠县冯焕阙　　5. 一斗三升斗栱　河南三门峡汉明器
3. 一斗二升斗栱　四川渠县沈府君阙　6. 斗栱重叠出跳　河北望都汉明器
4. 一斗三升斗栱　山东平邑汉阙　　　7. 曲栱及其转角做法　四川渠县无铭阙

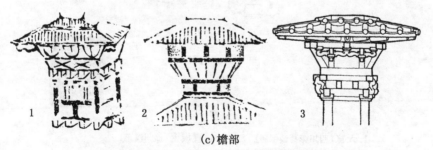

(c) 檐部

1. 挑出斜面下段窗上段斗栱　四川成都画像砖住宅
2. 挑出斜面下段支条　　　　四川成都画像砖阙
3. 挑出斜面及斗栱　　　　　四川渠县沈府君阙

图 4-3-2　汉代建筑细部(一)

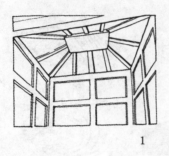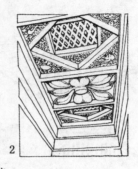

1　　　　　2

(a) 天花

1.覆斗形天花　　2.斗四天花

(b) 栏杆

1.卧棂栏杆(汉明器)　　　3.斗子蜀柱栏杆(两城山石刻)
2.卧棂栏杆(两城山石刻)　　4.栏杆(汉明器)

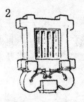

(c) 窗

1.天窗(四川彭县画像砖)　　4.直棂窗(徐州汉墓)
2.直棂窗(四川内江崖墓)　　5.锁纹窗(徐州汉墓)
3.窗(汉明器)

图 4-3-3　汉代建筑细部(二)

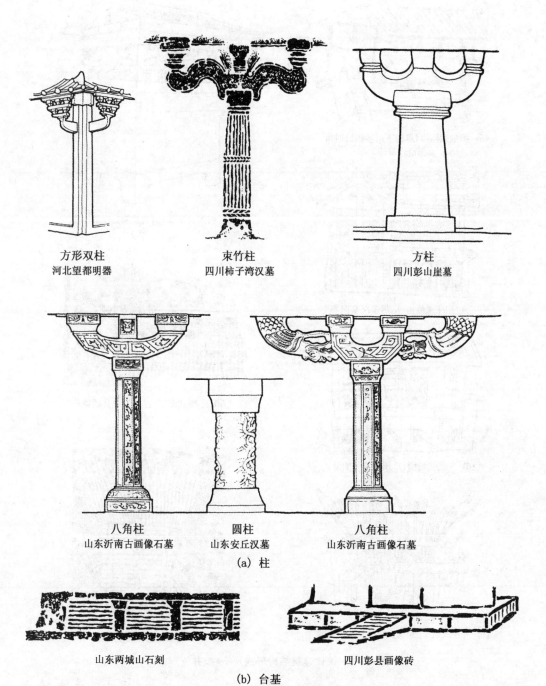

方形双柱	束竹柱	方柱
河北望都明器	四川柿子湾汉墓	四川彭山崖墓

八角柱	圆柱	八角柱
山东沂南古画像石墓	山东安丘汉墓	山东沂南古画像石墓

(a) 柱

山东两城山石刻	四川彭县画像砖

(b) 台基

图 4-3-4 汉代建筑细部(三)

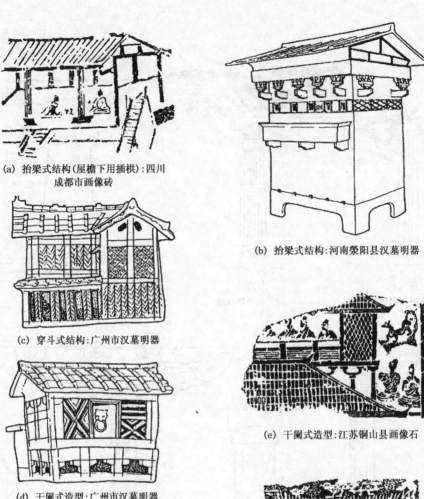

(a) 抬梁式结构（屋檐下用插栱）：四川
成都市画像砖

(b) 抬梁式结构：河南荥阳县汉墓明器

(c) 穿斗式结构：广州市汉墓明器

(d) 干阑式造型：广州市汉墓明器

(e) 干阑式造型：江苏铜山县画像石

(f) 井干式造型：云南晋宁县石寨山铜器

(g) 井干式造型：云南晋宁县
石寨山贮具器上花纹

图 4-3-5　汉代建筑结构形式及干栏、井干形象

　　由于升仙、享乐思想存在，更因征战、防御所需，两汉楼阁蔚然兴起，楼阁技术发展。汉代斗栱形式不一、造型丰富（图 4-3-6～4-3-8），故斗栱与承重构架体系之关系复杂。后世所谓之叉柱造、通柱（即梁柱，缠柱造为其一种，包括接柱）汉代均有[1]。

---

〔1〕 周学鹰：《解读画像砖石中的汉代文化》，北京：中华书局，2005 年，第 437 页。

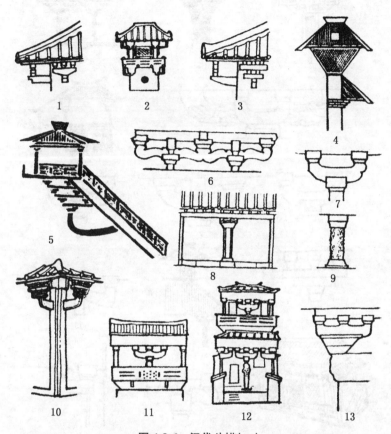

图 4-3-6 汉代斗栱(一)

1. 汉陶楼明器角部出檐(单层栱)　　2. 河北望都出土陶楼
3. 汉代陶楼明器角部出檐(多层栱)　　4. 山东肥城汉墓画像石
5. 两城山画像石　　　　　　　　　　6. 四川渠县沈府君阙
7. 四川渠县冯焕阙　　　　　　　　　8. 山东肥城孝堂山郭氏祠
9. 山东安丘汉墓　　　　　　　　　　10. 河北望都出土陶楼
11. 四川重庆江北相国寺汉墓陶楼　　　12. 四川木马山出土陶楼明器
13. 山东平邑汉阙斗栱

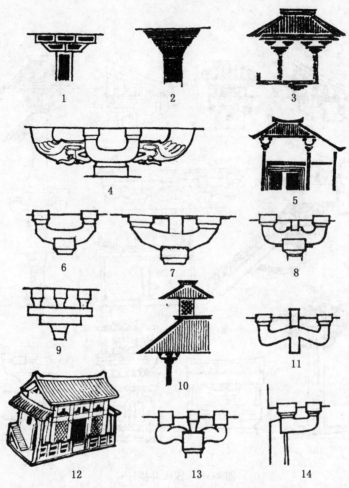

图 4-3-7　汉代斗栱(二)

1. 山东历城孝堂山画像石　　　　2. 山东嘉祥武梁祠画像石
3. 山东日照两城山画像石　　　　4. 山东沂南汉墓斗栱
5. 江苏徐州汉画像石　　　　　　6. 四川渠县冯焕阙斗栱
7. 山东沂南汉墓斗栱　　　　　　8. 四川雅安高颐阙斗栱
9. 河南荥阳汉陶仓明器　　　　　10. 河南唐河汉画像石
11. 四川渠县沈府君阙　　　　　　12. 广州东郊龙生岗出土陶屋明器
13. 四川德阳黄许镇汉墓　　　　　14. 四川牧马山陶楼明器

图 4-3-8 汉代斗栱(三)

1. 河南灵宝东汉三号墓出土陶楼(中国历史博物馆藏)
2. 四川渠县沈府君阙斗栱　　　3. 四川成都出土画像砖
4. 河南陕县三门峡出土陶楼　　　5. 河南灵宝东汉二号墓出土陶楼
6. 河南灵宝东汉三号墓出土陶楼　　　7. 河南焦作西郊出土陶楼
8. 山东两城山汉墓画像石　　　9. 四川出土汉画像砖
10. 四川出土汉画像砖　　　11. 广州先烈路出土东汉陶屋
12. 广州西郊皇帝岗出土陶楼明器

　　大木构件,采用雕刻装饰。如楼兰城与"三间房"对应的河道的北侧,有一已经倒塌的木头修筑的宏大建筑遗址,木构件都雕刻美丽的花纹,可能是当年楼兰城统治者的"宫殿"[1]。

　　汉画像砖石、建筑明器、祠堂等资料中反映的汉代建筑大木作技术特征,可概括为四方面:斗栱、柱、梁枋、腰檐及平坐。

　　斗栱:汉代最多彩。但汉代斗栱尚未定型,风格不同,手法多变,在同一建筑中,常使用不同型式[2]。汉代墓葬中有砖雕斗栱,或用于门楣"檐墙"正中、或出现于墓室转角。

---

〔1〕 陈汝国:《楼兰古城历史地理若干问题探讨》,《新疆大学学报》(哲学社会科学版)1984年第3期。
〔2〕 刘叙杰:《汉代斗栱的类型与演变初探》,文物编辑委员会编:《文物资料丛刊(2)》,北京:文物出版社,1978年,第223页。

　　从采用对象看，与后世较高等级建筑，如殿堂、厅堂等高级官式（所谓大式）才可使用斗栱不同的是，汉代的作坊、仓楼，甚至桥梁、猪圈、厕所上都使用斗栱[1]。这至少说明，汉代斗栱等级制尚未完全确立，相应就缺少后世的文化内涵。

　　汉代斗的平面多方形或矩形，也有圆形。斗耳与斗欹高度一般已较为接近（也有例外）。斗欹有直线、曲线或其他形式（如二折线）等。汉代木栌斗实物目前也已发现数例，如甘肃居延汉代鄣遗址南侧墙下发现有烧毁坠落的木柱、斗，分方形和圆形（图 4-3-9）[2]、高邮神居山二号汉墓出土的木斗（图 4-3-10）、江西一建筑基址出土汉代木栌斗（图 4-3-11）等。散斗在一斗二升、一斗三升的汉画像砖石中很常见，而河南唐河东汉画像石墓显示，齐心斗（或交互斗）较两侧的散斗宽，或是为增加所承受的轴压力。

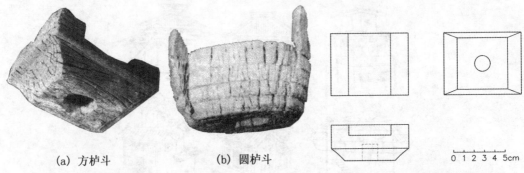

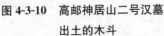

(a) 方栌斗　　　　　(b) 圆栌斗

图 4-3-9　楼兰古城出土的栌斗

图 4-3-10　高邮神居山二号汉墓
　　　　　　出土的木斗

图 4-3-11　江西一建筑基址出土汉代木栌斗　　　　图 4-3-12　胡 M1 后室中心柱斗栱

　　汉代崖墓、墓葬建筑中常见立体的斗栱、梁枋形象，利于测绘、比较，对研究汉代大木技艺意义重大（图 4-3-12）。汉代斗栱形制多样，以一斗二升为多，一斗三升作为我国斗栱

〔1〕　徐州博物馆：《江苏徐州九里山汉墓发掘简报》，《考古》1994 年第 12 期。
〔2〕　新疆楼兰考古队：《楼兰古城址调查与试掘简报》，《文物》1988 年第 7 期。

的典型单元样式[1]在汉代柱头铺作中使用较多。因位置和作用不同,汉代斗栱在柱头、转角、补间铺作具体布置上,各有特点[2]。

柱(础):文献记载较多,或"雕楹玉础"、或"雕石以居楹"、或"铜柱承露仙人之属"[3]等,柱(础)已有相当装饰。汉画像砖石墓葬建筑中的柱与础石上都有浮雕画像、塑立兽、高浮雕人像、奇禽瑞兽、带龟座的蟠龙柱等。汉画像石墓中出现裸体人像的石雕,多为石柱或龛柱。束竹柱见于四川汉墓中(图4-3-4),已有一定的卷杀,或认为此为后世瓜楞柱的渊源所在[4]。此外,汉壁画墓葬中还有将建筑楹柱绘以朱红色的情况,与文献吻合,且风流后世。如和林格尔汉壁画墓从墓壁到墓顶,描绘朱红色的柱、桁、斗栱,表现墓室内壁的装饰[5]。

汉画像砖石中尚没有表现出柱子裹以锦绣的画像(迟至宋代画像石椁中,还有这样的画面[6]),但相关汉代文献较多[7]。

汉代墓葬中的柱子,有四角、八角、十六棱柱、圆形等。西安西郊发现的汉代居住建筑遗址石柱础有正方形、长方形及圆形[8],或圆与长方组合形[9]。洛阳汉魏故城凌阴遗址,柱洞形状较多,如圆形、椭圆形、半圆形、方形圆角、方形、长方形、八角形等数种[10],可证其时木柱种类丰富。

江苏邳县白山故子东汉画像石一号墓后室条形石柱,上端雕出方形栌斗,每边宽21厘米,下端雕出方形柱础,每边亦21厘米,柱身刻出八道瓜棱纹[11],颇类西方石柱,前室倚柱与之略同。

梁(枋):在现存地面汉阙实物中出现较多的仿木构特征,表现出梁枋。陈明达先生对此进行过较深入研究[12]。汉画像石墓葬中有时把墓室过梁雕刻成龙首,有学者研究认为这是汉代人用来象征吉祥[13]。四川出土的一幅画像砖,可了解此时的梁似乎架于柱上

[1]　刘叙杰:《汉代斗栱的类型与演变初探》,《文物资料丛刊(2)》,第225页。

[2]　周学鹰:《汉代建筑大木作技术特征(之一)——斗栱》,《华中建筑》2006年第9期;周学鹰:《汉代建筑大木作技术特征(之二)——斗栱之分类:柱头铺作、补间铺作、转角铺作》,《华中建筑》2006年第7期;周学鹰:《汉代建筑大木作技术特征(之三)——柱(础)、梁枋、平坐腰檐》,《华中建筑》2006年第10期。

[3]　[西汉]司马迁撰:《史记》卷十二《孝武本纪》,《二十五史》(百衲本),杭州:浙江古籍出版社,1998年,第48页。

[4]　杨新平:《保国寺大殿建筑形制分析与探讨》,《古建园林技术》1987年第2期。

[5]　内蒙古文物工作队等:《和林格尔汉墓》,北京:文物出版社,1978年。

[6]　我们在2001年8月31日考察山西省永乐宫时,在吕祖庙展出的宋代画像石椁中发现。

[7]　王明贤等:《中国建筑美学文存》,天津:天津科学技术出版社,1997年,第6页。

[8]　唐金裕:《西安西郊发现汉代居住遗址》,《文物》1956年第11期。

[9]　王世仁:《西安市西郊工地的汉代建筑遗址》,《文物》1957年第3期。

[10]　冯承泽、杨鸿勋:《洛阳汉魏故城圆形建筑遗址初探》,《考古》1990年第3期。

[11]　南京博物院、邳县文化馆:《江苏邳县白山故子两座东汉画像石墓》,《文物》1986年第5期。

[12]　陈明达:《汉代的石阙》,《文物》1961年第12期。

[13]　南阳市文物研究所:《南阳中建七局机械厂汉画像石墓》,《中原文物》1997年第4期。

（后世斗口跳，或许与此有关），柱与柱之间使用加强结构整体性的枋材（图 4-3-13）[1]，类似画面在汉画像砖中也有发现[2]。窗户开于两道梁枋之间，并使用木质的窗框。现四川建筑，仍用此法。云、贵等地的民居，同样如此[3]。

　　沂南汉墓画像石上的桥柱上利用横梁来承托主梁。山东武氏祠前石室西壁下画像石，卧棜木栏杆间以蜀柱，桥为梁柱式，应为木构，这样的汉画像砖石较多（图 4-3-14）[4]。汉代画像砖石中大量出现梁桥的题材，应为一种代表性的桥型[5]。

图 4-3-13　四川出土的春米（作坊）画像砖

图 4-3-14　苍山出土的车马过桥画像砖

　　平坐腰檐：又名阁道、墱道、飞陛、鼓坐等。"早期的平坐，应理解为自地面立柱，柱上架梁栿或较为简单的铺作，其上架设面层，构成架空的平台，围以栏杆，形成架空的栈道、阁道等"[6]。梁思成先生认为，画像石与明器中之楼阁，多有栏杆，一般多设于平坐之上。而平坐之下，或用斗栱承托，或直接与腰檐承接。后世所通用之平坐，在汉代已形成[7]。或以为汉代楼阁平坐盛行，六朝时平坐很少，唐又大量出现[8]。

　　沂南汉画像石墓前室南壁上横额祭祀图画像石中的"大庙"（应为祠庙门阙，图 4-3-15）[9]，二层腰檐平坐的表现方法，与一层檐口几乎一致，可说明此时的腰檐平坐做法已有一定规制。

---

〔1〕 刘致平：《中国建筑类型及结构》（第三版），北京：中国建筑工业出版社，2000 年，第 56 页。
〔2〕 龚廷万等：《巴蜀汉代画像集》，北京：文物出版社，1998 年，第 33 页。
〔3〕 王维军：《莫氏庄园大门位置辨析》，《古建园林技术》1999 年第 3 期。
〔4〕 江苏徐州濉宁画像石，见陈剑彤等：《濉宁汉画像石》，济南：山东美术出版社，1998 年，第 36 页；山东孝堂山画像石，见罗哲文：《孝堂山郭氏墓石祠》，《文物》1961 年第 4 期；夏超雄：《孝堂山石祠画像、年代及墓主试探》，《文物》1984 年第 8 期；山东嘉祥武氏祠，见刘兴珍、乐凤霞：《中国汉代画像石——山东武梁祠》，北京：外文出版社，1991 年，第 116 - 117 页；四川成都羊子山汉画像砖，龚廷万等：《巴蜀汉代画像集》，图 184 等。
〔5〕 茅以升：《中国古桥技术史》，北京：北京出版社，1986 年，第 22 页。
〔6〕 马晓：《楼阁及其上层开间划分》，《建筑史论文集（第 19 辑）》，北京：机械工业出版社，2003 年，第 65 页。
〔7〕 梁思成：《梁思成文集·第三辑》，北京：中国建筑工业出版社，1985 年，第 37 页。
〔8〕 杨新平：《松阳延庆寺宋塔初步研究》，《古建园林技术》1991 年第 4 期。
〔9〕 南京博物院等：《沂南古画像石墓发掘报告》，北京：文化部文物管理局，1956 年，图版 29。

图 4-3-15　祠庙门阙

（2）小木作

一般而言，小木作包括门、窗、栏杆、天花、藻井、楼梯、隔架等。

门窗：有关门窗文献较多。资料中有板门、栅栏门等，前者见于墓葬，后者见于成都出土的住宅画像砖。依当时习俗，有两只门扇称"门"，一扇称"户"[1]，二者均见于墓葬中。汉长安城门洞两旁的柱础，说明当时城门洞用木柱梁架[2]。汉长安城一门三道，两壁垂直，两侧密排柱础，础上立木柱（排叉柱），上筑门楼，与函谷关画像石一致[3]，为宋《营造法式》所载城门形制源头。甘肃居延汉代遗址，发现有烧残的大门构件：地栿、垫木、门枢和门臼等[4]，与汉长安城门结构基本相同。秦汉骊山汤遗址出土木板门，包括门扉、门框、门闩关木及其他附属构件[5]。

汉代大、中木椁中，发现较多木门窗，画像砖石中更多（图 4-3-16）。木构版门实物，有双扇、单扇两种。如象鼻嘴西汉 1 号墓，其外椁有双扇门，门扇一侧加工呈半圆形，且上下均出门轴，以分别插入上方的门楣及下面的地梁内。同墓的内椁门与外回廊的单扇门做法相似。这种木棺椁各室之间采用木门分隔，在江苏扬州（汉广陵国）汉墓中，发现较多。

而湖南常德东汉墓木棺椁之间门扉，分别由三、四块木板，有暗木栓连接。木构件之间，均采用榫卯，葫芦形门[6]，装饰性较强。

汉画像砖石墓葬建筑的石门，往往由门额、门枋、门槛及门扇等组成，与木门颇一致[7]。丰富多彩的汉代雕刻，还体现在门额上的雕刻，常以羊为装饰主题，时人称福德羊，以示"大吉羊（祥）"。成都市光荣小区汉代土坑墓，出土带仓门的陶仓，门框上塑一对

〔1〕　张中行：《文言常识》，北京：人民教育出版社，1988 年，第 336 页。

〔2〕　陈明达：《建国以来所发现的古代建筑》，《文物》1959 年第 9 期。

〔3〕　王仲殊：《汉长安城考古工作的初步收获》，《考古通讯》1957 年第 5 期。

〔4〕　甘肃居延考古队：《居延汉代遗址的发掘和新出土的简册文物》，《文物》1978 年第 1 期。

〔5〕　唐华清宫考古队：《秦汉骊山汤遗址发掘简报》，《文物》1996 年第 11 期。

〔6〕　湖南省博物馆：《湖南常德南坪东汉"酉阳长"墓》，《考古》1980 年第 4 期。

〔7〕　成都市文物管理处：《四川成都曾家包东汉画像砖石墓》，《文物》1981 年第 10 期。

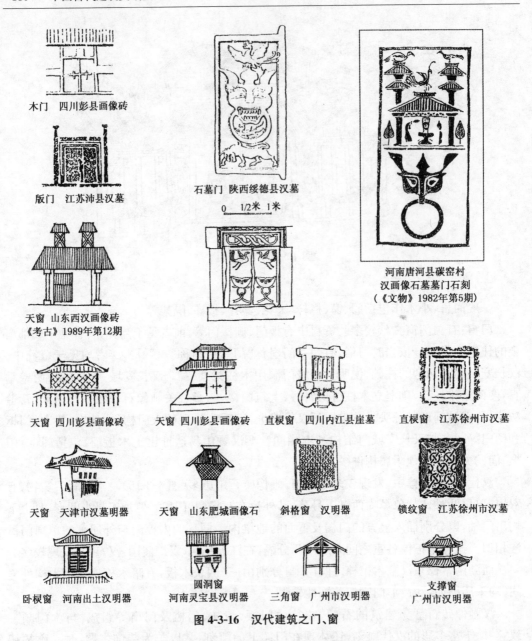

木门　四川彭县画像砖

版门　江苏沛县汉墓

石墓门　陕西绥德县汉墓

0　1/2米　1米

河南唐河县碳窑村
汉画像石墓墓门石刻
(《文物》1982年第5期)

天窗　山东西汉画像砖
《考古》1989年第12期

天窗　四川彭县画像砖　　天窗　四川彭县画像砖　　直棂窗　四川内江县崖墓　　直棂窗　江苏徐州市汉墓

天窗　天津市汉墓明器　　天窗　山东肥城画像石　　斜格窗　汉明器　　锁纹窗　江苏徐州市汉墓

卧棂窗　河南出土汉明器　　圆洞窗　河南灵宝县汉明器　　三角窗　广州市汉明器　　支撑窗　广州市汉明器

图 4-3-16　汉代建筑之门、窗

小鸟,左侧有一凸起的兽头,右侧为竖卧陶虎[1],造型别致。

　　洛阳朱村东汉壁画墓门楣上,雕刻有等距离的三个长方形素面门簪,门额上雕刻卧鹿[2]。四川荥经东汉石棺侧面正中大门,雕刻等距的四个长方形门簪[3]。

　　汉画像砖石墓葬建筑中的门都有一定的装饰,是阴宅对阳宅的模拟和反映。门画艺

〔1〕　成都市文物考古工作队等:《成都市光荣小区土坑墓发掘简报》,《文物》1998 年第 11 期。

〔2〕　洛阳市二文物工作队:《洛阳朱村东汉壁画墓发掘简报》,《文物》1992 年第 12 期;中国社会科学院
　　　考古研究所河南地第二工作队:《河南偃师杏园村东汉壁画墓》,《考古》1985 年第 1 期。

〔3〕　荥经县文化馆:《四川荥经东汉石棺画像》,《文物》1987 年第 1 期。

术产生于汉代,其题材具有明显的时代特征。

窗则有棂条窗、百叶窗、菱格窗、支窗、横披等,以直棂窗和菱格窗常见。窗洞形式多用矩形或方形。三角形仅见于厕所或山墙尖的通风窗中。圆窗之例亦少,见于云梦县癞痢墩出土的亭榭及若干陶楼明器。出现门窗形象的汉代建筑画像砖石同样常见。如函谷关东门画像石(图 4-3-17),明清所常见之门制,大体至汉代已形成[1]。汉画像砖石中的大门多样,或是阙形,在两个较高的阙形建筑间用较矮的墙连接着,墙面开辟大门;或是五间长的建筑,正中一间辟门,较宽大。沂南画像石中采用"断砌造",以供车马出入[2]。

图 4-3-17　函谷关东门图

有人认为,四川汉代石棺画像中出现百叶窗[3],类同湖北云梦癞痢墩一号墓出土的陶楼[4]。

由考古资料得知,汉代窗有长方形、方形、三角形、圆形[5]、不规则形等,而以长方形较常见。窗棂种类有直棂、卧棂、菱形纹、十字壁纹等[6]。汉代窗户还装饰色彩,甚至还出现琉璃窗扉[7]。直棂窗见于画像石墓室中较多[8],或为水平向直棂等[9]。

在江苏扬州市胡杨西汉二十号墓中发现浮雕木板,内容有人物、房屋、门阙、船只等,与画像砖石相类,为珍贵之例(图 4-3-18)。总之,汉代门窗造型较丰富多彩。

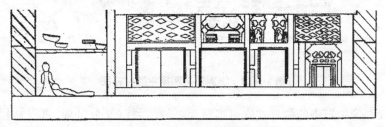

图 4-3-18　木雕建筑画

栏杆:文献有"重轩镂槛""三阶重轩、镂槛文"[10]的描述。楼梯见于江苏、河南、四川

〔1〕　梁思成:《梁思成文集·第三辑》,北京:中国建筑工业出版社,1985 年,第 37 页。

〔2〕　陈明达:《关于汉代建筑得几个重要发现》,《文物参考资料》1954 年第 9 期。

〔3〕　四川省博物馆等:《四川郫县东汉砖墓的石棺画像》,《考古》1979 年第 6 期。

〔4〕　云梦县博物馆:《湖北云梦癞痢墩一号墓清理简报》,《考古》1984 年第 7 期。

〔5〕　河南省文化局文物工作队:《郑州南关 159 号汉墓的发掘》,《文物》1960 年第 8 期。

〔6〕　魏姗姗:《汉代建筑装饰艺术浅析》,硕士学位论文,东南大学建筑学院,1993 年,第 36 页。

〔7〕　王明贤、戴志中:《中国建筑美学文存》,第 10 页。

〔8〕　梁思成《梁思成文集·第三辑》,北京:中国建筑工业出版社,1985 年,第 37 页;"櫺,楯间子也。"[汉]许慎撰,[清]段玉裁注:《说文解字注》,杭州:浙江古籍出版社,1998 年,第 256 页。

〔9〕　陈明达:《关于汉代建筑得几个重要发现》,《文物参考资料》1954 年第 9 期。

〔10〕　[东汉]张衡:《西京赋》,见程国政:《中国古代建筑文献集要》,上海:同济大学出版社,2013 年,第 147 页。

等地的画像砖石。栏杆则在许多画像砖石及陶楼建筑明器上均有表现，尤以后者为众。望柱顶端或施笠帽状的柱头，或不施。栏板则做成卧棂、直棂、菱格、套环或十字形，也有将其中数种交错合并使用。梁思成先生云"汉代栏杆样式以矮柱及横木构成者最普通，亦有用连环，或其他几何形者"[1]。

刘致平先生认为："汉代画像石上出现了三数种样式（栏杆）：一是在桥上很简单很摩登的横线条栏杆。又如函谷关图上栏杆（也许是汉魏之间的东西）很象后代的寻杖栏杆。此外又有用横竖板状物钉成的横栏，在交接处用大帽钉。"[2]（图 4-3-19）汉代建筑明器中，也有类似发现。

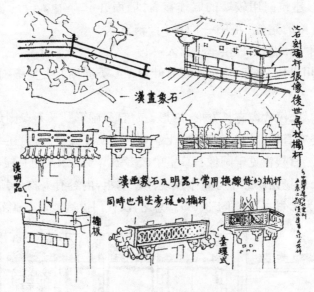

图 4-3-19　汉画像与明器中的栏杆图

由此，汉画像砖石中的栏杆式样可概括为：寻杖栏杆（又分卧棂、直棂）、栏板栏杆、装饰纹样栏杆（如菱形纹样、套环形纹样或其他纹样等）。从使用材料大体可分为：木质、石质、铜质等。

天花与藻井：文献如"亘雄虹之长梁，结棼橑以相接；带倒茄与藻井，披红葩之狎猎。"[3]"圆渊方井，反植荷蕖"[4]等。汉代建筑室内天花、藻井形象多得之于墓葬，特别是石墓、砖室墓、砖石墓与崖洞墓中，有平顶、两坡、覆斗、筒券、穹窿、斗四等。

汉人将墓顶作天穹。因此，墓室顶部多刻日、月、星宿、长虹等图，表示天空。这些星

---

〔1〕　梁思成：《梁思成文集·第三辑》，北京：中国建筑工业出版社，1985 年，第 37 页。

〔2〕　刘致平：《中国建筑类型与结构》（第三版），北京：中国建筑工业出版社，2000 年，第 70 页。

〔3〕　[东汉]张衡：《西京赋》，见程国政：《中国古代建筑文献集要》，上海：同济大学出版社，2013 年，第147 页。

〔4〕　[东汉]王延寿：《鲁灵光殿赋》，见程国政：《中国古代建筑文献集要》，上海：同济大学出版社，2013年，第 160 页。

象图在河南南阳出土的汉画像石[1]、四川画像砖墓中,屡有发现,壁画墓亦然[2]。

江苏东海县昌梨水库汉画像石墓前室藻井,为盘龙图案,龙首咬尾,首尾衔接。后室藻井,东间为伏羲、西间为女娲[3],较独特。汉代墓葬中,还有采用抹角结构的藻井(图4-3-20)[4]。山东、苏北等地的东汉画像石墓中,墓内室顶雕刻莲花图案,或菱形图案[5]。迟至后世,还在藻井中放置"压胜"之物,宫殿也不例外[6]。

图 4-3-20　沂南汉画像石墓后室藻井

汉代壁画墓葬亦然。如河南荥阳苌村汉代壁画墓,藻井描绘菱形、莲花图案等,与密县打虎亭二号汉墓几乎全同[7]。有趣的是,现江苏扬州汉广陵国、江都国等地木椁墓葬,棺箱中多有天花装置。

值得注意的是,四川绵阳地区东汉崖墓室顶出现仿木结构,雕刻有仿椽与藻井,仿椽的两头分别刻垂瓜和垂莲(图4-3-21)[8],表现部分汉代木构特征。其墓室墙壁的装饰性雕刻,与汉画像石、汉壁画墓中表现的壁面处理(图4-3-22),有不少相似处,与汉魏以前的

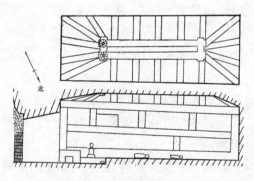

图 4-3-21　四川崖墓墓室之一

〔1〕 河南省博物馆:《南阳汉画像石概述》,《文物》1973 年第 6 期。

〔2〕 俞伟超:《中国古墓壁画内容变化的阶段性》,《文物》1996 年第 9 期。

〔3〕 南京博物院:《昌梨水库汉墓群发掘简报》,《文物》1958 年第 12 期。

〔4〕 江苏省文物管理委员会等:《江苏徐州、铜山五座汉墓清理简报》,《考古》1964 年第 10 期。

〔5〕 安金槐、王与刚:《密县打虎亭汉代画像石墓和壁画墓》,《文物》1972 年第 10 期。

〔6〕 蒋博光:《故宫太和殿最秘密的"压胜"》,《古建园林技术》1995 年第 1 期。

〔7〕 郑州市文物考古研究所等:《河南荥阳苌村汉代壁画墓调查》,《文物》1996 年第 3 期。

〔8〕 何志国:《四川绵阳河边东汉墓》,《考古》1988 年第 3 期。

所谓"釭""金釭"等所形成的壁面装饰效果，具有一定关系。在晚期宫殿、寺院等高等级建筑木构装饰处理上，可明显看到早期金釭的痕迹[1]。

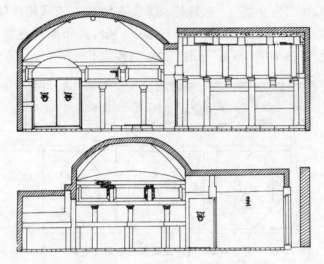

图 4-3-22　河南汉墓墓室结构示意图

徐州北洞山及龟山二号西汉岩墓、满城汉墓主室中的石构建筑，均为两坡式，次要墓室为覆斗形或平顶。山东沂南县东汉石墓主室天花则采用斗四藻井，西川崖墓亦多，在形制上较前者进步。

在汉代仓楼建筑明器中有类似后世小木作的情况。如陕西潼关吊桥汉代杨氏墓群，出土的陶仓，表现出明显的木构特征，其墓 7 中出土陶橱柜，可为明证[2]。河南济源县承留汉墓出土的陶仓楼，也是如此[3]。陈明达先生认为，四川崖墓中的匮也具有小木作特征[4]。

另外，家具陈设等与小木作关系密切，同样值得重视（图 4-3-23）。

（3）石（砖）作

前面不少内容，均已涉及石作，尤以画像砖石墓葬表现突出。

汉代"画像中有许多音乐、舞蹈、百戏的图象，反映了汉代政权的巩固、经济的高度发展，促使着文化艺术的空前繁荣"[5]。

汉代帛画、画像砖石、壁画、书法及各种器具、纺织品上的绘画艺术[6]。尤其是汉画像石巧夺天工，达到了一个时代艺术的最高峰。

秦砖汉瓦，成就巨大（图 4-3-24～4-4-26）。

〔1〕 杨鸿勋：《建筑考古学论文集》，北京：文物出版社，1987 年，第 118 页。

〔2〕 陕西省文物管理委员会：《潼关吊桥汉代杨氏墓群发掘简记》，《文物》1961 年第 1 期。

〔3〕 张新斌：《河南济源县承留汉墓的发掘》，《考古》1991 年第 12 期。

〔4〕 陈明达：《崖墓建筑（下）》未刊稿。

〔5〕 周到、吕品：《南阳汉画像石简论》，《中原文物》1982 年第 2 期。

〔6〕 王今栋：《汉画像中马的艺术》，《中原文物》1984 年第 2 期。

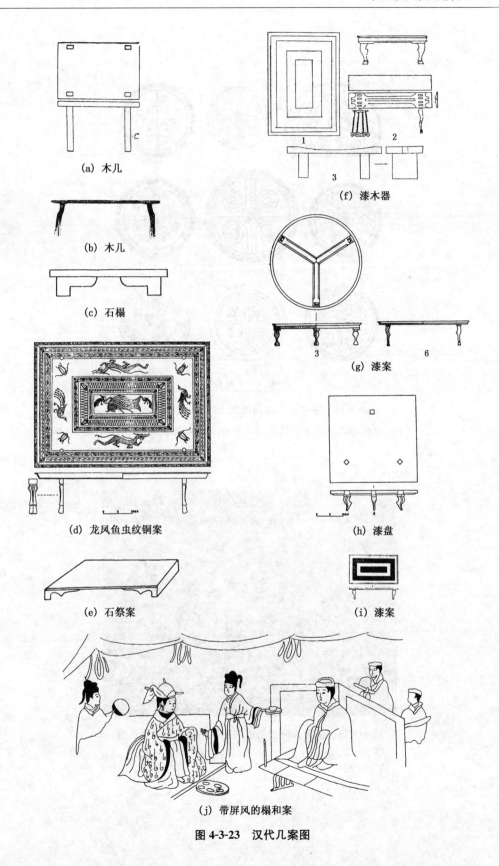

(a) 木几

(f) 漆木器

(b) 木几

(c) 石榻

(g) 漆案

(d) 龙凤鱼虫纹铜案

(h) 漆盘

(e) 石祭案

(i) 漆案

(j) 带屏风的榻和案

图 4-3-23 汉代几案图

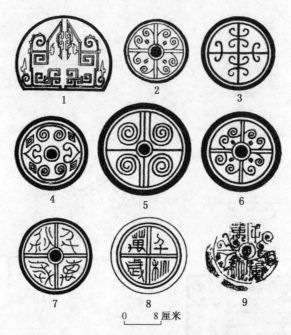

图 4-3-24 绥中石碑地遗址出土的秦、汉建筑瓦当图

1～6. 石碑地遗址出土秦代瓦当 7～9. 石碑地遗址出土汉代瓦当

图 4-3-25 临潼博物馆展出的秦始皇陵出土的大瓦当

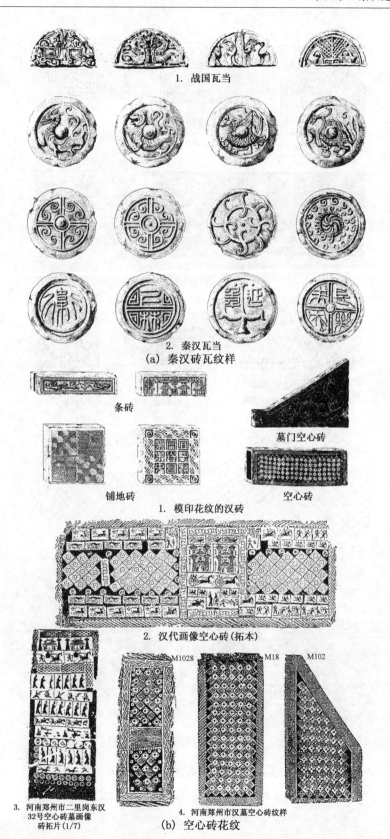

1. 战国瓦当

2. 秦汉瓦当

(a) 秦汉砖瓦纹样

条砖

墓门空心砖

铺地砖

空心砖

1. 模印花纹的汉砖

2. 汉代画像空心砖(拓本)

M1028　　M18　　M102

3. 河南郑州市二里岗东汉
32号空心砖墓画像
砖拓片(1/7)

4. 河南郑州市汉墓空心砖纹样

(b) 空心砖花纹

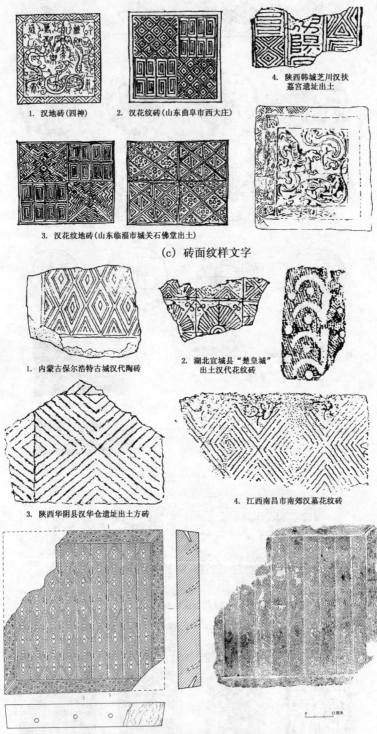

1. 汉地砖(四神)　2. 汉花纹砖(山东曲阜市西大庄)

4. 陕西韩城芝川汉扶荔宫遗址出土

3. 汉花纹地砖(山东临淄市城关石佛堂出土)

(c) 砖面纹样文字

1. 内蒙古保尔浩特古城汉代陶砖

2. 湖北宜城县"楚皇城"出土汉代花纹砖

3. 陕西华阴县汉华仓遗址出土方砖

4. 江西南昌市南郊汉墓花纹砖

(d) 广东广州南越国宫苑遗址出土的"天下第一砖"

图 4-3-26　秦汉瓦当、砖、空心砖纹样举例

汉代雕塑艺术已达炉火纯青之境,出现许多热情奔放、大气磅礴、粗犷纯真、充满生机的好作品。如霍去病陵墓前的雕刻[1]、孟津出土的石辟邪[2]、淮阳北关一号汉墓出土的石雕天禄承盘[3]等。

第四节　成就及影响

一、秦——宏伟巨构,彪炳千载

秦代建设活跃,阿房宫、骊山陵、万里长城及通行全国的驰道和远达塞外的直道等均浩大宏伟,予后世以巨大影响[4]。

（1）各地域建筑技艺融汇,对后世影响巨大

秦代大规模建设宫室,对咸阳宫室的营建更不遗余力,穷奢极欲(图 4-4-1);建离宫近千,不少西汉沿用。

图 4-4-1　临潼博物馆展出的秦铜建筑构件(局部)

《史记·秦始皇本纪》:"秦每破诸侯,写放其宫室,作之咸阳北阪上。"这是首次将各地区最高水准的技艺交融,无疑提高整体建筑水平。咸阳宫室与帝陵的大规模建设,必然集中全国各地的能工巧匠和最优良建材,也是对前代技艺的总结,意义重大。

秦帝国对中国的统一融合,不仅表现在其疆域、政权上,也表现在包括建筑在内的一切制度上,是对我国社会的一次全面总结。秦代的各项辉煌成就,在此基础上实现。这种从政体到建筑技艺各方面的变化,对后世影响深远。"汉承秦制",建筑亦然。如宫殿的前殿制、帝陵平面的十字轴线及覆斗形"方上"等,两汉完全承袭。而"以西为尊"和求仙思

〔1〕 王子云:《西汉霍去病墓石刻》,《文物》1955 年第 11 期。

〔2〕 苏建:《洛阳新获石辟邪的造型艺术与汉代石辟邪的分期》,《中原文物》1995 年第 2 期。

〔3〕 周口地区文物工作队等:《河南淮阳北关一号汉墓发掘简报》,《文物》1991 年第 4 期。

〔4〕 刘叙杰:《中国古代建筑史·第一卷》,北京:中国建筑工业出版社,2003 年,381 - 382 页。

想,汉代建筑中同样突出。

(2) 开我国帝陵陵制新风

始皇陵对骊山北麓的规划体现在对两点(望峰、地宫)两线(南北、东西控制线)的掌控上;规划的另一个内容是对陵墓范围的考虑,从丧葬统一性和自然环境因素分析,始皇陵范围有三层同心套合区域,分别为茔域、堧地及相互关系区(图4-2-14)[1]。

秦始皇陵在整个中国帝陵建造史的最大特点,是形制上的变革。其陵区总体平面虽然使用矩形,但主体部分为正方形,并与方形覆斗状的坟丘共同位于南北与东西向正交的两根轴线上。这是商、周以来的新制,对后世皇陵影响甚大。

它采用战国某些王陵周以围垣的方式,摒弃秦陵以"堭"定界传统。

陵园中的享殿等重要建筑均置于西侧,主要入口在东,体现"以西为尊"。将若干附属建筑置于北侧,则与中山国王陵《兆域图》颇为近似。

我国古代帝王陵寝虽多,但形成一个十分完整的整体并具有显著特色,应自秦始皇陵肇始。

(3) 取得特大工程组织、设计与施工经验,体系严整

秦始皇平定六国之后将始建于战国的燕、赵、秦长城联为一体并加以扩建,有效防御外来侵略,并为西汉长城的兴建和扩展,奠定了不可缺少和具有决定性意义的基础。秦代边城有一整套从建筑城障、烽火台,到屯田驻守、战备仓储等方面的规制和律令,对汉及后世大有裨益。从秦代对边城建制已十分完备与严谨来看,其组织、实施巨大工程应有一整套严密的制度和措施。

此外,在建造阿房宫及骊山陵等特大型工程时,应在人员调度、运输安排、施工组织及建筑材料与构件的预制加工、装配,甚或建筑各部尺度的模数制方面,都应具有目前尚未为世人所知的方法。

二、汉——群星璀璨,百花齐放

我国汉代社会、经济、文化等各方面发展巨大,建筑亦然。汉代建筑是中国古代建筑发展史上的第一个高峰[2]。

(1) 都城有夯筑城垣,宫殿为宫苑式,集中布置

汉代帝都与前代有若干区别:一是都城布局,汉长安、洛阳宫室分布集中。二是汉长安、洛阳皆有高大夯土城墙。三是汉代东、西都城中之宫殿,皆自成一区,无统一宫城之设,空前绝后。四是都垣均辟门十二。五是都城内民居很少等。

西汉长安的宫室建设,始于高祖兴造长乐、未央及北宫,武帝时达到顶峰。此时除对未央、北宫继续扩建,又新筑桂宫、明光宫和建章宫,及对国内多处离宫苑囿的恢复与扩廓。其中,建章宫规模庞大,汇集朝廷、后宫与园苑为一体,形成汉代宫苑,将皇家宫廷与

〔1〕 张卫星、付建:《秦始皇陵的选址、规划与范围》,《文博》2013年第5期。
〔2〕 刘叙杰:《中国古代建筑史·第一卷》,北京:中国建筑工业出版社,2003年,第562-570页。

园林御苑，自然山水与人工造景，现实生活与神话梦幻等结合为一体。离宫别馆中上林苑的范围之大与宫观之众，无与伦比；其他著名者如甘泉、黄山、五柞、长杨等。

（2）宫殿主体建筑三殿并列，礼制建筑体系初步建立

皇宫中朝廷之主要殿堂称前殿，始见于秦，入汉因袭。但汉代在前殿左、右两侧增建"东、西厢"之挟殿，作常朝议事、接见臣属及举行丧礼等之所。此"三殿并列"式功能，与前后"三朝"式相仿。后世两晋、南北朝，挟殿与主殿分离，但排列顺序不变，改"太极殿与东、西堂"。

汉高祖刘邦在秦祀四帝基础上，增加北畤以祭黑帝，奠定汉代郊祀五帝制度。汉文帝建五帝庙于长安西北之渭阳，合五畤为一。武帝祀太一于长安南郊，又立泰畤于甘泉，后土于临汾等。成帝至平帝间，则确定南郊祭天、北郊祭地制度，历代因循。

武帝在汶上恢复明堂。王莽起，始将明堂、辟雍与灵台（合称"三雍"）定位于帝都南郊（图4-4-2）。帝王祖庙最初单独置于都城之内（如西汉初之高祖、惠帝），非"左祖右社"之

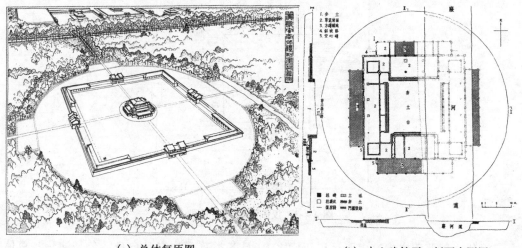

（a）总体复原图　　　　　　　　　　（b）中心建筑平、剖面实测图

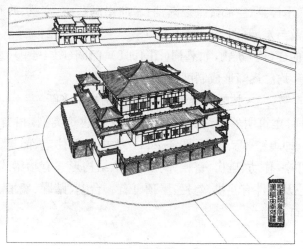

（c）中心建筑复原图

图 4-4-2　汉长安城南郊礼制建筑复原图

制。后又迁建于各陵侧。王莽代汉,将其集中,立九庙于长安南郊(实十二庙)。东汉初,光武帝建高庙于洛阳,祀高祖以下西汉十一帝,开诸帝合祭一庙之例。东汉诸帝之祭祀亦然,形成一庙多室、一室一主的太庙制度。

可见,汉代逐步建立礼制建筑体系。尤其是南郊祭天、北郊祭地;"三雍"集于南郊;祖庙由分散与多庙集中于一庙之多室等,泽被后世。

(3) 墓葬制度完备,各种建筑类型丰富多彩

西汉在秦始皇陵制基础上进一步完善。如近于方形的陵园平面、四出门阙及墓道、覆斗形"方上"、寝园、陪葬墓、殉葬坑及陵邑等,唯规模约为其一半(图 4-4-3)。影响及于唐、宋。

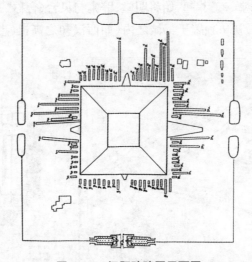

图 4-4-3　汉阳陵陵园平面图

汉代一般墓葬之丰富多彩远出历代之上,且各类墓葬均有其自身特色与演化。总体而言,传统土圹竖穴木椁墓、空心砖墓逐渐消亡,向崖洞墓、石室墓、砖石墓及小砖拱券墓等横穴式墓逐渐普及与发展(图 4-4-4～4-4-7)。

墓葬地面以上的建(构)筑物,如墓祠(图 4-4-8)、门阙(图 4-4-9)、墓垣、石象生、墓表(图 4-4-10)、墓碑等,均已逐渐形成制度,并为后世遵循。

(4) 建筑类型丰富,大木技艺发展迅速,高层木构技术飞跃

画像砖石、壁画、建筑明器、青铜器等反映的汉代建筑类型,相当丰富,令人目不暇接[1]。如坞堡[2](即坞壁、坞、障等,图 4-4-11)、大中小型住宅、阁道、门楼、角楼、阙观、楼阁、仓困、亭榭、井亭、作坊、碓房、畜栏、厕所等;依结构形式有抬梁式、穿斗式、叉手式、拱券等;依建筑部位及构件有斗栱、勾栏、屋顶、门窗、台基、踏跺、墙垣、围垣等;我国古代建筑体系完备且争奇斗艳。

---

〔1〕　周学鹰:《从画像砖石看汉代的深宅大院》,《文史知识》2006 年第 7 期。

〔2〕　广东河源和平林寨的"四角楼",可以窥见秦汉时期的坞堡。见周学鹰:《穿越秦汉——广东和平林寨的"四角楼"》,中国民族建筑研究会特邀专家演讲稿,2011 年 12 月。

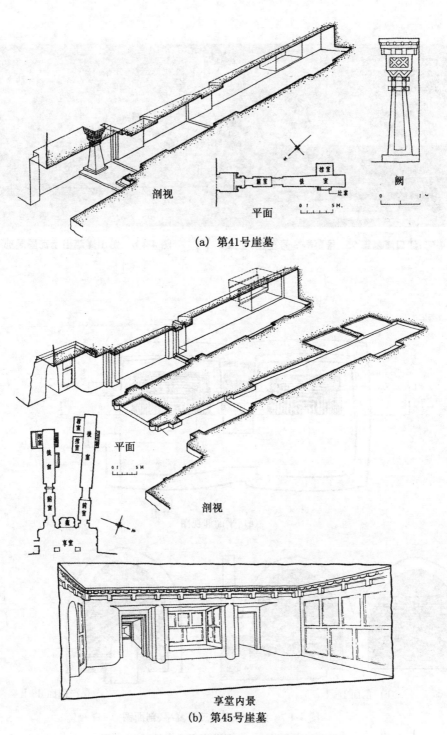

剖视

褶室

前室　后室
灶室

平面

0 1　　5M.

阙

0　　　　1

(a) 第41号崖墓

褶室

后室　褶室

后室

前室　前室

龛

享堂

平面

0 1　　5M

剖视

享堂内景

(b) 第45号崖墓

图 4-4-4　乐山白崖崖墓第 41、45 号墓平、剖面图

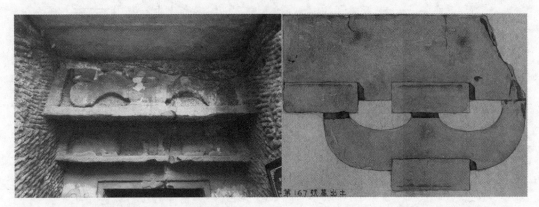

图 4-4-5　江口崖墓第 951 号墓群 3 号墓墓门上部　　　图 4-4-6　彭山崖墓出土瓦屋局部

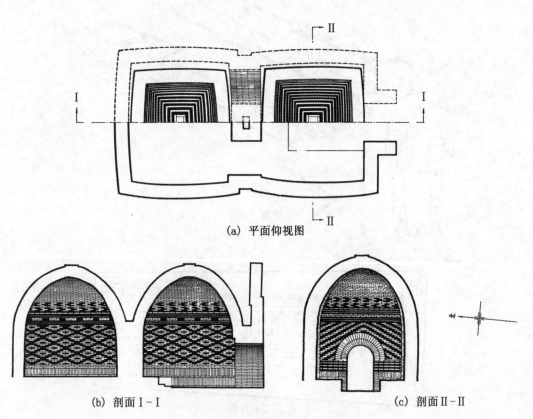

(a) 平面仰视图

(b) 剖面Ⅰ-Ⅰ　　　　　　　　　　　(c) 剖面Ⅱ-Ⅱ

图 4-4-7　武威管家坡三号墓平、剖面图

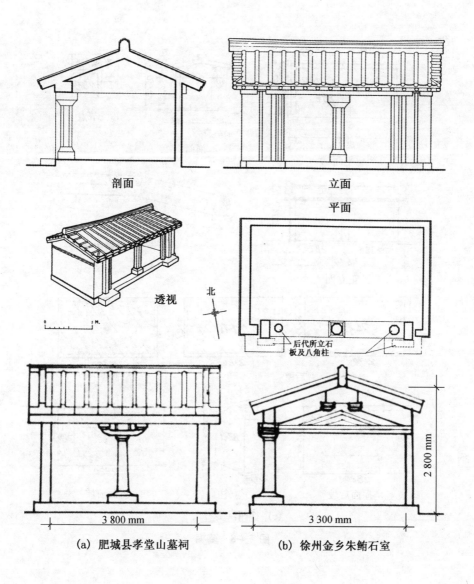

剖面

立面

平面

透视

北

后代所立石
板及八角柱

(a) 肥城县孝堂山墓祠

3 800 mm

(b) 徐州金乡朱鲔石室

3 300 mm

2 800 mm

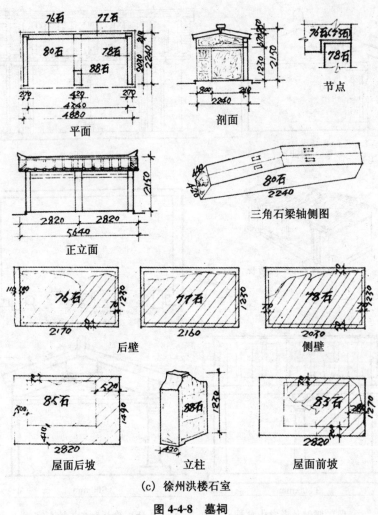

（c）徐州洪楼石室

图 4-4-8 墓祠

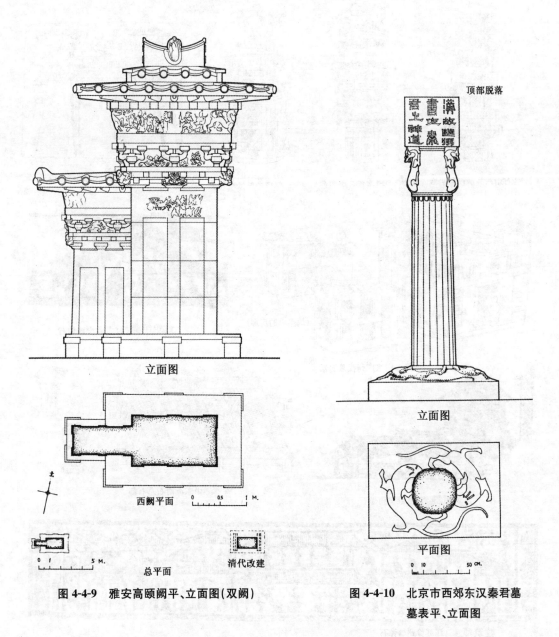

顶部脱落

立面图

立面图

西阙平面   0 0.5 1 M.

平面图   0 10 50 CM.

总平面   清代改建

图 4-4-9 雅安高颐阙平、立面图(双阙)

图 4-4-10 北京市西郊东汉秦君墓墓表平、立面图

望楼 山东高唐汉墓明器　　望楼 河南望都汉墓明器　　望楼 河南陕县汉墓明器　　　阙 四川成都画像砖

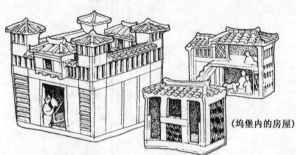 

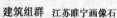（坞堡内的房屋）　　　建筑组群 江苏睢宁画像石

坞堡 广东广州汉墓明器

 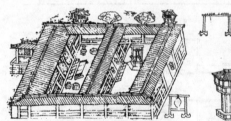

建筑组群 江苏睢宁画像石　　　庭院 山东沂南石墓石刻

建筑群 江苏徐州画像石

图 4-4-11　汉代建筑的几种样式

　　文献记载及考古资料证明,汉代重要建筑如宫室、宗庙、辟雍、官署、寺观、宅第等,均以木构架为主。至于木构架中之各具体构件,其发展演变与对后世影响最大者,莫过于斗栱。虽然周、秦已有斗栱,难见全貌。而汉代墓阙、石祠、墓葬、画像砖石、壁画及建筑明器中均出现斗栱(图4-4-12),资料十分丰富。汉代建筑"百花齐放",汉代斗栱千变万化。

(a) 沂南汉画像石墓中柱斗栱内景　　　　　(b) 沂南汉画像石墓中柱斗栱局部

图 4-4-12　斗栱

　　我国传统木架构建筑,经历长期与大量实践之后,在汉代取得重大突破,出现多层木柱梁式楼阁[1]。两汉各地豪强纷纷建立楼橹,作生产、警戒、游赏之用。出土的建筑明器、壁画[2]、帛画[3]、画像砖石等中,汉代楼阁资料甚众[4]。河南、河北、山西、广东、山东、四川、甘肃等地出土了大量陶楼,中有高达五层或七层者(或有七层陶仓楼[5])。而河北阜城桑庄东汉墓出土的陶楼,可为汉代陶楼建筑明器的典型代表之一[6][图1-1-8(b)]。众多资料表明,汉代楼阁技术多样,叉(叠)柱造、通柱造(缠柱造应为其表现方式之一)等木构架形式并存[7]。

　　汉代墓葬中随葬的"建筑明器",是防御性、生产性、娱乐性、生产与生活、娱乐与防御性等相结合的建筑模型,是汉代"庄园经济"下的产物,是对实际生活中存在建筑的象征[8]。汉代建筑中多层塔楼的出现,打破商周以来高台建筑凭依土台的传统,表明沿袭已久的木构架产生质的飞跃。

　　需要提出的是,西汉末佛教传入我国,东汉时在社会上层开始流行或传播,此时影响

〔1〕　马晓:《中国古代木楼阁》,北京:中华书局,2007年。

〔2〕　关天相、冀刚:《梁山汉墓》,《文物参考资料》1955年第5期。

〔3〕　傅熹年:《记顾铁符先生复原的马王堆三号墓帛书中的小城图》,《文物》1996年第6期。

〔4〕　周学鹰:《楚国墓葬建筑考:中国汉代楚(彭城)国墓葬建筑及相关问题研究》,南京:南京大学出版社,2019年,第458页附录三。

〔5〕　张松林:《荥阳魏河村汉代七层陶楼的发现和研究》,《中原文物》1987年第4期;杨焕成:《河南陶建筑明器简述》,《中原文物》1991年第2期。

〔6〕　河北省文物研究所:《河北阜城桑庄东汉墓发掘报告》,《文物》1990年第1期。

〔7〕　周学鹰:《从出土文物探讨汉代楼阁建筑技术》,《考古与文物》2008年第3期。

〔8〕　周学鹰、宋远茹:《汉代"建筑明器"的性质与分类》,《华夏考古》2010年第4期。

较小。永平十一年（68年）明帝在洛阳建我国第一座佛寺——白马寺，摄摩腾所构，仿西域天竺式样。佛教为外来宗教，教义及仪式异于中土，寺院建筑自有特点。献帝初，笮融在下邳建浮屠祠，仍依天竺形制，但其所建之木楼阁式塔及周边建筑，应为我国传统样式。这种塔院式佛寺经南北朝至隋唐，尚在广泛使用，宋辽以后亦有所见[1]。

图 4-4-13　连云港孔望山摩崖造像

S5　　S4

Z2　　Z3

X1　　X5:迦腻色伽铜舍利盒费像

图 4-4-14　不同空间佛像整体比例关系

　　江苏连云港市孔望山发现东汉佛教摩崖石刻（图 4-4-13），是我国此类最早的作品[2]。我国汉代佛（神）像主要依附墓葬而存在，以摇钱树上的铜佛像为主（图 4-4-14）[3]。现存佛教石窟主要在西北，沿古代丝绸之路一线。最早者凿于十六国之北凉，较孔望山摩崖至少迟一个世纪，推测孔望山石刻或为海传佛教遗迹。

　　它如四川乐山麻浩享堂坐佛图、山东沂南汉墓立佛图[4]，内蒙古和林格尔东汉壁画墓等，均有相关的佛教题材。总体而言，汉代佛教建筑发展较慢，魏晋南北朝时发展迅速。

　　（5）建筑装饰纹样多样，技艺多彩

　　汉代经济文化发达、建筑等级制尚未完备，故建筑造型限制较少、建筑思想百花齐放。其装饰纹样比较起后世相对丰富（图 4-4-15），脊饰（图 4-4-16）、斗栱、金属构件（图 4-4-17）等相当丰富多彩。

---

[1] 周学鹰、马晓：《江南水乡历史文化景观保护与复兴与复兴——以震泽慈云寺塔整治规划为例》，《城市规划》2008 年第 6 期。

[2] 阎文儒：《孔望山佛教造像的题材》，《文物》1981 年第 7 期；阎文儒：《孔望山佛教造像的题材》，《文物》1981 年第 7 期。

[3] 牛志远：《山西主要唐宋寺院像设与其建筑空间营造关系研究》，南京大学博士学位论文，2019 年，第 24 页。

[4] 俞伟超：《东汉佛教图象考》，《文物》1980 年第 5 期。

雷纹　河南洛阳出土汉砖

绳纹　山东嘉祥武氏祠石刻

直线纹　河南洛阳烧沟汉砖

垂幛纹　山东沂南石墓石刻

齿形纹　山东沂南石墓石刻

S纹　陕西绥德汉墓门框石刻

三角纹　陕西绥德汉墓门框石刻

菱形编环纹　陕西绥德汉墓门楣石刻

菱形纹　江苏徐州茅村汉墓墓室北壁石刻

连弧纹　江苏徐州茅村汉墓墓室北壁石刻

波形纹　江苏徐州苗山汉墓墓室前壁石刻

(a) 几何纹样

陕西绥德汉墓左室门框石刻

莲花　山东沂南石墓石刻

江苏徐州茅村汉墓第三室北壁石刻

卷草　山东沂南石墓石刻

陕西绥德汉墓门楣

（b）人事纹样

卷草　山东嘉祥武氏祠石刻

卷草　陕西绥德汉墓门框石刻

龙　四川芦山王晖墓石棺石刻

卷草　陕西绥德汉墓门楣石刻

卷草　陕西绥德汉墓门框石刻

（d）植物纹样

蟠螭纹　四川成都出土画像砖

（c）动物纹样

图 4-4-15　汉代建筑装饰纹样

1. 河南辉县战国铜鉴线刻　　2. 汉陶楼　　3. 嵩山太室阙

勾头瓦

4. 牧城驿陶屋正面、侧面　　　5. 武梁祠石刻

6. 汉画像石　　7. 广州出土汉代陶困　　8. 河北安平东汉墓壁画

扣脊瓦

9. 考堂山石室　　10. 山东高唐县汉代陶楼

11. 四川雅安汉代高颐阙

12. 汉画像石上之函谷关

图 4-4-16　汉代建筑脊饰举例

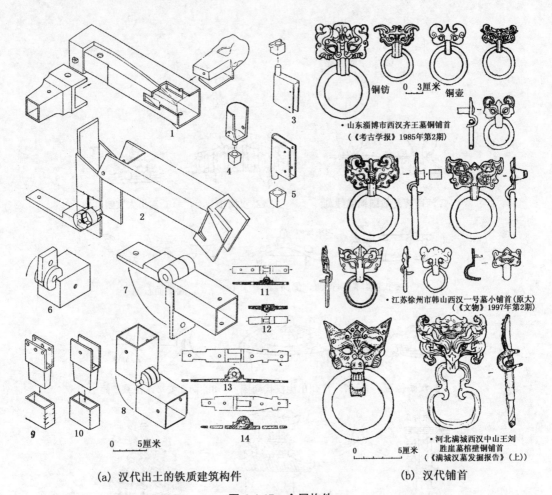

铜钫　0　3厘米　铜壶

• 山东淄博市西汉齐王墓铜铺首
（《考古学报》1985年第2期）

• 江苏徐州市韩山西汉一号墓小铺首（原大）
《文物》1997年第2期）

• 河北满城西汉中山王刘
胜崖墓棺壁铜铺首
（《满城汉墓发掘报告》（上）

0　5厘米

(a) 汉代出土的铁质建筑构件　　　　　(b) 汉代铺首

图 4-4-17　金属构件

1. 推滑构件　2. 长方形三段连件　3～5. 门轴　6～8. 折叠构件
9～10. 承插构件　11～14. 合页构件

本章学习要点

秦咸阳	内黄三杨庄遗址
阿房宫	长乐宫
秦始皇陵	未央宫
秦咸阳一号宫殿遗址	甘泉宫
石碑地遗址	桂宫
汉长安城	明光宫
崇安汉城	建章宫
辽阳三道壕遗址	洛阳南宫

洛阳北宫　　　　　　　　　　　　石室墓

汉代帝陵　　　　　　　　　　　　画像砖石墓

因山为陵　　　　　　　　　　　　土洞墓

崖墓

汉代王侯陵墓（广州南越王陵，满城汉墓，徐州狮子山楚王陵，长沙马王堆汉墓，盱眙大云山汉墓，永城梁孝王陵等）

上林苑　　　　　　　　　　　　　白马寺

甘泉宫与甘泉苑　　　　　　　　　佛塔

宫苑　　　　　　　　　　　　　　汉塞

一池三山　　　　　　　　　　　　坞壁（堡）

鲁恭王灵光殿　　　　　　　　　　天田

南越王宫殿　　　　　　　　　　　障

佛教建筑　　　　　　　　　　　　秦代建筑技艺

传舍　　　　　　　　　　　　　　汉代建筑技艺

祠堂

第五章　三国两晋南北朝建筑

史称 220—280 年间 61 年为三国，魏蜀吴鼎立。傅熹年先生将三国起止略加变通，上至汉献帝建安九年（204）曹操得邺，204—280，共 77 年[1]。

265 年，司马炎禅让代魏，立晋，为晋武帝。太康元年（280），晋灭吴一统全国。自 265 年至 316 年都洛阳，为西晋，经四帝，历 51 年亡。其宗室在长江以南建康立国，为东晋。自 304 年匈奴族刘渊攻晋立汉国，至 439 年北魏灭北凉止的 135 年间，史称五胡十六国。时北方政权为示正朔，所建都城、宫殿都尽力比附魏晋。

东晋偏安江左，经十一帝、历 103 年亡。东晋相对安定，与十六国对峙，更标榜正朔，在典章制度，包括都城、宫室制度等方面，尽力保持魏、西晋传统，鲜有创新。

386 年，鲜卑族拓跋珪在中国北方（今晋北、内蒙古）建国，398 年都平城，立北魏；439 年北魏太武帝灭北凉，统一北方，与南朝对峙。北魏、东魏、西魏、北齐、北周、隋（灭陈前）与南朝对峙，是为北朝。

420 年刘裕代东晋立宋，589 年隋灭陈一统全国，历 169 年为南朝。南北对峙，史称南北朝。

两晋南北朝长期战乱，苦难深重，佛教普及，建寺造塔之风盛行，建筑技艺发展迅速。南朝寺塔建设对木构贡献尤大，对大型建筑由土木混合结构向全木构架发展起了重要作用。

佛教兴盛，文化融合（图 5-1-1）。虽此前中国建筑体系已颇为定型，但扬弃魏晋旧规、酝酿新风，由粗犷向精致、丰富装饰题材转变等仍有重大助益，整体风貌改观，孕育隋唐风采。

图 5-1-1　大同云冈石窟第九窟，局部出现类似古希腊古罗马的爱奥尼柱式柱头

---

[1]　傅熹年：《中国古代建筑史·第二卷》（第二版），北京：中国建筑工业出版社，2009 年，第 1 页。

第一节　聚　落

一、都　城

汉末都城与各级郡国州县城市,多毁于黄巾起义和随后的军阀混战中。此时军阀动辄屠城,一般城市破坏亦甚。

东汉首都洛阳毁于初平元年(190)三月,董卓迁都之役[1]。

汉长安毁于兴平二年(195)三月,李傕、郭汜之乱[2]。

三国立国前均建都城、宫殿与若干城市:曹操在196年建许昌[3];204年得邺,逐渐将其改成王都。曹丕改长安、谯、许昌、邺、洛阳为五都[4]。

208年孙权自吴迁京,筑京城(或认为镇江古城初创于200年或204年前,名"京城",在今鼓楼岗上[5])。211年筑建业,后为吴都。

蜀改建成都等。各国还新筑了一些边境屯守城市,为魏晋统一全国奠定基础。

此时,最有开创性的都城是曹魏邺城,最具代表性者分别是南朝建康、北魏洛阳,交相辉映。

1. 邺城[6]

邺城遗址在今河北省临漳县境内,位于县城西南20公里处,漳河横贯其间,有天下腰脊之称[7]。

邺城城制,肇始于东汉袁绍[8]。曹操将其重建成号令北方、一统全国前的政治、经济、文化中心[9](图5-1-2)。由邺北城、邺南城组成,废于大象二年(580),先后有六个王朝都此,370余年[10]。

(1) 邺北城

曹魏、十六国时后赵、冉魏、前燕,均都此。《水经注》载"东西七里,南北五里"[11]。已

---

〔1〕[宋]司马光撰:《资治通鉴》卷五十九《汉纪五十一·初平元年》,北京:中华书局,1956年标点本,第1912页。

〔2〕[宋]司马光撰:《资治通鉴》卷六十一《汉纪五十三·兴平二年》,北京:中华书局,1956年标点本,第1960页。

〔3〕陈有忠:《许昌城址考》,《中原文物》1985年第1期。

〔4〕蒋少华:《曹魏五都考论》,《襄樊学院学报》2010年第12期。

〔5〕韦正:《试论六朝时期的镇江古城》,《东南文化》1993年第6期。

〔6〕郭湖生:《中华古都》,台北:空间出版社,1997年,第246-259页。

〔7〕张平一:《从文献看古都邺城的兴废》,《文物春秋》1989年第Z1期。

〔8〕牛润珍:《邺城城制对古代朝鲜、日本都城制度的影响》,《韩国研究论丛》2007年第2期。

〔9〕王迎喜:《论曹操重建邺城的原因》,《中州学刊》1994年第6期。

〔10〕徐光冀、顾智:《河北临漳邺北城遗址勘探发掘简报》,《考古》1990年第7期

〔11〕[北魏]郦道元:《水经注》卷十《浊漳水条》,上海涌芬楼影印武英殿聚珍本。

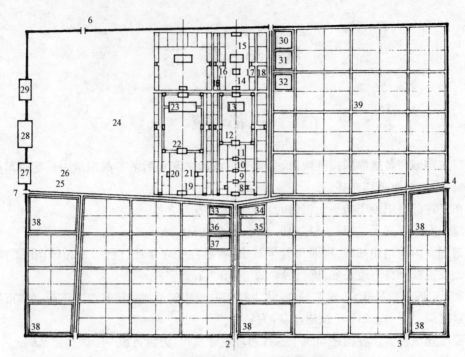

图 5-1-2　曹魏邺城（邺北城）平面复原图

1. 凤阳门　2. 中阳门　3. 广阳门　4. 建春门　5. 广德门　6. 厩门　7. 金明门　8. 司马门　9. 显阳门　10. 宣明门　11. 升贤门　12. 听政殿门　13. 听政殿　14. 温室　15. 鸣鹤堂　16. 木兰坊　17. 楸梓坊　18. 次舍　19. 南止车门　20. 延秋门　21. 长春门　22. 端门　23. 文昌殿　24. 铜爵园　25. 乘黄厩　26. 白藏库　27. 金虎台　28. 铜爵台　29. 冰井台　30. 大理寺　31. 宫内大社　32. 郎中令府　33. 相国府　34. 奉常寺　35. 大农寺　36. 御史大夫府　37. 少府卿寺　38. 军营　39. 戚里

初步找到北、东、南三面城墙、城门和门内道路。

　　邺城中间的中阳门大道正对宫殿区的主要宫殿，形成中轴，并与凤阳门大道、广阳门大道平行对称，标志我国都城史上新阶段，改变汉宫殿区的分散布局；都城中轴线的形成使都城更对称和规整，对北魏、东魏北齐、隋唐都城产生重要影响[1]。因此，邺城是中国城市发展史上的新质变[2]。

　　（2）邺南城

　　东魏、北齐之都城。永熙三年（534），北魏分裂为东魏、西魏。权臣高欢拥立孝静帝，改元天平，自洛阳迁都于邺，立东魏。迁都时拆毁洛阳宫殿，编其材木为筏，水运到邺城，天平二年（535）在邺城之南创建新都（图 5-1-3）[3]。

〔1〕徐光冀、顾智：《河北临漳邺北城遗址勘探发掘简报》，《考古》1990 年第 7 期；傅熹年：《中国古代建筑史·第二卷》（第二版），北京：中国建筑工业出版社，2001 年，第 2－7 页。

〔2〕吴刚：《中国城市发展的质变：曹魏的邺城和南朝城市群》，《史林》1995 年第 1 期。

〔3〕中国社会科学院考古研究所、河北省文物研究所邺城考古工作队：《河北临漳县邺南城遗址勘探与发掘》，《考古》1997 年第 3 期；郭济桥：《北朝时期邺南城布局初探》，《文物春秋》2002 年第 2 期；傅熹年：《中国古代建筑史·第二卷》（第二版），北京：中国建筑工业出版社，2009 年，第 91－95 页。

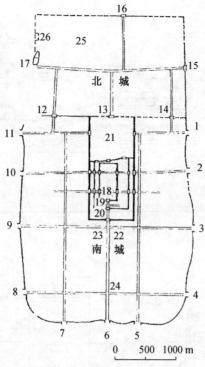

图 5-1-3　邺南城平面图

1. 昭德门　2. 上春门　3. 中阳门　4. 仁寿门　5. 启夏门　6. 朱明门　7. 厚载门
8. 止秋门　9. 西华门　10. 乾门　11. 纳义门　12. 凤阳门　13. 永阳门　14. 广阳
门　15. 建春门　16. 广德门　17. 金明门　18. 阊阖门　19. 端门　20. 止车门
21. 华林园　22. 大司马府　23. 御史台　24. 太庙　25. 铜爵园　26. 三台

邺南城呈纵长矩形,城墙水波形,城门处八字形突出双阙,城角为圆而非方,与传统迥异[1]。南面正门朱明门,已有复原[2](图 5-1-4)。

　　邺南城是南北朝时唯一按规划平地新建的都城。里承汉制、坊启隋唐,邺京里坊制度在中国古代都城制度史上具有承前启后的地位与作用[3]。

2. 北魏洛阳[4]

　　493 年,北魏孝文帝迁都洛阳,改旧俗、行汉化,建立汉化的北魏政权[5]。

[1]　徐光冀:《邺城考古的新收获》,《文物春秋》,1995 年第 3 期。
[2]　郭义孚:《邺南城朱明门复原研究》,《考古》1996 年第 1 期。
[3]　牛润珍:《东魏北齐邺京里坊制度考》,《晋阳学刊》2009 年第 6 期。
[4]　洛阳市文物局、洛阳白马寺汉魏故城文物保管所:《汉魏洛阳故城研究》,北京:科学出版社,2000 年;徐金星、杜玉生:《汉魏洛阳故城》,《文物》1981 年第 9 期;段鹏琦:《汉魏洛阳城的调查与发掘》,中国社会科学院考古研究所:《新中国的考古发现和研究》,北京:文物出版社,1984 年,第 516 - 521 页;郭湖生:《汉魏西晋北魏洛阳》,《建筑师》第 52 期,北京:中国建筑工业出版社,1993 年,第 53 - 56 页;傅熹年:《中国古代建筑史·第二卷》(第二版),北京:中国建筑工业出版社,2009 年,第 7 - 14,80 - 90 页。
[5]　"高祖初谋南迁,恐众心恋旧,乃示为大举(攻南朝),因以胁定群情。外名南伐,其实迁也。旧人怀土,多所不愿,内惮南征,无敢言者,于是定都洛阳。"[北齐]魏收撰:《魏书》卷五十三《李冲传》,第 1185 页。

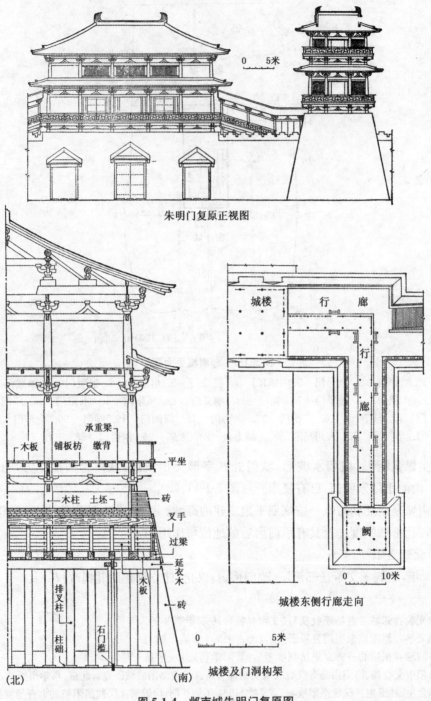

朱明门复原正视图

承重梁
木板　铺板枋　缴背
平坐
木柱　土坯
砖
叉手
过梁
延衣木
排叉柱
木板
柱础
石门槛
砖
（北）　　　　　　（南）

城楼及门洞构架

城楼　　行　廊
行
廊
阙

城楼东侧行廊走向

图 5-1-4　邺南城朱明门复原图

　　旧址在今洛阳市东约 15 公里处,自周汉、魏晋及北魏各朝,先后都此[1]。现遗址主要为北魏重建。以蒋少游主事,利用西晋废墟基址,考察、模仿南朝都城建康宫室、城邑布局。

　　曹魏至北魏洛阳城垣仍沿东汉旧制,绝大多数城门位置历代相沿不改。洛阳城西南隅有金镛城。大城及金镛城垣外侧都设城垛,是迄今所见我国内地古城最早实物(图5-1-5)。

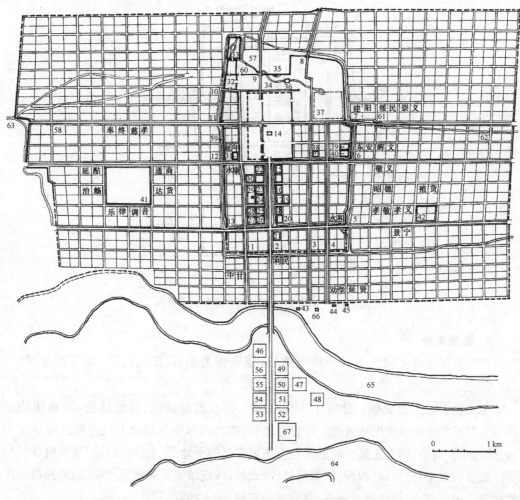

图 5-1-5 北魏洛阳城平面复原图

1. 津阳门　2. 宜阳门　3. 平昌门　4. 开阳门　5. 青阳门　6. 东阳门　7. 建春门　8. 广莫门　9. 大夏门　10. 承明门　11. 阊阖门　12. 西阳门　13. 西明门　14. 宫城　15. 左卫府　16. 司徒府　17. 国子学　18. 宗正寺　19. 景乐寺　20. 太庙　21. 护军府　22. 右卫府　23. 太尉府　24. 将作曹　25. 九级府　26. 太社　27. 胡统寺　28. 昭玄曹　29. 永守寺　30. 御史台　31. 武库　32. 金墉城　33. 洛阳小城　34. 华林园　35. 曹魏景阳山　36. 听讼观　37. 东宫预留地　38. 司空府　39. 太仓　40. 太仓署　导官署　41. 洛阳大市　42. 洛阳小市　43. 东汉灵台址　44. 东汉辟雍址　45. 东汉太学址　46. 四通市　47. 白象坊　48. 狮子坊　49. 金陵馆　50. 燕然馆　51. 扶桑馆　52. 崦嵫馆　53. 慕义里　54. 慕化里　55. 归德里　56. 归正里　57. 阅武场　58. 寿丘里　59. 阳渠水　60. 谷水　61. 东石桥　62. 七里桥　63. 长分桥　64. 伊水　65. 洛河　66. 东汉明堂址　67. 圜丘

　　《洛阳伽蓝记》载北魏洛阳有佛寺一千三百余所,目前遗址仅发掘永宁寺一处。汉魏洛阳城南的辟雍、太学、明堂、灵台等遗址清晰。北魏洛阳是规模宏大、秩序井然、景象壮丽的伟大都城(图5-1-6)。近年来,著名建筑考古学家钱国祥先生相关研究成果迭出。

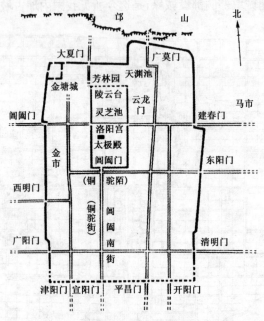

图 5-1-6　魏晋洛阳城平面布局复原示意图

3. 南朝建康[1]

自317年东晋立国至589年隋灭陈止,建康作为东晋、宋、齐、梁、陈五朝都城,历272年。

建康始于孙吴建业城。建安十五年(210),孙权西迁秣陵,改称建业,取意建功立业[2],旧址在今南京城南秣陵镇。迁建业之初,在西南部临江高地上楚金陵邑故地建小城,储存军资财物,即石头城。府廨等在石头城东北的平地上,主体府第称"将军府寺"[3]。

魏黄初二年(221),孙权西迁,都鄂城,改武昌,兴筑城池。吴黄龙元年(229)孙权又迁都建业。未建新宫,仍住将军府寺,其外加建宫城,称太初宫[4]。

吴建业城基本分南北两部。北半部宫苑区,有太初宫、昭明宫,宫北面和东面是苑城。宫苑区以南有三四条南北向大道,从苑城向南御街穿城南下长约七里。

---

〔1〕 郭湖生:《中华古都》,台北:空间出版社,1997年,第27-36页;罗宗真:《六朝考古》,南京:南京大学出版社,1994年,第10-33页;卢海鸣:《六朝都城》,南京:南京出版社,2002年;傅熹年:《中国古代建筑史·第二卷》(第二版),北京:中国建筑工业出版社,2009年,第17-21,59-71页。

〔2〕 石晓博:《六朝故都》,《唐都学刊》2013年第5期。

〔3〕 [晋]陈寿撰,[南朝宋]裴松之注:《三国志》卷四十七《吴书·吴主权·书赤乌十年改作太初宫事》裴松之注引《江表传》孙权诏书,北京:中华书局,1975年标点本,第1146页:"建业宫乃朕从京来所作将军府寺耳。"

〔4〕 [唐]许嵩撰,张忱石点校:《建康实录》卷二《太祖下》,北京:中华书局,1986年排印本,第38页:"(黄龙元年)冬十月,至自武昌,城建业太初宫居之。宫即长沙桓王故府也,因以不改。"

建业的主要居住区集中在南门外至秦淮河带的三角地段,并不在城内,后又发展到南岸,以大小长干里为著(《吴都赋》,图 5-1-7)。

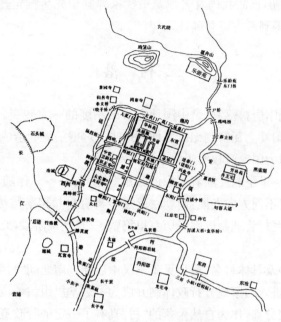

图 5-1-7 南京建康城平面复原图

西晋武帝太康元年(280)灭吴,三年(282)分淮水(秦淮河)北为建业,南为秣陵。建兴元年(313)避晋愍帝司马邺名讳,改建康。

建兴四年(316)晋愍帝被刘曜俘获,次年司马睿在建康称晋王,改元建武,建宗庙、社稷。

东晋建康立国之初,力量微弱,利用吴时的城市和宫殿,只建了南面正门宣阳门,并于门外向南大道的东西侧建宗庙和社稷,城用“篱墙”[1]。据《建康实录》引《舆地志》载城周长二十里十九步,远比长安、洛阳为小[2]。

330 年,名相王导主持,就吴时苑城建新宫,宫城周长 8 里,开五门。

339 年,用砖包砌宫城城墙并建门楼。建康宫城在中轴线北部,前有南北大道,夹道建官署及“左祖右社”,后接后苑,府库在宫东西两边,衙署在全城主轴线——御街两侧,与魏晋洛阳颇相似。在都城六门中,宣扬、开阳、清明、建春、西明五门,均沿用魏晋洛阳门名,模拟其模式。建筑形式是否受影响,值得深究。建康作为五朝都城,格局已定。

自 420 年刘宋建国起,到 549 年侯景毁建康,至 557 年梁亡止,历 137 年,在东晋基础

---

〔1〕 [宋]司马迁撰:《资治通鉴》卷一百三十五《齐纪一·高帝建元二年》,第 4238 页:“自晋以来,建康宫之外城唯设竹篱,而有六门。会有白虎樽这,言‘白门三重关,竹篱穿不完’。上感其言,命改立都墙。”

〔2〕 [唐]许嵩撰,张忱石点校:《建康实录》卷七《晋成帝咸和五年》,北京:中华书局,1988 年,第 179页。

上增添、改建,成为比北魏洛阳更壮丽繁华的都城。自557年陈建国至589年隋灭陈止32年间,无较大建设,直至被毁。

20世纪90年代初,已故我国著名建筑史学家郭湖生先生推定建康宫城在今大行宫一带[1],石破天惊,得到考古资料确证。

二、村 落

从秦汉乡亭里到隋唐村落制,是中国地方行政制度的一大转变。五胡入据中原与坞壁的普遍兴起,把我国社会瓦解到无以复加的地步。坞壁的崛起造成新的豪强门阀格局,由此产生的乡村组织为国家政权所吸收改造[2]。

东汉末年以来,乡里亭制度随着国家的瓦解日趋式微[3]。伴随着政权分裂,南北朝乡村管理制度也朝着不同方向发展:南朝村落逐步具有自然聚落与法定乡村组织单位的双重意义;而北朝的乡村管理制度则经历乡里坞壁、三长制两阶段,此时南北朝乡村众多,规模大小不一[4]。

文献记载"村"字及具体村名,最早见于东汉中后期。南北朝"村"名泛化,村开始具备社会意义,这是"村"进入国家地方行政体制并成为一级基层组织单位的必要条件[5]。

魏晋南北朝里聚分离,作为自然聚落的"村"具有了一定的行政意义;至唐代里正成为乡政的主持者,村正开始行使里正职掌村落的行政与法律地位得到确认,乡里之制演化为乡村之制[6]。

此时村落形态是村与田野之间用坞壁分隔,即使没有那么壮观,周围也有土墙环绕,由村门或闾出入,里面相当狭小,人家密集[7]。

村中除生活、防卫设施外,还有一些宗教、祭祀设施,如北魏时敦煌地区"村坞相属,多有塔寺";另村旁有墓地[8]。

[1] 郭湖生:《六朝建康》,《建筑师》第54期,北京:中国建筑工业出版社,1993年;郭湖生:《台城考》,《中华古都》,台北:空间出版社,1997年,第183-230页。
[2] 韩昇:《魏晋隋唐的坞壁和村》,《厦门大学学报》(哲学社会科学版)1997年第2期。
[3] 孟天运:《评〈南北朝乡村社会组织研究〉》,《东方论坛》2008年第5期。
[4] 高贤栋:《南北朝乡村社会组织研究》,济南:山东大学出版社,2008年,第7-71页。
[5] 刘再聪:《村的起源及"村"概念的泛化——立足于唐以前的考察》,《史学月刊》2006年第12期。
[6] 马新、齐涛:《汉唐村落形态略论》,《中国史研究》2006年第2期。
[7] 宫川尚志:《六朝时代的村》,刘俊文:《日本学者研究中国史论著选译·第4卷》,北京:中华书局,1992年,第95-102页。
[8] 吴海燕:《魏晋南北朝乡村社会及其变迁研究》,博士学位论文,郑州大学历史系,2005年,第91页。

第二节　群(单)体建筑

一、宫　殿

1. 魏蜀吴

三国时各国建有宫殿,虽规模不逮秦汉,因循旧制的同时亦有创新。

"营新宫于爽垲,拟承明而起庐。……"(左思《蜀都赋》)。故蜀汉确曾营建宫城,宫内有大量官员办事机构,与中原传统一致。

孙吴宫殿主要有武昌宫和建业太初宫、昭明宫等。吴宝鼎二年(267),吴主孙皓起昭明宫于太初宫之东,正殿名赤乌殿,寝室名清庙。在昭明宫旁建苑囿,苑中起土山筑楼观(即华林园之前身),深受曹魏洛阳九龙殿和华林园、景阳山影响。

吴蜀志在中原,然艰于国力,所建宫室较小。魏都特别是洛阳,以正朔自居,宫室最为壮丽。

魏宫殿主要有立国前的邺城宫室,立国后的洛阳、许昌宫殿。

(1)邺城宫殿

据(晋)左思《邺都赋》及赋中(晋)张载注文知,邺宫在城北半部略偏西。可分中、东、西三区。郭湖生先生称其"邺城制度",是中国都城史上一段重要时期(图 5-1-2)[1]。

(2)洛阳宫殿

建安二十四年(219),曹操留居洛阳,在北宫起建始殿。

黄初元年(220)曹丕代汉称帝定都洛阳,以建始殿作临时朝会正殿,陆续兴建凌云台、嘉福殿、崇华殿,又在宫北建芳林园和园中的仁寿殿。至曹丕去世,仅恢复北宫西部,宫门外无阙。

234 年,魏明帝曹叡大兴宫室,先修许昌宫;自青龙三年(235)始全面兴建洛阳宫殿,先后在北宫建主殿太极殿、后宫正殿昭阳殿、寝殿崇华殿(后名九龙殿)和观、阙、罘罳等。

建成后的曹魏洛阳北宫至少有三条南北轴线(图 5-2-1)。

(3)许昌宫殿

许昌宫殿始建于建安元年(196),是年曹操迎汉献帝所建。232 年 9 月魏明帝下令修许昌宫,约一年完成。234 年始修洛阳宫,魏明帝大部时间住许昌宫,同年九月建许昌宫主殿景福殿[2](遗址在今许昌故城内西南隅[3])。

据《许昌宫赋》《景福殿赋》等,许昌宫正殿称景福殿,供大朝会之用。殿四周建廊庑,

〔1〕　郭湖生:《论邺城制度》,《建筑师》第 95 期,北京:中国建筑工业出版社,2000 年。

〔2〕　[晋]陈寿撰,[南朝宋]裴松之注:《三国志》卷三《魏书·明帝纪·太和六年九月》,第 99 页。

〔3〕　贾庆申:《汉魏许昌官景福殿基址考辨》,《许昌学院学报》1993 年第 3 期。

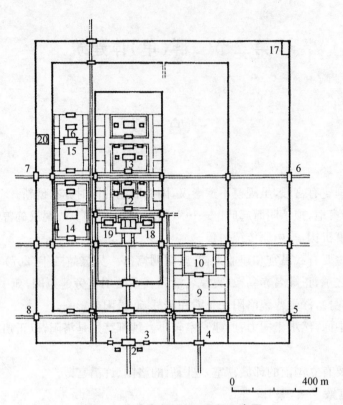

图 5-2-1 曹魏洛阳宫殿平面示意图
1. 掖门 2. 阊阖门 3. 掖门 4. 大司马门 5. 东掖门 6. 云龙门 7. 神虎门
8. 西掖门 9. 尚书省 10. 朝堂 11. 太极殿 12. 式乾殿 13. 昭阳殿 14. 建
始殿 15. 九龙殿 16. 嘉福殿 17. 听讼观 18. 东堂 19. 西堂 20. 凌云台

围成巨大宫院。南门称端门，南向正对宫城南门。景福殿建在高大土台上，台侧壁用石砌成有多层台基和栏杆，是巨大的台榭式建筑。

2. 东晋南朝建康宫殿

西晋代魏而立，仍沿用洛阳魏宫。东晋南朝又承续西晋。

西晋灭亡，南迁的东晋与中原各少数民族政权，争作正统，其都城、宫室均以魏晋洛阳城和洛阳宫为比附、摹拟的对象。魏晋洛阳宫遂成为统一王朝宫殿模式。

其中东晋、南朝建康宫始建于 330 年，入南北朝时又历宋、齐、梁、陈四朝建设，是此期建筑技艺水平最高、最壮丽的宫殿。

330 年在名相王导主持下，于吴时苑城旧地建新宫，331 年成，为建康宫，又称台或台城。

339 年用砖包砌宫城，并兴建城楼。台城位于建康中轴线上，正门大司马门，南对建康城南面正门宣阳门，其间的干道称御街，御街穿过宣阳门南行，延伸到秦淮河北岸朱雀航北端的朱雀门，形成建康中轴线。

晋孝武帝太元三年，因宫室已有朽败，在名相谢安主持下，以毛安之为大匠，重修宫殿,史载共重建宫室三千五百间[1]。重建后,建康宫城开五座宫门(图5-2-2)。宫城内还有两重墙,共三重。基本延续西晋洛阳宫布局,但又有所发展[2]。

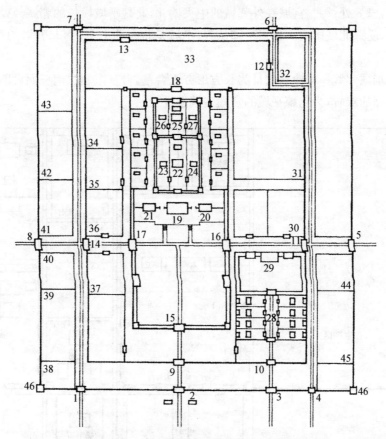

图5-2-2 东晋、南朝建康宫平面复原示意图

1. 西掖门(宋、齐) 2. 大司马门 3. 南掖门(晋) 阊阖门(宋) 端门(陈) 4. 东掖门(宋、齐) 5. 东掖门(晋) 万春门(宋) 东华门(梁) 6. 平昌门(晋) 广莫门(宋) 承明门(宋) 7. 大通门(梁) 8. 西掖门(晋) 千秋门(宋) 西华门(梁) 9. 南止车门(晋) 应门(梁) 10. 应门 11. 东止车门 12. 华林东阁 13. 北上阁 14. 西止车门 15. 端门(晋) 南中华门(宋) 太阳门(梁) 16. 云龙门(晋、齐) 东中华门(宋) 万春门(梁) 17. 神虎门(晋、齐) 西中华门(宋) 千秋门(梁) 18. 凤妆门 19. 太极殿 20. 太极东堂 21. 太极西堂 22. 式乾殿(中斋) 23. 西斋 24. 东斋 25. 显阳殿 26. 徽音殿 27. 含章殿 28. 尚书省 29. 朝堂 30. 散骑省 31. 太后宫 32. 客省 33. 华林园 34. 永福省 35. 秘阁 36. 门下省(?) 37. 中书省 38. 卫尉 39. 中书下省 40. 右卫 41. 门下下省 42. 武库 43. 太仓 44. 左卫 45. 尚书下省 46. 角楼

3. 北魏

(1) 平城宫殿

北魏王朝志在确立华夏文明,孝文帝拓跋宏更具革故鼎新、推袭周礼汉制的雄心。

———————————

[1] [唐]许嵩撰,张忱石点校:《建康实录》卷九《孝武帝·太元三年正月》,第265页。
[2] 郭湖生:《中华古都》,台北:空间出版社,1997年,第27-35页。

北魏平城分宫城、外城和郭城三部，采取以北部宫城为核心，具有南北中轴线的城市布局[1]（图 5-2-3）。据《魏书》《南齐书》《水经注》等书，城内城外主要的宫观苑囿有宫 16 处，殿 21 处，堂 8 处[2]。宫城在外郭城的中央偏北，北魏平城横长的郭城、宫城位于城内偏北等特征，受邺北城影响。村田治郎认为，平城是将东西七里、南北五里的邺北城放大后规划[3]。

大同操场城北魏一号建筑遗址为长方形夯土台基，台基东、北、南三面设踏步，其中南面为东西并列的双阶，为北魏平城的宫殿建筑遗址[4]。

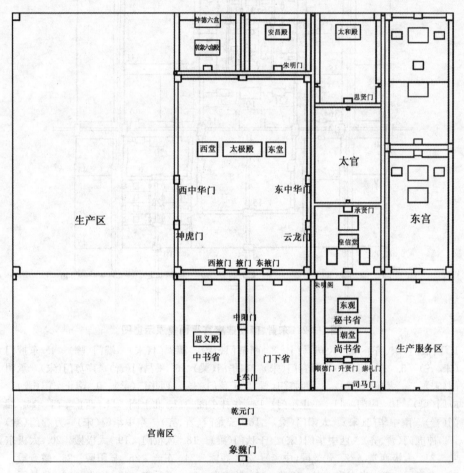

图 5-2-3　孝文帝北魏平城宫殿推测图

〔1〕 段智钧、赵娜冬、吕学贞：《北魏平城宫城及其主要建筑遗迹考证》，《山西大同大学学报》（社会科学版）2011 年第 3 期。
〔2〕 叶骁军：《北魏平城都城宫室之制及其渊源影响研究》，《三门峡职业技术学院学报》2011 年第 2 期。
〔3〕 堀内明博著、于德源译：《北魏平城》，《大同高等专科学校学报》（综合版）1994 年第 4 期。
〔4〕 王银田：《试论大同操场城北魏建筑遗址的性质》，《考古》2008 年第 2 期。

（2）洛阳宫殿

北魏太和十七年（493）孝文帝自平城迁都洛阳，同年重建宫殿。主要由蒋少游、王遇和董尔等负责，先修复金镛城和宫城北面的华林园，供皇帝临时居住。

北魏洛阳宫在魏晋宫城的范围内重建，基本轮廓已探清，是南北向狭长的矩形（图 5-2-4）。与南朝建康宫不同，说明主要沿用魏晋洛阳旧制[1]。

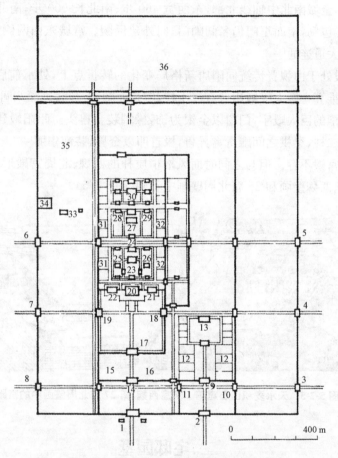

图 5-2-4　北魏洛阳宫城平面复原示意图

1. 阊阖门　2. 大司马门　3. 东掖门　4. 云龙门　5. 万岁门　6. 千秋门　7. 神虎门　8. 西掖门　9. 尚书省门　10. 省东门　11. 省西门　12. 尚书省　13. 朝堂　14. 南止车门　15. 门下省（?）　16. 中书省　17. 端门　18. 朱华门　19. 乾明门　20. 太极殿　21. 太极东堂　22. 太极西堂　23. 式乾殿　24. 显阳殿　25. 徽音殿　26. 含章殿　27. 宣光殿　28. 明光殿　29. 晖章殿　30. 嘉福殿　31. 西省　32. 东省　33. 九龙殿　34. 凌云台　35. 西林园　36. 华林园

北方各少数民族政权所建宫殿中，以在魏晋洛阳宫旧址上重建的北魏洛阳宫水平最高。它借鉴参考了南朝建康宫，是兼有魏晋和南朝建康宫之长的壮丽宫殿。

---

[1]　郭湖生：《中华古都》，台北：空间出版社，1997 年，第 19 - 26 页；傅熹年：《中国古代建筑史·第二卷》（第二版），北京：中国建筑工业出版社，2009 年，第 109 - 114 页。

4. 北齐邺南城宫殿[1]

北魏永熙三年（534）孝武帝西奔，高欢立孝静帝迁都于邺，立东魏。535 年，高欢发76 000 人在邺城之南创建新城、新宫。兴和元年（539）十一月，新宫落成，次年春，魏帝移入新宫。新城在旧邺城之南以邺城南墙为其北墙，史称邺南城。550 年高齐代东魏后，成为北齐的都城、宫殿。

南城新宫在全城南北中轴线北部，东西宽 460 步、南北长 900 步，南北长的矩形。宫城于 555 年用砖包砌，南面正门仍名阊阖门，门外建巨阙。宫城东西两侧各有两门，均东西相对，有横向大道连通[2]。

邺南城宫殿处于由魏晋传统向隋唐新格局变化的转折点上，处承前启后的地位。据《邺城故事》载，推算主殿太极殿用一百二十柱，应是面阔十三间、进深八间，中心部分长七间、深两间为内槽的巨大殿宇，门窗以金银为饰，椽端装金兽头。昭阳殿建在高九尺的珉石基上，用七十二柱，梁栱之间雕奇禽异兽，椽首叩以金兽，装饰华丽[3]。

东魏、北齐宫殿不存。但与之同时而风格稍质朴的西魏、北周宫殿形象，可在甘肃天水麦积山 127 窟西魏壁画和 27 窟北周壁画中看到（图 5-2-5）。

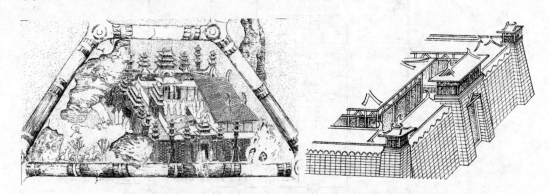

图 5-2-5　天水麦积山石窟第 127 窟西魏、第 27 窟北周壁画中的宫殿

二、宅邸园墅

三国住宅，应与秦汉相类。由中轴线上的若干厅堂及围绕的庭院、回廊等，组成合院式布局。北魏和东魏时贵族住宅正门，据雕刻所示多用庑殿顶、有鸱尾，围墙上有成排的直棂窗，可能墙内有围绕庭院的走廊（图 5-2-6）。

受皇家宫殿后（北）部置苑囿影响，北魏末期贵族住宅后部往往亦有园林，园中有土山、钓台、曲沼、飞梁、重阁等。魏晋以降，士大夫纵情山水，山水文化兴盛，对当时园林、苑

〔1〕 郭湖生:《中华古都》,台北:空间出版社,1997 年,第 246－259 页;傅熹年:《中国古代建筑史·第二卷》(第二版),北京:中国建筑工业出版社,2009 年,第 114－118 页。

〔2〕 [清]顾炎武:《历代宅京记》卷十二《邺下·宫室》,北京:中华书局,1984 年,第 182－183 页。

〔3〕 [清]顾炎武:《历代宅京记》卷十二《邺下·宫室·昭阳殿》引《邺城故事》,北京:中华书局,2004 年,第 183 页。

图 5-2-6 天水麦积山石窟第 4 窟北周壁画中的住宅院落图之一

囿影响深刻。

时逢乱世,楼坞盛行,各地方乡村都建造大量的坞堡,住几十户到几百户人家,最大者多至万户,耕以自存,战则自保,构成当时乡村社会的一大特色。楼坞种类复杂,按构成如流民坞壁、家族坞壁、豪强坞壁及非常时期强令民户结成的坞壁等[1]。

1. 府邸宅第

三国魏晋战乱频繁,城乡住宅规模与豪华程度,不及两汉。南北朝时社会相对安定,经济有所发展,府邸宅第和精舍别业,史不绝载。不时颁布限制居室规制的法令,也可佐证。

汉以降大邸宅一般分前后二区,前区对外,主建筑为厅,是主人延接宾客和起居之处;后区是私宅,主建筑为堂,供主人及眷属居住。前后区各有大量辅助房屋,构成不同院落,汇为巨宅[2]。

曹魏邺城建有大量豪华宅第,前厅后宅;在听事和内宅之间有一条横巷隔开,以划分内外。大邸宅前后区各以厅事、后堂为中心,形成主庭院,四周布列由次要和辅助房屋组成的院落。有的宅旁或宅后建园林,北齐时多于宅第内建后园,规模大者好作水堂龙舟,游乐为主[3]。

《南史》载刘宋竟陵王刘诞造第立舍,穷极工巧,园池之美,冠于一时;多聚材力之士实之。第内精甲利器,莫非上品[4]。

[1] 田梅英:《魏晋南北朝时期坞壁的类型及内部机制》,《山东师大学报》(社会科学版)1998 年第 6 期。

[2] 周学鹰:《从画像砖石看汉代的深宅大院》,《文史知识》2006 年第 7 期。

[3] 傅熹年:《中国古代建筑史·第二卷》(第二版),北京:中国建筑工业出版社,2009 年,第 138－143 页。

[4] [唐]李延寿:《南史》卷十四《竟陵王诞传》,北京:中华书局,1975 年,第 397 页。

一般房屋朱柱白壁。汉代起，三公（太尉、司徒、司空）邸宅正门并列开三门，中门涂黄色称黄阁，门内设屏，北齐和陈亦然[1]。鸱尾在两晋是宫殿中专用饰物，刘宋特许在三公府第黄阁和厅事上使用[2]。崔凯曰"卿大夫为夏屋"，或厅堂歇山顶。

贵邸多喜用柏木建殿、堂、斋、屋，用为寝室。南朝大邸宅和宫室墙壁除土壁外，也用木板壁。住宅门窗从少量北朝石刻图像看，应为版门、直棂窗，开敞的堂挂帷幔竹帘（图5-2-7、5-2-8）。北朝住宅台基多用石包砌，砖铺散水；厅堂台阶持两阶之制。室内地面有满铺木板，也有铺席后设床。贵者室内可设帐。南朝时尚尊古制，主人在堂内西侧面东，帐及床帐禁止设在室中、南向，此为皇帝宫中设帐位置[3]。

图 5-2-7　北魏石刻中的住宅

图 5-2-8　天水麦积山石窟第 4 窟北周壁画中的住宅院落图之二

北方寒冷，南北朝时冬季出现地炕。《水经注》载观鸡寺，"寺内有大堂，甚高广，可容

---

〔1〕［梁］沈约：《宋书》卷十五《礼志·三公黄阁》，北京：中华书局，1974 年，第 412 页；［唐］李延寿：《南史》卷二十三《王诞传附王莹传》，北京：中华书局，1974 年，第 622 页；［唐］魏徵：《隋书》卷二十七《百官志》，北京：中华书局，1974 年，第 751 页。

〔2〕［梁］沈约：《宋书》卷八十四《邓琬传》，北京：中华书局，1974 年，第 2134 页。

〔3〕［清］严可均校辑：《全上古三代秦汉三国六朝文》，第 275 页。

千僧。下悉结石为之,上加涂墍,基内疏通,枝经脉散。基侧室外,四出爨火,炎势内流,一堂尽温"[1]。这是室外烧火地炕的雏形,明清故宫、韩国宫殿亦然。

2. 别业园林

汉末三国时,仲长统云"欲使居有良田广宅,在高山流水之畔,沟池自环,竹木周布,场圃在前,果园在后"[2],此风魏晋南北朝大行。魏晋士族醉心玄学,崇尚清淡,追求适性、自然,欣赏自然之美成为一时风尚。他们在乡间山水佳处,建园墅、别业,立精舍[3]。

西晋著名庄园,为石崇金谷园。"晚节更乐放逸,笃好林薮,遂肥遁於河阳别业。其制宅也,却阻长堤,前临清渠,百木几于万株,流水周于舍下。有观阁池沼,多养鱼鸟"[4],可见一斑。

东晋南朝建园之风愈盛,造园水平逐渐提高。《晋书》载王导有西园,"园中果木成林,又有鸟兽麋鹿"[5]。谢安在"土山营墅,楼馆林竹甚盛"[6]等。刘宋时孔灵符在浙江萧山造园,《南史》"又于永兴(萧山县境)立墅,周回三十三里,水陆地二百六十五顷,含带二山"[7],庄园广大。著名的谢灵运始宁别业,"左江右湖,往渚远汀,面山背阜,东阻西倾"[8],自然环境秀美。

魏晋南北朝战乱频仍,社会各阶层都无力营建如汉代般侈大豪华的游乐性园林。此时的大小庄园别墅多属生产性庄园[9],拥有大量僮奴和门生故旧等,耕作服役;但又建在风景佳处,具园林性质。

另一类是宅旁园[10]。《晋书》载纪瞻"厚自奉养,立宅于乌衣巷,馆宇崇丽,园池竹木,有足赏玩焉"[11],是城中宅旁园。南朝后,造园风气进一步变化,《宋书》云戴颙"出居吴下,士人共为筑室,聚石引水,植林开涧,少时繁密,有若自然"[12],造园风气趋向摹拟、再现自然之美。

《南史》中也有不少记载贵官以园池之美,闻于世者[13]。此时造园成就还表现在一些

[1] [北魏]郦道元:《水经注》卷十四《鲍丘水》,见王国维:《水经注校》,第467页。

[2] 《全宋文》卷三十一《谢灵运·山居赋》注所引,见[清]严可均校辑:《全上古三代秦汉三国六朝文》,第2604页。

[3] 傅熹年:《中国古代建筑史·第二卷》(第二版),北京:中国建筑工业出版社,2009年,第143-144页。

[4] [梁]萧统编,[唐]李善注:《文选》卷四十五,石崇《思归引序》,北京:中华书局,1977年胡刻本缩小影印,第642页。

[5] [唐]房玄龄:《晋书》卷九十四《郭文传》,第2440页。

[6] [唐]房玄龄:《晋书》卷七十九《谢安传》,第2075页。

[7] [唐]李延寿:《南史》卷二十七《孔靖传附孔灵符传》,第276页。

[8] 《全宋文》卷三十一《谢灵运·山居赋》,见[清]严可均校辑:《全上古三代秦汉三国六朝文》,第2604-2608页。

[9] 此庄园一词,与西方有别,非为一谈。正藩、泽滨:《六朝时期江南的山墅》,《南充师院学报》(哲学社会科学版)1987年第4期。

[10] 傅熹年:《中国古代建筑史·第二卷》(第二版),北京:中国建筑工业出版社,2009年,第144-145页。

[11] [唐]房玄龄:《晋书》卷六十八《纪瞻传》,第1824页。

[12] [梁]沈约:《宋书》卷九十二《隐逸列传·戴颙传》,第2277页。

[13] 马晓、周学鹰:《江南水乡园林发展史略(之二)》,《华中建筑》2009年第7期。

小而清雅的园林上。梁徐勉自言："为培塿之山，聚石移果，杂以花卉，以娱休沐，用讬性灵"[1]，这类较小的园林更追求自然野逸，寄寓情怀。

北魏在洛阳立都后的四十余年，虽国势日衰，危机隐伏，然造园风气日盛一日，达到较高水平。《洛阳伽蓝记》载"帝族王侯，外戚公主，擅山海之富，居林川之饶，争修园宅，互相夸竞。……高台芳树，家家而筑，花林曲池，园园而有"[2]。诸王邸宅园林，大都建在洛阳外郭中，占较大地域。高阳王元雍"贵极人臣，富兼山海""其竹林鱼池，侔于禁苑，芳草如积，珍木连阴"[3]。由此，北魏造园也以模拟自然和使建筑与景物相得益彰为贵，宅园图像历历在目（图5-2-9）[4]。

图 5-2-9　北朝孝子石棺雕刻中的宅园

魏晋南北朝时我国古典园林基本完备。在人造的自然氛围中，体玄悟道以"尽幽居之美"[5]。园林日益与诗情、哲理相结合，成为有高度文化内涵的人造自然。

三、寺塔石窟

佛教建筑自三国至南北朝开始发展并趋向昌盛，与佛教逐步中国化过程一致。

三国、西晋时官方立寺数量渐多，但佛教仍被限制。

东晋十六国起，在国家政权对佛教的支持下，佛寺以官方、民间、僧人立寺等多种方式建立，数量渐增，规模扩大，功能完善。

南北朝时大量人力、物力随同宗教热情，投入到建塔、立寺、开窟、造像之中。

佛教建筑主要指佛寺，包括石窟寺、造像塔、墓塔、经幢及依附于宫室、宅邸或独立郊

〔1〕［唐］姚思廉：《梁书》卷二十五《徐勉传·〈戒子崧书〉》，北京：中华书局，1973年标点本，第384页。
〔2〕［魏］杨衒之：《洛阳伽蓝记》卷四《寿丘里》，见［魏］杨衒之撰，周祖谟校释：《洛阳伽蓝记校释》，北京：中华书局，1963年，第163页。
〔3〕［魏］杨衒之：《洛阳伽蓝记》卷三《高阳王寺》，见［魏］杨衒之撰，周祖谟校释：《洛阳伽蓝记校释》，第137页。
〔4〕宫大中：《邙洛北魏孝子画像石棺考释》，《中原文物》1984年第2期。
〔5〕姜智：《魏晋南北朝时期园林的环境审美思想研究》，硕士学位论文，山东大学文学与新闻传播学院，2012年，第2页。

野的精舍、里坊中的僧坊等。

1. 佛寺

公元 67 年,天竺高僧迦叶摩腾等来到东汉洛阳,政府将官署鸿胪寺作其招待所,"寺"逐渐由官署变为佛教寺院专称。汉明帝为天竺高僧建"白马寺"[1]。佛寺的建立自上而下,初期多由帝王敕建国家供养,后逐渐出现王公贵族与各级官吏建寺。东晋时尚舍宅为寺,此风一直延续至南北朝后期。同时,僧人逐渐积累财富,具备建塔造寺实力,大小佛寺遍布各地。

（1）以塔为主

汉魏两晋立寺(祠)均以佛塔为主。初置佛像于塔内,供人禅观、礼拜,"可暂入塔,观佛形像"[2]。佛塔外围绕或有附属建筑,如阁道、僧房等(图 5-2-10)。其时立佛寺主要供外来僧,占地有限。

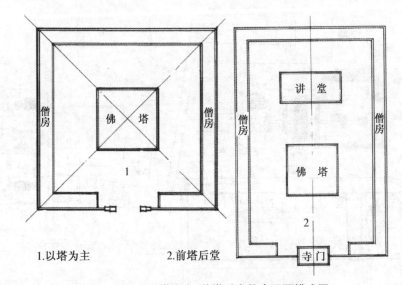

1.以塔为主　　　　2.前塔后堂

图 5-2-10　以塔为主、前塔后堂佛寺平面模式图

晋陈寿《三国志·吴书·刘繇传》载汉献帝初平年间(190—193),丹阳人笮融"大起浮图祠。……垂铜盘九重,下为重楼,阁道可容三千余人"[3]。南朝宋范晔《后汉书·陶谦传》:"(笮融)大起浮屠寺。上累金盘,下为重楼,又堂阁周回,可容三千许人"[4]。该祠以佛塔(上累金盘的重楼)为中心,四周环绕阁道。

《高僧传·康僧会传》:"以吴赤乌十年(247)初达建邺,营立茅茨,设像行道。……(后立坛求得舍利,吴帝孙权)即为建塔。以始有佛寺,故号建初寺。因名其(所住)地为佛陀里"[5],建

〔1〕　梁思成:《中国的佛教建筑》,《清华大学学报》(自然科学版)1962 年第 2 期。

〔2〕　[唐]道世:《法苑珠林》卷十三《敬佛篇·观佛部》,第 107 页。

〔3〕　[晋]陈寿撰,[南朝宋]裴松之注:《三国志》卷四十九,第 1185 页。

〔4〕　[南朝宋]范晔撰,[唐]李贤等注:《后汉书》卷七十三,北京:中华书局,1965 年标点本,第 2368 页。

〔5〕　[梁]慧皎《高僧传》卷一《康僧会传》,《大正大藏经》NO.2059,第 325 页;[唐]道世:《法苑珠林》,第 309 页。

塔即建寺。以塔为主、绕塔礼拜是汉地佛寺初期特征，随着佛教流布，佛寺形态渐变。

（2）堂塔并立

西晋末佛教发展，僧众数量大增，佛寺形态相应变化。东晋十六国时出现以佛塔、讲堂为主，兼有其他附属建筑的佛寺。讲堂常设于塔后，与塔成一纵轴。但讲堂不供佛像，仅僧人活动，塔仍为中心。

东晋兴宁中（364），晋哀帝诏建瓦官寺，"止堂、塔而已"。数年后（371）道安弟子竺法汰居寺，主体建筑周围增建大门及其他附属建筑[1]。史载道安于襄阳立檀溪寺，"建塔五层，起房四百"，当以僧房为主。

南北朝时由于对佛像崇拜需求，金堂地位日重，寺院始堂塔并重，可参照日本国法隆寺（图 5-2-11），或左右、或前后并置，一直延续至唐。金堂地位巩固后，中轴线上以山门、金堂和法堂为主体[2]。

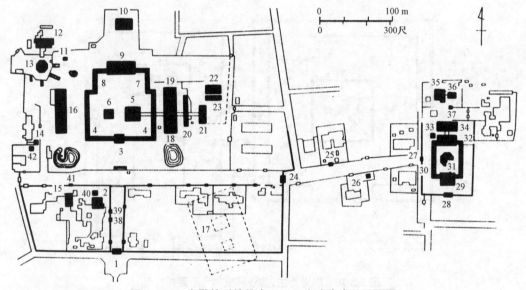

图 5-2-11　堂塔并列的佛寺——日本法隆寺总平面图

1. 南大门　2. 西园院客殿　3. 中门　4. 回廊　5. 金堂　6. 五重塔　7. 钟楼　8. 经藏　9. 大讲堂　10. 上御堂　11. 地藏堂　12. 药师坊库里　13. 西门堂　14. 宝珠院本堂　15. 大汤屋　16. 三经院・西室　17. 若草伽蓝迹　18. 圣灵院　19. 东室　20. 僧坊（妻室）[3]　21. 网封藏　22. 食堂　23. 细殿　24. 东大门　25. 宗源院四脚门　26. 福园院本堂　27. 东院四脚门　28. 东院南门　29. 东院礼堂　30. 东院回廊　31. 梦殿　32. 舍利殿・绘殿　33. 东院钟楼　34. 传法堂　35. 北室院太子殿　36. 北室院本堂　37. 北室院表门　38. 西园院上土门　39. 西园院唐门　40. 新堂　41. 大汤屋表门　42. 中院本堂

［1］　［唐］许嵩撰，张忱石点校：《建康实录》卷八《哀帝纪》，第 233 页；《高僧传》卷五《竺法汰传》，《大正大藏经》NO. 2059，第 354 页。

［2］　王维仁、徐翥：《中国早期寺院配置的形态演变初探：塔・金堂・法堂・阁的建筑形制》，《南方建筑》2011 年第 4 期。

［3］　据日本东京大学生产技术研究所研究员包慕萍：法隆寺东室是高僧居住的僧房，妻室原名小子室，是高僧手下的僧人居住的僧房。近世（16～19 世纪）时期改造了小子室，改名为妻室。日语中"妻"指山面，根据悬山山面称为"妻室"。

（3）前塔后殿

佛殿（日人曰金堂，即后世大雄宝殿[1]）的出现与佛像造铸有关。东晋十六国，汉地造像广泛流行。后秦十八年（406）后，鸠摩罗什重译的《法华经》流传，宣扬佛身常住不灭，变化无尽，只要为佛建寺造塔、造像绘画作各种供养，便有望成佛。由是供养佛像，成为流行的佛教信仰方式。

南北朝以国家财力大规模铸像，广立佛殿，其数量、规模迅速增长。北魏云冈石窟有并列七佛上覆庑殿顶，三殿并列，模拟帝居；北周麦积山石窟第4窟整体表现面阔七间、每间设一佛帐的庑殿顶大殿（图5-2-12）[2]。同时，菩萨数量渐增，寺院中殿堂渐多，除正殿外多有前后数重殿堂和两侧配殿等。

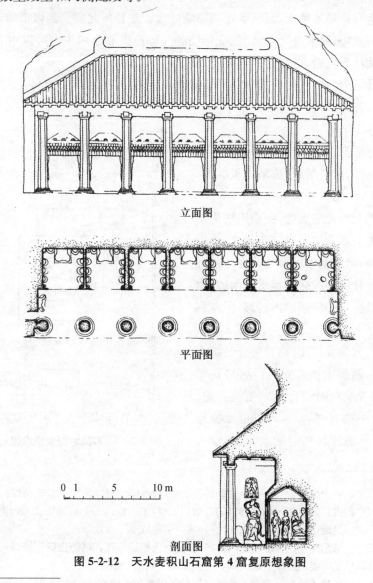

立面图

平面图

0 1   5   10 m

剖面图

图5-2-12　天水麦积山石窟第4窟复原想象图

[1]　范培松：《中国寺院形制及布局特点》，《考古与文物》2000年第2期。
[2]　魏文斌：《七佛、七佛窟与七佛信仰》，《丝绸之路》1997年第3期。

佛殿的大规模建造还与佛像帝王化有关，佛殿亦需仿照帝宫。如著名的洛阳永宁寺大殿，就"形如太极殿（洛阳宫中正殿）"[1]。此后，地方佛寺主殿，也被允许采用宫殿样式。由此，南北朝依帝王形象造铸佛像，按宫殿规制营建佛殿以致整个佛寺，成为北魏中后期造像立寺的特色[2]。

（4）舍宅为寺

"晋南渡后，释氏始盛"（钱大昕《十驾斋养新录·沙门入艺术传始于东晋》卷六）。不仅官方造寺兴盛，各阶层多舍宅为寺。如苏州虎丘云岩寺、灵岩寺，扬州天宁寺等。"晋兵部尚书徐恬宅，舍为灵光寺"[3]，栖霞寺为南齐（479）明僧绍舍宅而成，沙门法度禅师住持等。

舍宅为寺，常以正厅作佛殿或讲堂，其余建筑多沿其旧；限于宅院空间，非都立塔。此种几乎延续宅邸格局的佛寺，对佛寺布局影响巨大。东晋南北朝大部城市佛寺，为住宅形态：中轴对称，或"多路多进"。如北魏末年（529—531）尚书令尔朱世隆以宦官刘腾宅，立建中寺，"以前厅为佛殿，后堂为讲室"[4]。

宅邸之外，还有官府、衙署等改建佛寺。如梁武帝大通元年（527），在宫后造立同泰寺，由大理寺署改建[5]。

（5）形态演化

北魏佛寺形态，以永宁寺为著。永宁寺遗址长方形平面，前塔后殿，佛塔体量巨大，塔为中心（图5-2-13）[6]。

北魏后期渐行舍宅为寺，突破以塔为中心格局。舍宅为寺及佛殿进一步确立，佛塔地位相对下降，南北朝中期开始改变。佛寺中的经楼与钟楼由佛殿后边至佛殿前边、由中心院落以外至中心院落以内迁移，但左右位置无定制[7]。

与汉魏官方建寺相比，西晋佛寺经济上已依赖民间。西晋末僧人立寺（精舍）讲学逐渐流行，东晋十六国精舍建立更为普遍，都城、山林之中都有[8]。这种供讲学禅修用的精舍，其形态或与当时的太学、府学等

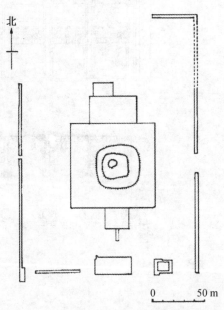

图5-2-13　洛阳北魏永宁寺遗址平面图

〔1〕［魏］杨衒之：《洛阳伽蓝记》卷一，见［魏］杨衒之撰，周祖谟校释：《洛阳伽蓝记校释》，第21页。
〔2〕傅熹年：《中国古代建筑史·第二卷》（第二版），北京：中国建筑工业出版社，2009年，第170页。
〔3〕［唐］陆广微：《吴地记》，江苏古籍出版社，1999年：第47页。
〔4〕［魏］杨衒之：《洛阳伽蓝记》卷一，见［魏］杨衒之撰，周祖谟校释：《洛阳伽蓝记校释》，第48－51页。
〔5〕［唐］道宣：《广弘明集》卷二十《法义篇·上大法颂表》，第248页。
〔6〕中国社会科学院考古研究所洛阳工作队：《汉魏洛阳城初步勘察》，《考古》1973年第4期。
〔7〕玄胜旭：《南北朝至隋唐时期佛教寺院经楼、钟楼布局变化初探》，《华中建筑》2013年第10期。
〔8〕《高僧传》卷一《僧伽提婆传》；卷五《竺僧朗传》，《大正大藏经》NO.2059，第329、354页。

相近,谓之学院式精舍。还有僧人模仿释迦牟尼修行的小型精舍,其形式、布局等较自由,这类精舍后亦发展为佛寺。此时精舍与佛寺之间,并无界限。精舍为修行而立,一般较简陋,不必起立佛塔。

此期南朝大型佛寺布局的突出点是寺内除主体建筑(塔、殿)所在的"中院"外,又有众多"别院",如职能院、僧房院等。史载梁武帝立建康大爱敬寺,别院 36 所,"皆设池台,周宇环绕"[1]。

东晋起,建造佛塔和舍宅为寺皆兴造福业,造塔不再等同立寺。以塔为中心,变为中轴线上的前塔后殿,最后以殿为主取宫殿布局,大约在北朝末和隋初完成。初唐始,塔地位再降,始入别院;同时,汉化的建筑元素如钟(鼓)楼和楼阁等,也加入中轴线组成渐为寺院重要配置[2]。

2. 佛塔

魏晋文献中,塔称"浮图"(浮屠、佛图);南北朝"塔"与"浮图"互通。随着佛教经典转译,又有"窣堵波(Stupa)""支提(Caitya)"等释。

佛塔有舍利塔、造像塔、墓塔等,由基座、塔身、塔顶三部组成。现存南北朝资料,除石窟雕刻、壁画、小型造像塔与墓塔外,要例有二:一是北魏洛阳永宁寺塔遗址;一是北魏嵩岳寺塔。另外,新疆古城遗址中还保存一些早期佛塔遗迹,为汉地与西域佛塔的相互影响提供佐证[3]。

(1)造像塔

造像塔规模小、实心体,或立于佛塔周围,或置于佛堂、精舍及窟室之中。现存实例较多,如北凉石塔(图 5-2-14)、北魏两座造像石塔[4]、甘肃省博物馆有一座未刊录的北朝石质残塔等[5]。

北魏造像塔为多层方塔,如天安元年(466)的平城曹天度造像塔[6]、甘肃酒泉出土的太和二十年(496)曹天护塔[7]。

图 5-2-14　酒泉出土北凉高善穆石造像塔

〔1〕《续高僧传》卷一《释宝唱传》,《大正大藏经》第 2060 部,第 427 页。

〔2〕王维仁,徐翥:《中国早期寺院配置的形态演变初探:塔·金堂·法堂·阁的建筑形制》,《南方建筑》2011 年第 4 期。

〔3〕梁涛:《新疆尼雅遗址佛塔保护加固实录》,《敦煌研究》2008 年第 6 期。

〔4〕梁德雄:《造像塔与造像碑 谈甘肃博物馆藏魏晋文物》,《收藏家》2011 年第 11 期。

〔5〕俄玉楠、杨富学:《甘肃省博物馆藏有一座北朝石质残塔》,《敦煌研究》2014 年第 4 期。

〔6〕史树青:《北魏曹天度造千佛石塔》,《文物》1980 年第 1 期;韩有富:《北魏曹天度造千佛石塔塔刹》,《文物》1980 年第 7 期。

〔7〕陈炳应:《北魏曹天护造方石塔》,《文物》1988 年第 3 期。

（2）墓塔

西晋末年起，汉地出现僧人于冢所造墓塔或烧身起塔[1]，逐渐流布。东晋太元五年（380），高僧竺法义于建康卒，孝武帝"以钱十万买新亭岗为墓，起塔三级"[2]。北魏沙门惠始死后十年（445）迁葬，"冢上立石精舍，图其形象，经毁法时，犹自全立"[3]，是北朝僧人墓塔上雕本人法像的较早例证。

烧身起塔相对较晚。北魏初尚不许行烧身（阇维）之法[4]，北朝后期流行。早期僧人墓塔多三层或单层砖石塔，如北朝后期安阳宝山（灵泉）寺道凭法师烧身塔[图 5-2-15(a)][5]。将此塔与初唐石窟中的浮雕佛塔相较，颇为一致[图 5-2-15(b)]。

（a）安阳宝山（灵泉）寺道凭法师烧身塔　　　（b）安阳灵泉寺石窟初唐僧人烧身塔

图 5-2-15　烧身塔

（3）楼阁式塔——永宁寺塔[6]

北魏孝明帝熙平元年（516），洛阳永宁寺起造九层浮图；神龟二年（519）"装饰功毕"[7]，为当时我国境内第一大塔，时人谓之与西域雀离浮图"俱为庄妙"[8]。永熙三年

〔1〕 ［魏］杨衒之撰，周祖谟校释：《洛阳伽蓝记校释》，第 188 页。

〔2〕 《高僧传》卷四《竺法义传》，《大正大藏经》NO. 2059，第 350 页。

〔3〕 ［北齐］魏收：《魏书》卷一百一十四《释老志》，第 3033 页。

〔4〕 《高僧传》卷十一《释玄高传》，于北魏太平真君五年（444）卒平城，"欲阇维之，国制不许"，《大正大藏经》NO. 2059，第 398 页。

〔5〕 河南省古代建筑保护研究所：《宝山灵泉寺》，郑州：河南人民出版社，1991 年，第 6 页。

〔6〕 马晓：《中国古代木楼阁》，北京：中华书局，2007 年，第 161 - 167 页。

〔7〕 ［魏］杨衒之撰，周祖谟校释：《洛阳伽蓝记校释》，第 17、27 页。

〔8〕 ［北魏］郦道元：《水经注》卷十六《谷水》，见王国维：《水经注校》，第 543 页。

(534)二月焚毁。遗址在今洛阳市东 15 公里的汉魏故城遗址内,已经发掘[1]。

　　塔内部为夯土台,外围木构架,其上部为木构(推测),可谓高台建筑向楼阁建筑转型之典型例证。有学者探究其可能形制,做出了复原[2](图 5-2-16)。

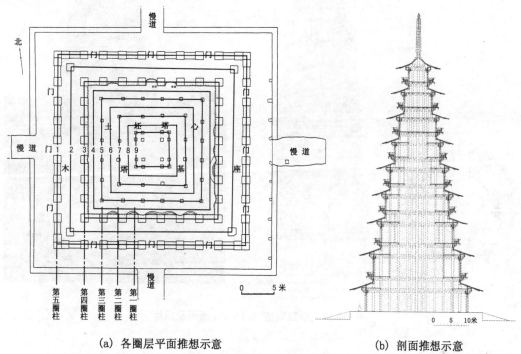

(a) 各圈层平面推想示意　　　　　　　(b) 剖面推想示意

图 5-2-16　北魏永宁寺塔复原

（4）密檐式塔——嵩岳寺塔

　　北魏嵩高闲居寺,隋改嵩岳寺。始建于北魏宣武帝永平年间(508—511),为皇室所建[3]。

　　十五层密檐砖塔,正十二边形,各层各面均砌出一户二窗样式,与记载同。塔下地宫中发现刻有(大魏正光四年)铭记佛像。地宫与塔身用砖经热释光测定,距今 1560(1580)±160 年,故此塔为北魏原构。塔刹石雕,其仰莲以上为唐末宋初修缮时所加[4]。

　　塔身底径约 10.6 米,塔心室内径约 5 米,塔壁厚约 2.5 米,高约 37.045 米(图 5-2-17)[5]。

〔1〕 杜玉生:《北魏永宁寺塔基发掘简报》,《考古》1981 年第 3 期。
〔2〕 马晓:《中国古代木楼阁》,北京:中华书局,2007 年,第 162－176 页。
〔3〕 [北齐]魏收:《魏书》卷九十《冯亮传》,第 1931 页。
〔4〕 河南省古代建筑保护研究所:《登封嵩岳寺塔地宫清理简报》,《文物》1992 年第 1 期。
〔5〕 河南省古代建筑保护研究所:《登封嵩岳寺塔勘测简报》,《中原文物》1987 年第 4 期。

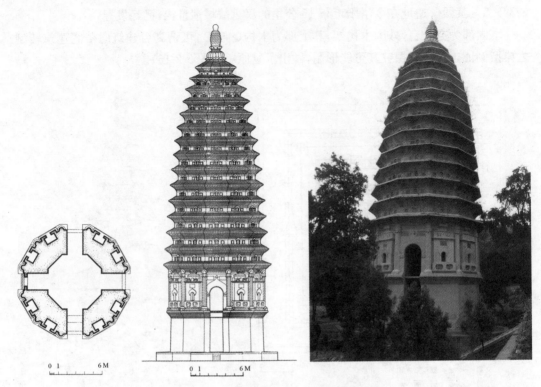

图 5-2-17　登封嵩岳寺塔平、立面图及照片

（5）形态演化

湖北襄阳东汉—三国蔡越墓出土相轮陶楼（图 5-2-18），为汉式陶楼与印度式相轮塔刹的结合。

图 5-2-18　襄阳东汉—三国蔡越墓出土的相轮陶楼

佛教初传时由"仙人好楼居"的汉式重楼过渡到多层佛塔浮图祠是初期标志,此陶楼或可看作浮图祠的标准器。浮图祠作明器进入墓葬,反映汉地葬俗因佛教传入而化,并在随后长江中游六朝砖墓中留下印记——堆塑魂瓶等(图5-2-19)[1]。

图5-2-19　南京、江宁、徐州等地出土的魂瓶

印度早期佛塔,一是埋藏佛骨(或高僧遗骨)的墓塔,塔基圆形,上为覆钵状塔身,顶部中央立神祠及伞盖等,以公元前3—1世纪的桑奇(Sanchi)大塔为典型。或认为此仿印度北方住宅式样而建[2]。另一是礼拜窟(Caitya)中的小塔,外观与大塔相仿,只是各部比例些许改变,基座加高,整体比例瘦长,并逐渐出现双层基座[3](图5-2-20)。

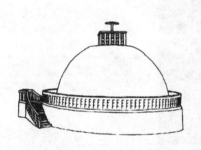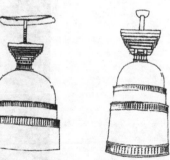

桑奇(Sanchi)3号塔　　　巴加(Bhaja)第12窟中的　　卡尔利(Karli)礼拜窟　　贝德萨(Bedsa)礼拜窟
(公元前1世纪~公元后1世纪)　佛塔(公元前2~1世纪)　中的佛塔(公元1世纪)　中的佛塔(公元1~2世纪)

图5-2-20　印度早期佛塔样式

东汉多层楼阁技艺相当成熟,加以"仙人好楼居"影响,在传统方形楼阁之上增加相

〔1〕　罗世平:《仙人好楼居:襄阳新出相轮陶楼与中国浮图祠类证》,《故宫博物院院刊》2012年第4期。

〔2〕　吴庆州:《中国佛塔塔刹形制研究(上)》,《古建园林技术》,1994年第4期。

〔3〕　Marlo Busssagli:*ORIENTAL ARCHITECTURE*,NewYork:Harry N. Abrams, Inc. Publishers,p. 19, 28, 31.

轮、塔刹等构成方形重层佛塔。笮融所造,即楼阁式塔[1]。或认为中国楼阁上,冠以缩型的印度屠宰波,即中国式佛塔[2]。除汉代陶塔明器外(图 4-2-11),四川东汉画像砖出现三层楼阁式木塔外观(图 5-2-21)[3],可为佐证。

图 5-2-21　什邡东汉画像砖中的佛塔形象

自汉至南北朝,佛塔趋向层数增多、体量加大。如北魏(516)洛阳永宁寺塔。南朝梁武帝大通元年(527),建造建康同泰寺九层浮图。

南北朝木构佛塔技艺已臻成熟。北魏砖石佛塔中,出现仿木构做法。如平城三级石佛图,"榱栋楣楹,上下重结,大小皆石,高十丈"[4]。云冈石窟二期诸窟中,普遍雕坡顶瓦檐、柱楣交结的仿木构佛塔(图 5-2-22)。

图 5-2-22　大同云冈石窟北魏第 39 窟浮雕的三重塔

〔1〕　罗哲文、王世仁:《佛教寺院》,《中国古建筑学术讲座文集》,第 124 页。
〔2〕　吴庆州:《中国佛塔塔刹形制研究(下)》,《古建园林技术》1995 年第 1 期。
〔3〕　谢志成:《四川汉代画像砖上的佛塔形象》,《四川文物》1984 年第 4 期。
〔4〕　[北齐]魏收:《魏书》卷一百一十四《释老志》,第 3038 页。

北魏砖石佛塔较多,登封嵩岳寺塔硕果仅存。北朝后期石窟中,较多出现单层覆钵式小塔(图 5-2-23),应为外来样式。

(a) 北响堂山石窟北洞北齐　　(b) 南响堂山石窟第1窟　　(c) 北响堂山石窟南洞上部
浮雕覆钵塔A式　　　　　　　北齐浮雕覆钵塔B式　　　　　北齐浮雕覆钵塔C式

图 5-2-23　北朝后期石窟中的单层佛塔

另外,北齐响堂山石窟的窟檐造型中,表现出一种单层方形塔殿,是继承传统与吸收外来建筑文化的发展[1]。

魏晋南北朝佛塔,一般不供登临,唯佛塔底层四面设像供人礼拜。日本现存飞鸟时代以降的木构佛塔亦然。此种禁忌自北朝后渐被打破,隋唐时登塔常见。

3. 石窟(寺)

石窟寺开凿是随着佛教东传,由西向东、由北向南发展而来的[2]。

石窟寺建筑构成可分两类:一是寺内大多数用房,如佛殿、讲堂、僧房、库房等,均为依崖凿成的窟室;二是以石窟作寺院的主要标志,窟前还有殿堂、僧房等地面建筑。

印度佛教石窟寺中,有礼拜窟(又称支提窟)、僧房窟(又称毗诃罗窟)两种基本类型。

礼拜窟:又称堂塔窟,通常为尽端半圆形的纵长平面,当中由拱券顶构成高大空间,侧壁和后壁设较低矮的柱廊。窟内是礼佛的场所,以置于洞窟深处正中的佛塔为礼拜对象,沿柱廊回绕行礼。礼拜窟的立面外观与内部空间,均反映当时印度佛寺中木构殿堂形式(图 5-2-24)。随着佛教的东传汉土,塔堂窟与中国本民族传统建筑形式相结合,造就了我国特有的中心柱窟类型[3]。

僧房窟:多方形平面,中为大厅,周围设方形小室,反映佛寺中僧人居住院落的布局。后世往往两者混合在一起,形成众多僧房窟环绕塔堂窟的寺院布局(图 5-2-25)。

我国历史上最早造立石窟寺的地区是丝绸之路北道沿线及河西走廊一带,即龟兹、焉

〔1〕 钟晓青:《响堂山石窟建筑略析》,《文物》1992 年第 5 期。
〔2〕 高超:《佛教石窟寺中裸身舞蹈形象研究》,硕士学位论文,中央民族大学舞蹈学院,2013 年,第 11 页。
〔3〕 常青、李志坚:《印度佛教塔堂窟概述——兼谈对中国石窟的影响》,《文博》1993 年第 1 期。

图 5-2-24 贡塔帕里圆形塔堂窟平立剖面图（约公元前 2 世纪）

图 5-2-25 特姆纳尔石窟连续平面图（约公元 6—7 世纪，塔堂窟与僧房窟混合）

耆诸国和十六国中的西秦、后秦、北凉等地。北方及中原地区的大同云冈石窟、洛阳龙门石窟、巩县石窟寺等，均开凿于北魏中后期（460—530 前后），洞窟类型主要是佛殿窟及塔庙窟，出现越来越多的世俗供养人形象，造像祈福为石窟开凿动力。寺内除窟室外，还有大量地面建筑。

南朝境内石窟的数量与规模都远逊于北朝，年代在南朝后期。南京栖霞山石窟与江浙的两处摩崖大像，开凿于齐、梁[1]；四川广元皇泽寺与千佛崖石窟等，约开凿于梁、陈之际[2]。南朝造像龛不具实际建筑功能。

〔1〕 魏亮、苏金成：《从栖霞山石窟看南朝佛教造像特点》，《雕塑》2008 年第 4 期。
〔2〕 阎文儒：《四川广元千佛崖与皇泽寺》，《江汉考古》1990 年第 3 期。

（1）龟兹石窟

古代龟兹曾是西域东北部地区的佛教中心，都城延城（今新疆库车东郊的皮朗古城）内有佛塔庙千所，王宫中雕镂立佛，与寺无异[1]。有克孜尔石窟、木吐喇石窟、木赛姆石窟等，以克孜尔石窟为代表。

克孜尔石窟为龟兹石窟规模最大者，位于库车西北67公里，分布在木札提河北岸山崖上。其佛殿窟多纵向长方形平面，分前室与后部回形甬道，或前室、两侧甬道与后室。前室是观像礼拜之处（多绘佛传、天宫伎乐、弥勒说法等），从两侧甬道向后是悼念场所（多绘舍利塔、佛涅槃像等）[2]。

僧房窟：一般方形平面。前壁正中开窗，门开在侧壁里端，有曲尺形门道通向窟外。入口处设灶台，对面砌矮炕，为生活用房格局（图5-2-26）。

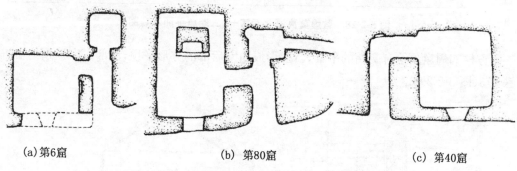

　　（a）第6窟　　　　　　　（b）第80窟　　　　　　　（c）第40窟

图5-2-26　拜城克孜尔石窟僧房窟典型平面示意图

讲堂窟：方形或矩形平面，前壁正中开门，或又在门侧开窗，门外多有开敞的前廊（图5-2-27）。有的窟内正中砌坛，有的于后壁绘壁画或开窟置像。

龟兹石窟寺中长方形平面、前室高度在10米左右的佛殿窟，是窟群中规模最大、规格最高、最能体现龟兹佛教文化特点的窟型[3]。

（2）敦煌莫高窟

位于敦煌县东南30公里的鸣沙山东麓，分南、北二区，相距约一里。北区是僧房窟与杂用窟，南区是莫高

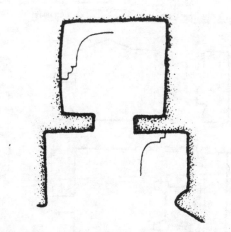

图5-2-27　克孜尔石窟第49窟（讲堂窟）平面图

〔1〕　［南朝梁］僧祐：《出三藏记集》卷十一《比丘尼成本所出本末序》。

〔2〕　宿白：《克孜尔部分洞窟阶段划分与年代等问题的初步探索》，新疆维吾尔自治区文物管理委员会等：《中国石窟·克孜尔石窟（一）》，北京：文物出版社，东京：株式会社平凡社，1989年，第10-23页。

〔3〕　刘锡涛：《浅谈龟兹石窟艺术模式》，《新疆社科论坛》1998年第Z1期。

窟的主体。北朝窟位于南区中部,绝大多数是佛殿窟与塔庙窟,分中心方柱式、覆斗顶式两种。现存自北朝迄元代的大小洞窟 492 座,其中北朝窟 36 座,前后分四期[1](图 5-2-28)。

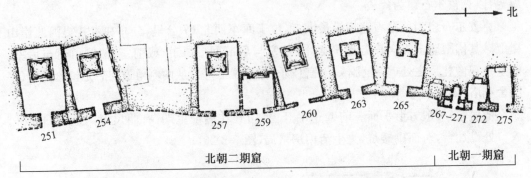

图 5-2-28　敦煌莫高窟北朝第一、二期窟平面示意图

方柱四周窟顶绘有交圈的平棊天花,形成窟室后部的方形平顶,前部人字披顶约占进深 1/3(图 5-2-29)。

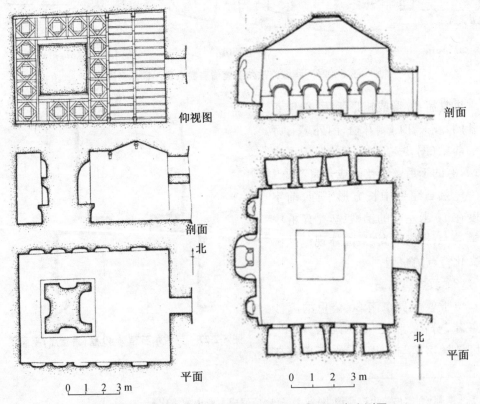

图 5-2-29　敦煌莫高窟北魏第 254 窟、西魏第 285 窟实测图

〔1〕　樊绵诗等:《敦煌莫高窟北朝洞窟的分期》,敦煌文物研究所:《中国石窟·敦煌莫高窟(一)》,北京:文物出版社,东京:株式会社平凡社,1999 年,第 185 - 197 页。

覆斗顶窟窟顶中心斗四天花,四周绘华盖纹饰,包括双重垂幔及四角的兽面衔佩并流苏等,是莫高窟中出现的首例华盖式天花。

莫高窟是最早、最多出现汉地建筑形象的河西石窟。北朝一期的第275窟中,即有仿木构的阙形佛龛。窟室壁画中有大量汉地木构坡顶建筑形象(图5-2-30)。阙形龛为莫高窟所独有,未见于其他北朝石窟,值得注意。

图 5-2-30　敦煌莫高窟北朝壁画中的汉地建筑

(3) 麦积山石窟

位于甘肃天水市东南约45公里。现存窟龛近200座,大都开凿于十六国至隋,保留唐代以前洞窟数量最多(图5-2-31)。以佛龛与佛殿窟为主,呈现出由低浅龛室向仿木构

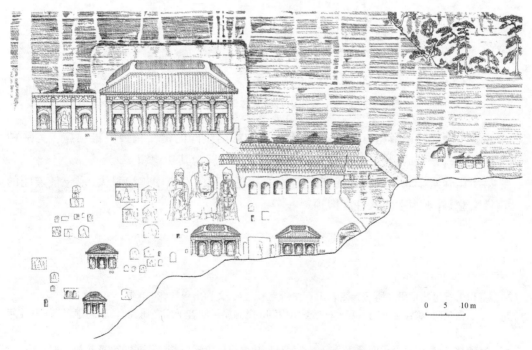

0　5　10 m

图 5-2-31　天水麦积山石窟东崖立面图

佛殿窟转化的趋势。佛龛进深较浅，供人龛外观礼佛像。北魏晚期形成具有建筑空间意义的佛殿窟（图5-2-32），有内部空间，且窟室外观与窟内顶部表现出建筑做法[1]。

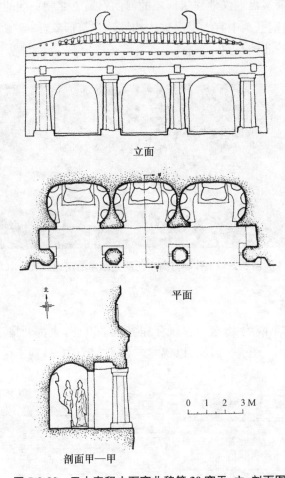

立面

平面

剖面甲—甲

图 5-2-32　天水麦积山石窟北魏第 30 窟平、立、剖面图

西魏至隋代的佛殿窟有两种：一是窟内表现帐内空间的覆斗顶或方锥顶窟。另一种是外观仿木构殿堂的佛殿窟（图5-2-33）[2]。第127窟为其功德窟[3]。

第4窟开凿于北周保定年间（565年左右），是麦积山石窟中规模最大、形象最宏丽的一座佛殿窟，外观为七间八柱庑殿顶[4]。

〔1〕麦积山石窟艺术研究所著：《麦积山石窟研究》，北京：文物出版社，2010年。

〔2〕董广强、魏文斌：《陵墓与佛窟——麦积山第43窟洞窟形制若干问题研究》，《敦煌学辑刊》2014年第2期。

〔3〕郑炳林、沙武田：《麦积山第127窟为乙弗皇后功德窟试论》，《考古与文物》2006年第4期。

〔4〕白凡、张采繁、夏朗云、张铭：《麦积山石窟第4窟庑殿顶上方悬崖建筑遗迹新发现 附：麦积山中区悬崖坍塌3窟龛建筑遗迹初步清理》，《文物》2008年第9期。

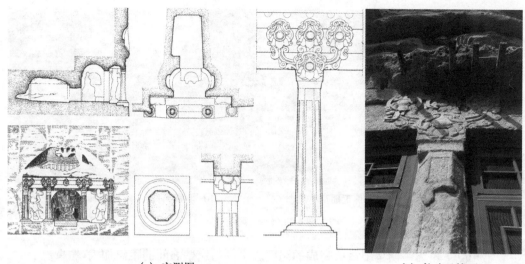

<table>
<tr><td>（a）实测图</td><td>（b）柱头及檐下</td></tr>
</table>

图 5-2-33 西魏乙弗后墓

（4）云冈石窟[1]

位于山西大同西北 16 公里的武周川（今十里河）北岸，原名武州山石窟寺。河岸上层台地的南向陡壁东西长 1 公里，大小洞窟栉比相连。石窟始凿于北魏和平年间（460—464），太和十九年（495）迁都洛阳后继续开凿。以现知最晚题记（正光五年，524）计，前后共约 60 年，主要完成于前 30 年。

该石窟开凿以文成帝复兴佛法为背景，专为北魏皇室祈福而建。洞窟规模之宏大，无与伦比。现有主要洞窟 53 座，分三期：

一期，一组五窟（第 16～20 窟），和平年间由沙门统昙曜主持开凿，世称"昙曜五窟"，至迁都前后（495）完成。

二期，最主要为四组双窟（第 1、2 窟，第 5、6 窟，第 7、8 窟，第 9、10 窟）和一组三窟（第11、12、13），始凿并完成于孝文帝即位至迁都（471—495），中途辍工的第 3 窟也始凿于此时。

三期，包括第 4、14、15 窟和编号在 20 后的大部分洞窟，及附凿于大窟内外的众多小龛，凿于孝文帝迁都后，多为留守平城的官贵僧俗所做。

云冈石窟的洞窟主要有三种：大佛窟、佛殿窟与塔庙窟。

大佛窟：一期五窟和二期第 5、13 窟。窟内造像主要是三世佛[2]。例如，一期的第20 窟前壁坍塌，以一座三世佛龛呈现[图 5-2-34（a）]。

[1] 云冈石窟文物保管所：《中国石窟·云冈石窟》，北京：文物出版社，2001 年。
[2] 三世佛即过去、当今、未来三佛。选择三世佛作为造像主要题材，是复法后的流行做法。除标榜皇帝为当今佛外，主要是出于宣传佛教的目的。见刘慧达：《北魏石窟中的三佛》，《考古学报》1958 年第 4 期。

(a) 北魏第20窟大佛正面　　　　(b) 北魏第7窟主室内顶仰视图

图 5-2-34　云冈石窟

第16、17窟为一期窟中最后完成的洞窟。主像与窟壁之间的距离加大，窟壁已有侧、后之分，侧壁、甚至前壁开龛，向佛殿窟过渡。

二期第5、13窟与一期诸窟相比，洞窟平面方整，窟顶雕飞天、交龙，四周雕天宫楼阁与垂幔纹，侧壁满雕佛龛，内部空间已接近佛殿窟。

佛殿窟：二期第7、8窟、9、10窟、12窟及三期部分洞窟，窟室平面规矩方整，窟顶表现木构天花，窟内空间及细部处理建筑化趋向显著。按平面，分前庭后室、前廊后室与单室三种：

第7、8窟是二期最早开凿的一组双窟[1]。二窟并联，规制相同，均为前庭后室。前壁正中开门洞与明窗，后壁设上下两座大龛，侧壁与前壁两侧各开上下四层佛龛。四壁佛龛之上，雕周圈天宫楼阁。窟顶作六格平棊天花。平棊中心及格条相交处雕饰莲花。这是云冈石窟、也是我国石窟中最早出现的木构天花形象［图 5-2-34(b)］。

第9、10、12三窟为前廊后室［图 5-2-35(a)］。第9窟前廊侧壁上层作屋形龛，采用与洞窟外观相仿的三间二柱佛殿样式，表现出柱、额、斗栱、庑殿顶及脊饰，第10窟亦然［图 5-2-35(b)］。前廊后壁正中开方形门洞与上部明窗，门洞庑殿顶、鸱尾，额上连续卷草纹，原有5个莲花状门簪［图 5-2-35(c)］，表现厚墙上开设门洞的做法。后室扁方形平面，后壁正中置像，两侧向后凿有回形甬道。顶部于佛像上方雕天盖，其余部分雕平棊［图 5-2-35(d)］。第12窟总体上与9、10窟相近，唯洞窟外观作三间四柱佛殿形式，同时，前廊侧壁上层的屋形龛相应采用同一样式［图 5-2-35(e)］。

三期窟中的第24、30、34、38诸窟，均为方形平面的单室窟。窟内空间方整，佛像多作三壁三龛列置，窟顶作平棊，但形式与二期佛殿窟不同。一是格条变得纤细，二是格内不见斗四做法。

云冈石窟自二期开始出现平面方整、平棊式窟顶为典型特征的佛殿窟，其中第9、10、12诸窟具有仿木构殿堂外观。

---

[1]　云冈石窟中双窟的出现，与当时奉孝文帝和文明太后冯氏为"二皇"有关。见宿白：《平城实力的集聚和"云冈模式"的形成与发展》，云冈石窟文物保管所：《中国石窟·云冈石窟（一）》，北京：文物出版社，东京：株式会社平凡社，1991年，第176-197页。

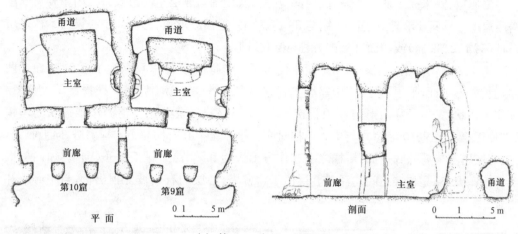

（a）第9、10窟平、剖面图

（b）第10窟前廊西壁屋形龛（柱身无窟）　　　（c）第9窟前廊后壁正中门洞

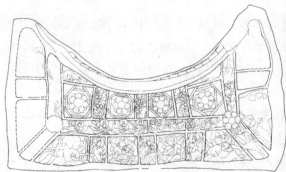

（d）第9窟主室内顶仰视图

（e）第12窟前廊东壁屋形龛（柱身有窟）

图 5-2-35　云冈石窟第 9、10、12 窟

　塔庙窟：除未完工的第 3 窟外(内部应写仿大型佛塔底层空间形式),云冈主要有 5 座塔庙窟[1],即第 1、2、6 窟、11 窟与 39 窟。洞窟平面方形或长方形,中心设仿木构多层塔柱(第 1、2、39 窟)或四面开龛的方柱(第 6、11 窟)。

　第 1、2 窟位于窟群东端。第 1 窟年代与第 7、8 窟相近,第 2 窟略晚于第 9、10 窟。两窟均长方形平面,平顶,窟内正中靠后立有方形多层塔柱。第 1 窟塔柱残损严重,上层顶部作天盖状,又作须弥山形与窟顶相接[图 5-2-36(a)]。窟内雕有层檐作帷盖状的塔幢(又见于第 7、8、9、10 诸窟),与中心塔柱对应。第 2 窟中心塔柱为仿木构佛塔,向上收分,二、三层塔身皆有外廊一周,塔檐之上亦作方形天盖和须弥山[图 5-2-36(b)]。窟内侧壁各开四座大龛,龛与龛之间均浮雕五层仿木构佛塔,各层均有斜坡瓦顶出檐,与中心塔柱一致。

　(a) 北魏第1窟中心塔柱　　　　　(b) 北魏第2窟中心塔柱　　　　　(c) 北魏第39窟中心塔柱

图 5-2-36　云冈石窟北魏第 1、2、39 窟

　第 39 窟位于窟群西部的三期诸窟之中。平面方形,前壁正中辟门洞,上部两侧开明窗,侧、后壁满雕千佛,窟顶雕平棊。窟内居中为方形仿木构塔柱,五层,各层面阔五间,间各一龛。各层塔身檐柱、栌斗、柱头枋、斗栱、檐椽、瓦顶等,皆精细逼真。塔身比例适当,写仿木构佛塔[图 5-2-36(c)]。

　第 6 窟与第 11 窟年代约在太和后期,晚于第 9、10 双窟。方形平面,正中立方柱,柱身四面开龛,窟顶沿方柱雕作平棊(图 5-2-37)。中心方柱式窟作为北朝石窟的一个重要窟型,与佛塔在北朝佛寺中居于重要地位相一致。随着佛塔式微,北朝以降中心柱窟逐渐消失。

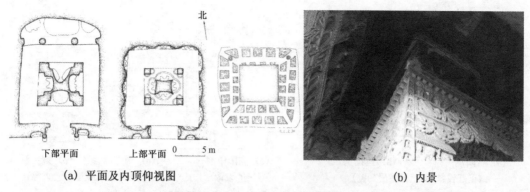

下部平面　　　　上部平面　0　　　5m

（a）平面及内顶仰视图　　　　　　　　（b）内景

图 5-2-37　云冈石窟北魏第 6 窟

（5）龙门石窟

自孝文帝迁都到北魏末期,洛阳继平城之后成为北方佛教中心。现洛阳周围一带,保留有相当数量的北魏石窟,除著名的龙门石窟外,还有巩县石窟、渑池鸿庆寺石窟、偃师水泉石窟及新安西沃石窟等[1]。代表性者是龙门与巩县二处。

龙门石窟位于洛阳市南 12 公里。共有主要洞窟 23 座,开凿于孝文帝太和末年至北魏覆亡间(约 493—534),有人认为是北魏太和二年(478)[2]。

其中,6 座进深在 10 米左右的大窟较早,即古阳洞、莲花洞、火烧洞与宾阳三洞,都与皇室成员有关。后期洞窟随经营者地位降低,规模渐小,进深多 5 米上下。北魏洞窟均单室窟,平面多前方后圆(图 5-2-38),像设方式与云冈二期佛殿窟及麦积山早期洞窟相近,正壁作背光不开龛,主像置于正壁之前[3]。

除古阳洞等几座洞窟之外,大多数洞窟的窟顶都凿成天盖笼罩在佛像上方,天盖中心浮雕莲花。其中宾阳中洞的窟顶清楚表现背光式正壁与天盖式窟顶之间的关系[4](图 5-2-39)。这种窟顶形式,反映当时佛寺殿内设像使用大型天盖。另外,宾阳中洞、南洞、皇甫公窟等窟内地面,均雕有以莲花、龟纹为主的纹饰,宾阳中洞雕饰精致(5-2-40)[5]。

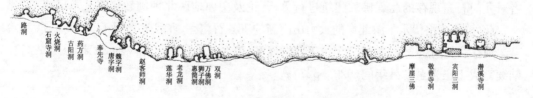

图 5-2-38　龙门石窟西山窟群平面示意图

〔1〕宿白:《洛阳地区北朝石窟的初步考察》,龙门文物保管所、北京大学考古系:《中国石窟・龙门石窟(一)》,北京:文物出版社,东京:株式会社平凡社,1991 年,第 225 - 239 页。

〔2〕刘景龙:《龙门石窟开凿年代新考》,《中原文物》1999 年第 3 期。

〔3〕刘景龙:《古阳洞:龙门石窟第 1443 窟(全 3 册)》,北京:科学出版社,2001 年。

〔4〕吴璇:《龙门石窟宾阳中洞音乐图像研究》,《中原文物》2014 年第 3 期。

〔5〕杨刚亮、方云、陈建平、马朝龙:《龙门石窟地面、门槛雕刻保存现状调查研究》,《文物保护与考古科学》2006 年第 3 期。

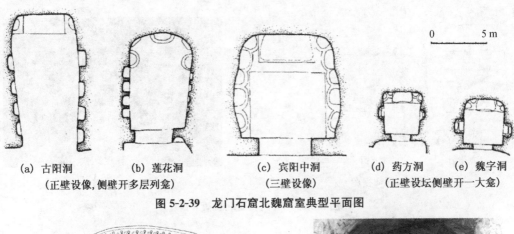

(a) 古阳洞　　　　　(b) 莲花洞　　　　　　(c) 宾阳中洞　　　　(d) 药方洞　　　(e) 魏字洞

（正壁设像，侧壁开多层列龛）　　　　　（三壁设像）　　　　（正壁设坛侧壁开一大龛）

图 5-2-39　龙门石窟北魏窟室典型平面图

(a) 内顶展开图　　　　　　　　　　　　(b) 入口往内观看

图 5-2-40　龙门石窟北魏宾阳中洞

　　龙门北魏石窟中表现建筑形象相对较少，未见中心柱窟，与云冈石窟差别较大。有学者对龙门石窟现存的北魏佛教建筑进行分析，论及中原地区北魏佛教建筑艺术风格[1]。

　　此外，位于洛伊水下游北岸的大力山南麓的巩县石窟寺，宣武帝景明年间（500—503）始营。现存北魏洞窟 5 座，第 1、2 窟位于窟群西端，第 3、4、5 窟与之相隔约 30 米（图 5-2-41），陆续完成于正光至孝昌年间（520—527）。

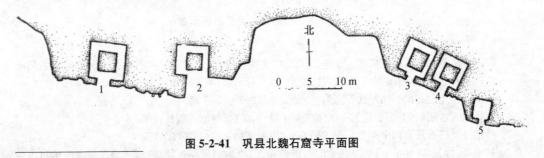

图 5-2-41　巩县北魏石窟寺平面图

[1] 李文生、李小虎：《龙门石窟所表现的北魏建筑》，《敦煌研究》2011 年第 1 期。

现存 5 座窟室中,第 1～4 窟均为中心方柱式塔庙窟,与龙门北魏窟不同[1]。其内部空间和壁面雕刻布局特点是[2]:

第一,窟室高、宽、深度相近。四壁、方柱四面与窟顶、地面均平直相交。

第二,窟顶平綦,格内雕飞天、莲花及忍冬纹饰,环绕中心方柱,图案向心及有韵律(图 5-2-42)。

图 5-2-42　巩县石窟寺第 1 窟东壁小龛　　　　图 5-2-43　巩县石窟寺第 4 窟窟壁上雕刻的三重塔

第三,中心方柱各面均作佛帐龛,是以往未见的做法。方柱基座与四壁下部雕刻神王、异兽等南北朝墓志碑刻中流行的题材。四壁上部满雕千佛,壁面正中设单龛(第 3、4 窟,与云冈第 39 窟相似),或置四座列龛(第 1 窟)。窟门两侧有水平分层构图的帝后礼佛图,做法与龙门宾阳中洞及火烧洞相同,但所占壁面比例增大。第 4 窟窟壁上雕三重塔(图 5-2-43)。

第 5 窟为方形佛殿窟,平顶,中心雕圆莲,四周环绕六身飞天,地面正中浮雕莲花,龙门魏窟中常见。

巩县石窟寺在融合云冈、龙门基础上创新,反映石窟艺术已成熟并带有程式化倾向,对北齐石窟影响较大。

(6) 响堂山石窟

位于邯郸市西南鼓山,主要有两处:南响堂石窟,在鼓山南麓,古称滏山石窟寺;北响堂石窟在鼓山西麓,古称鼓山石窟寺。

北响堂石窟:有主要洞窟 3 座,由北向南一字排开,大致在武定、武平之间(545—570)

〔1〕 李光明:《浅论巩县石窟北魏造像风格和变化》,《中原文物》2009 年第 1 期。
〔2〕 陈明达:《陈明达古建筑与雕塑史论》,北京:文物出版社,1998 年,第 256－283 页。

开凿[1]。在其山顶有5座宫殿式建筑：东天宫、西天宫、南天宫、北天宫和中天宫，为响堂山石窟附属建筑[2]。"塔形窟龛"是响堂山北齐窟龛的主要形式，是研究北朝建筑、古塔的珍贵资料，主要在北响堂[3]。这些，或与其陵藏性质有关[4]。

南响堂石窟：开凿在天统元年（565年，时北响堂石窟已基本完工），有洞窟7座。下层是两座形式相同、位置并列的中心方柱式窟；上层5座方形单室窟，其中外侧两窟带前廊（图5-2-44）。

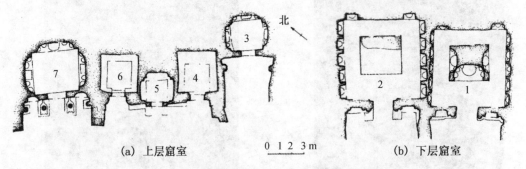

(a) 上层窟室   0 1 2 3m   (b) 下层窟室

图 5-2-44   邯郸南响堂山北齐石窟窟室平面图

石窟窟型及洞窟形式与北响堂大致相仿，但窟室规模与装饰做法有一定差异。第1、2窟的形式与北响堂北洞相近，尺度缩小一半，且窟内雕饰简省，外观为三开间木构殿堂形式，是我国石窟中斗栱唯一采用出跳的窟檐实例[图5-2-45（a）]，有学者复原其窟檐外

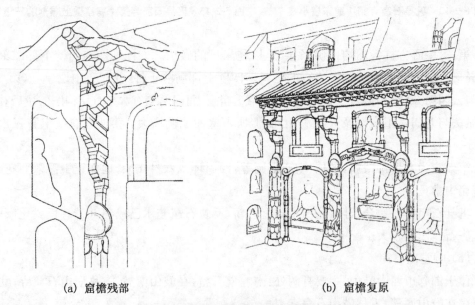

(a) 窟檐残部   (b) 窟檐复原

图 5-2-45   邯郸南响堂山北齐石窟第 1 窟

[1] 刘东光：《响堂山石窟的凿建年代及分期》，《华夏考古》1994年第2期。

[2] 朱建路、刘佳：《响堂山天宫殿建筑年代考》，《文物》2014年第11期。

[3] 赵立春：《响堂山北齐"塔形窟龛"》，《中原文物》1991年第4期。

[4] 刘东光：《试论北响堂石窟的凿建年代及性质》，《世界宗教研究》1997年第4期。

观［图 5-2-45（b）］。南响堂上层第 7 窟与北响堂南洞相仿，前廊后室平面，建筑外观，前廊檐柱作火珠束莲柱，柱头之上雕凿出柱头枋、一斗三升、檐椽、瓦顶等仿木构做法，脊饰浮雕山花蕉叶与覆钵顶，中立宝珠（图 5-2-46）[1]。

图 5-2-46　邯郸南响堂北齐石窟第 7 窟窟檐

（7）天龙山石窟

位于太原市西南约 40 公里，共有洞窟 20 余座。其中北朝 5 座，北魏末至北齐开凿，均为方形佛殿窟，规模大致相同[2]。

北齐开凿的第 1、10、16 窟，前廊均有仿木构窟檐，只雕出屋顶檐口以下部位。其中，第 16 窟窟檐保存完整（图 5-2-47），或展现此时木构建筑习用之法（不过，其第 1 窟柱头铺作之上为人字栱，颇为奇特，图 5-2-48）。

第 8 窟为窟群中规模最大，是目前所知我国石窟中唯一一座带前廊的中心柱窟（图 5-2-49）。

北朝后期，我国石窟窟室建筑化完全成熟。据此，东魏北齐响堂山、天龙山及西魏北周麦积山石窟，尤其是仿木构窟檐的洞窟，对我国古代建筑史研究意义重大。

〔1〕　钟晓青：《响堂山石窟建筑略析》，《文物》1992 年第 5 期。
〔2〕　李裕群：《天龙山石窟调查报告》，《文物》1991 年第 1 期。

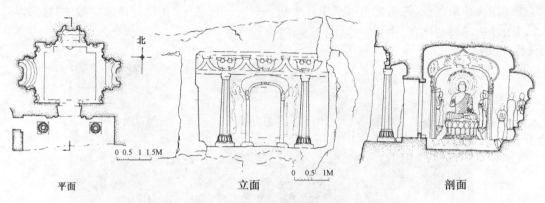

平面　　　　　　　　　立面　　　　　　　　　剖面

(a) 平、立、剖面图

(b) 外观

图 5-2-47　太原天龙山石窟第 16 窟

图 5-2-48　太原天龙山石窟第 1 窟外观

图 5-2-49　太原天龙山石窟第 8 窟外观

四、陵　墓

1. 三国

魏、蜀、吴三国陵墓基本沿袭传统。

(1) 帝王

曹魏有曹操、曹丕、曹叡三陵。文献载魏武帝曹操陵位于邺城西岗上，曰高陵，依《终令》："因高为陵，不封不树"[1]。最初高陵依汉制，"立陵上祭殿"。魏文帝曹丕黄初三年(222)以"古不墓祭，皆设于庙"[2]为由，毁之，对魏晋陵寝制度产生深刻影响。2009年以来，河南安阳市西北约15公里的安阳县安丰乡西高穴村二号墓被认为是高陵(图5-2-50)[3]，众说纷纭[4]。此外，洛阳涧西发现一座正始八年(247)墓，为多室砖墓，前有长斜坡墓道，全长超过35米，墓中出土陶俑、陶牲畜、陶模型明器及铜器皿、玉杯和"正始八年八月"铭文的铁质帐构等[5]，或为曹魏陵墓。

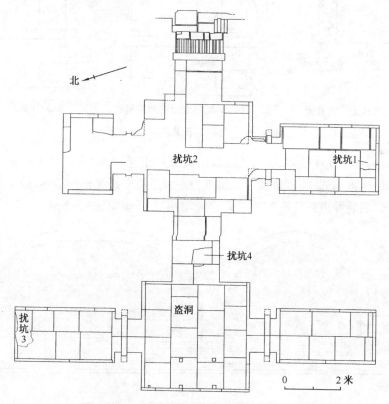

图 5-2-50　安阳安丰乡西高穴村二号墓平面图

〔1〕 [晋]陈寿撰，[南朝宋]裴松之注：《三国志》卷一《魏书·武帝纪》，第51页。
〔2〕 [唐]房玄龄：《晋书》卷二十《志第十·礼中》，第634页。
〔3〕 河南省文物考古研究所、安阳县文化局：《河南安阳市西高穴曹操高陵》，《考古》2010年第8期。
〔4〕 从出土画像石风格为山东地域常见而非河南地域风格，井、灶等陶质明器在汉代帝王高等级墓葬中罕见等现象来看，此陵或有可商榷之处。
〔5〕 李宗道、赵国璧：《洛阳16工区曹魏墓清理》，《考古》1958年第7期。

蜀汉二世即亡,仅刘备一陵,在今成都武侯祠一带。

吴国孙权蒋陵在今江苏南京紫金山,形制不明。

(2) 一般墓葬

目前,曹魏墓葬多集中在洛阳,多由斜坡墓道、甬道、带耳室的方形前室及长方形后室等组成[1]。

蜀汉墓是东汉四川地域传统砖室墓的延续,多用楔形砖砌筒壳顶[2]。四川现存石阙有晚至西晋者,如渠县西晋三阙(图 5-2-51),渠县近又新发现汉晋石质仿木构墓阙构件[3],可知蜀汉仍沿汉俗,唯受限经济,随葬品不丰。

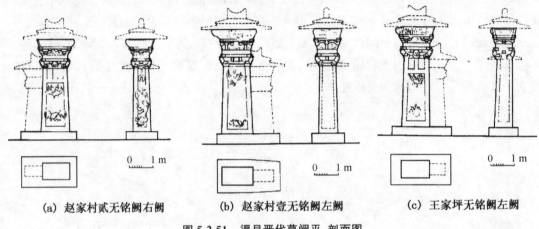

(a) 赵家村贰无铭阙右阙　　　(b) 赵家村壹无铭阙左阙　　　(c) 王家坪无铭阙左阙

图 5-2-51　渠县晋代墓阙平、剖面图

目前,吴国墓葬发现较多,以安徽马鞍山吴赤乌十年(249)大司马朱然墓[4]、湖北鄂城(吴都武昌)孙将军墓[5]较典型。朱然墓为一方形前室接纵长形后室,前室为采用新砌法的穹窿,名"四隅券进式穹窿",为东吴首创,沿用东晋南朝(图 5-2-52)。

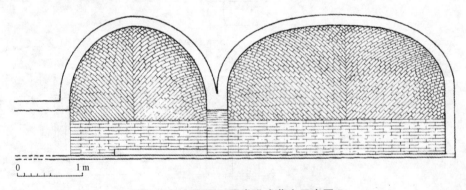

图 5-2-52　吴国四隅券进式墓室示意图

〔1〕 罗宗真:《魏晋南北朝考古》,北京:文物出版社,2001 年,第 76 - 77 页。

〔2〕 陈显双:《四川崇庆县五道渠蜀汉墓》,《文物》1984 年第 8 期。

〔3〕 四川渠县文物管理所肖仁杰:《四川渠县新发现的汉晋墓阙构件和石像生》,《四川文物》2013 年第 2 期。

〔4〕 丁邦钧:《安徽马鞍山东吴朱然墓发掘简报》,《文物》1986 年第 3 期。

〔5〕 鄂城县博物馆:《鄂城东吴孙将军墓》,《考古》1978 年第 3 期。

2. 两晋

(1) 帝王

西晋：帝陵在洛阳之东邙山南北，共五陵。仅峻阳、太阳二陵是晋立国后所建，其余都在魏时以臣礼下葬，入晋后改称。山南自东而西为司马昭崇阳陵、司马炎（晋武帝）峻阳陵、司马衷（晋惠帝）太阳陵，山北为司马懿高原陵、司马师峻平陵。曹魏节葬，司马氏又以儒生自居，故司马懿死前"豫自首阳山为土藏，不坟不树"。司马师、司马昭陵依司马懿之制。晋立国后，司马炎、司马衷二陵力求俭约，效法先人[1]。

东晋：共 11 帝 10 陵（废帝无陵），均在建康。其中元帝（一世）、明帝（二世）、成帝（三世）、哀帝（六世）葬鸡笼山（今南京九华山）；康帝（四世）、简文帝（七世）、孝武帝（八世）、安帝（九世）、恭帝（十世）葬钟山之阳，今九华山至紫金山东西一线并列。诸陵建在略高于山前地面处，背倚山丘，遵西晋陵制，东西并列不起坟。只有穆帝（五世）葬幕府山之阳，坟"周四十步，高一丈六尺"，是很小的坟丘[2]。

永平陵在南京幕府山南麓，葬于升平五年（361）[3]。

晋恭帝冲平陵在南京富贵山南麓，依山而建。墓室前甬道有长 2.7 米的筒拱顶，装二重门；甬道口用砖封砌，其外再建二重封门墙（图 5-2-53）[4]。墓前 400 米处地下埋石碣，上镌"宋永初二年，太岁辛酉，十一月乙巳朔，七日辛亥，晋恭帝之玄宫"二十六字，可证陵前至少有 400 米以上的神道[5]。

晋陵均依山而建，高出山前地面少许。墓室矩形，用砖砌筒壳顶；墓室前有甬道，前期装一门，后期装两道门，甬道入口用封门墙封闭；墓上或起坟或不起。墓前有前殿，神道左右夹道设麒麟等石雕。应有门、阙、围墙等，待考。

此外，北方少数民族十六国（317—420）诸政权，立国短、战乱频，流俗"潜埋"，资料很少。其陵制有记载可考者为刘曜父。322 年，汉主刘曜葬其父母于粟邑，各一坟，坟丘周回二里，高百尺，称永垣陵。二陵各有陵垣，墓门建屋，墓前有寝堂，延晋代陵制[6]。

十六国时民族关系复杂，墓葬形制不一。一些墓葬留西晋特点，如西安草厂坡墓，其随葬品组合除西晋墓中常见陶俑外，还出现武士俑、鼓吹仪仗俑等，武士及战马均着铠甲，军事色彩浓厚，战乱频繁[7]。冯素弗夫妇合葬墓位于辽宁北票西北 21 公里处的西官营子村，同冢异穴，并列两具石椁，椁内壁彩画，含天象及墓主人家居、出行等图。椁内木棺上，彩

---

[1] 中国时刻洛阳汉魏故城工作队：《西晋帝陵勘察记》，《考古》1984 年第 12 期；罗宗真：《魏晋南北朝考古》，第 77 - 78 页。

[2] 蒋赞初：《南京东晋帝陵考》，《东南文化》1992 年第 Z1 期；王志高、周维林：《关于东晋帝陵的两个问题》，《东南文化》2001 年第 1 期。

[3] 华东文物工作队蒋赞初：《南京幕府山六朝墓清理简报》，《文物参考资料》1956 年第 6 期。

[4] 南京博物院：《南京富贵山东晋墓发掘报告》，《考古》1966 年第 4 期。

[5] 李蔚然：《南京富贵山发现晋恭帝玄宫石碣》，《考古》1961 年第 5 期。

[6] 罗宗真：《魏晋南北朝考古》，第 80 页。

[7] 陕西省文物管理委员会：《西安南郊草厂坡村北朝墓的发掘》，《考古》1959 年第 6 期。

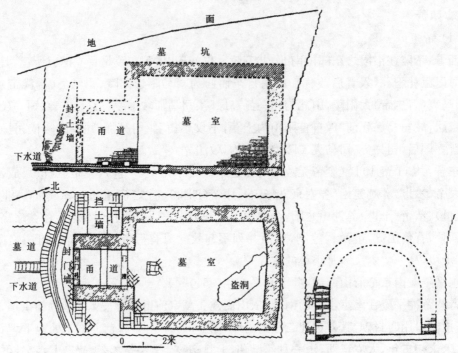

图 5-2-53   南京东晋恭帝冲平陵平、剖面图

绘云气、羽人、建筑等图像[1]。出土的两只鎏金桑木心铜马镫，目前双镫最早之例[2]。

近来，内蒙古乌审旗毛乌素沙漠发现一批十六国时大夏国墓葬，西距大夏国都统万城城址仅16公里，均为大型洞室墓[3]。墓主包括曾任大夏国建威将军（图 5-2-54）[4]、散

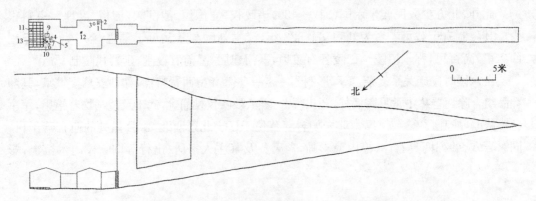

图 5-2-54   乌审旗郭家梁大夏国田𢙯墓平、剖面图

1. 陶甑   2. 陶釜   3. 陶盆   4. 铜体   5、6. 陶壶   7、8. 陶罐
8. 墓志   10. 漆盘   11. 泥钱   12. 铁器   13. 铁棺钉

———————————

[1] 中国大百科全书总编辑委员会《考古学》编辑委员会、中国大百科全书出版社编辑部：《中国大百科全书·考古学》，北京：中国大百科全书出版社，1986年，第128页。

[2] 黎瑶渤：《辽宁北票县西官营子北燕冯素弗墓》，《文物》1973年第3期。

[3] 《内蒙古首次发现大夏国墓群》，《内蒙古社会科学》（文史哲版）1993年第3期。

[4] 内蒙古自治区文物考古研究所等：《内蒙古乌审旗郭家梁大夏国田𢙯墓》，《文物》2011年第3期。

骑常侍、凉州都督、护光烈将军、北地尹等职官僚，虽史传无载，然据墓志，均在大夏国统治集团中占重要地位。

（2）一般墓葬

西晋多砖室墓。洛阳曾发现数十座，多方形墓室，前有短甬道接斜坡墓道。墓室或四面结顶，或筒壳，基本承袭前代[1]。

东晋南渡，初期尚用东吴流行的"四隅券进式"穹窿顶墓室，如南京象山七号墓，后砖砌纵长矩形筒壳顶墓室渐居主流。象山王氏诸墓，除七号墓外，一号、二号、五号、六号和四号墓皆然[2]。南朝时仍沿此制。除江苏外，广东、福建、湖南等地亦然。贵州有石砌墓室，或是地区特点[3]。这些墓室在砌造技术上，并无重大发展。此期诸墓地上部分，均无迹可寻。

两晋经济凋敝，屡次明令禁止厚葬而不可[4]。

3. 北朝

（1）帝王

北魏帝陵有盛乐、平城、洛阳三处。

盛乐：北魏初都盛乐，陵墓在其西北，史称"金陵"，葬北魏迁洛阳前的六世皇帝及后妃。目前，盛乐故城北约 20 公里处，发现几处鲜卑到北魏墓地，发掘一座北魏早期大型壁画墓[5]。该墓为探讨北魏早期皇陵，提供重要线索[6]。

平城：文献载平城（今大同）"方岭上有文明太皇太后陵，陵之东北有高祖陵"，所指为北魏都城平城附近的北魏皇陵，有冯太后永固陵和孝文帝虚塚[7]。永固陵位于大同城北西寺儿梁山（故称方山）南部，其北侧约一里处为孝文帝元宏寿宫——万年堂。太和十八年（494）北魏迁洛后，孝文帝又在洛阳定陵区，在平城者遂虚。陵园现存建筑遗址包括墙垣、封土、墓室、地面建筑、陪葬墓和御路等，有对汉文化的继承，亦有创新[8]。

永固陵为砖砌，前、后墓室，中连甬道（图 5-2-55）。门楣、门框雕饰精美[图5-2-56（a）]，出土虎头形门墩建筑构件，与邺城出土的门砧石有异[图 5-2-56（b）]。有研究者认为永固陵布局特点是陵（永固陵）、庙（永固石室或永固堂）、寺（思远佛寺）三者一体，并影响百济[9]。思远佛寺以塔为中心[10]。

〔1〕 河南省文化局文物工作队第二队：《洛阳晋墓的发掘》，《考古学报》1957 年第 1 期。

〔2〕 南京市文物保管委员会：《南京象山东晋王丹虎墓和二、四号墓发掘简报》，《文物》1965 年第 10期；南京市博物馆：《南京象山 5 号、6 号、7 号墓清理简报》，《文物》1972 年第 11 期。

〔3〕 中国社会科学院考古研究所：《新中国的考古发现和研究》，第 532－536 页。

〔4〕 ［梁］沈约：《宋书》卷十五《志第五·礼二》，第 404 页。

〔5〕 罗宗真：《魏晋南北朝考古》，第 80－84 页。

〔6〕 苏俊、王大方、刘幻真：《内蒙古和林格尔北魏壁画墓发掘的意义》，《中国文物报》1993 年 11 月 28日，第 3 版。

〔7〕 大同市博物馆、山西省文物工作委员会：《大同方山北魏永固陵》，《文物》1978 年第 7 期。

〔8〕 王雁卿：《北魏永固陵陵寝制度的几点认识》，《山西大同大学学报》（社会科学版）2008 年第 4 期。

〔9〕 王飞峰：《关于永固陵的几个问题》，《中国国家博物馆馆刊》2012 年第 11 期。

〔10〕 大同市博物馆：《大同北魏方山思远佛寺遗址发掘报告》，《文物》2007 年第 4 期。

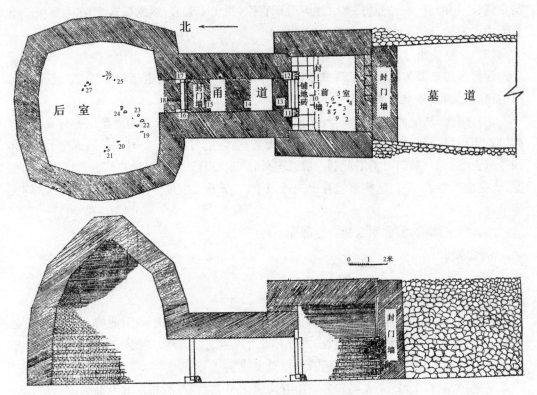

图 5-2-55　大同北魏永固陵墓室图

1、10、13、15、18、14. 封门墙　2. 石模型器　3、19. 铜簪　4. 骨盖　5. 料环
6、7、8、9. 骨簪　11、12、15、17. 石雕门墩　20. 铁箭镞　21、27. 残漆片
22、23. 残陶片　24. 残瓷片　25. 铁环　26. 铁钉

洛阳：北魏南迁洛阳，以洛阳西北邙山为陵墓区，在瀍河两岸形成较大陵墓群。近人依据魏文昭皇太后山陵志石，确定孝文帝长陵在今洛阳老城西北 15 里的官庄村东，瀍水以西的高地上，为陵区中心[1]。宣武帝元恪景陵在其右前方，也在瀍西[2]；孝明帝元诩定陵在其左面，瀍水之东。孝庄帝元子攸静陵，文献无载，亦无出土墓志佐证，但在洛阳北魏皇陵兆域内发现一座帝陵级别的大冢，应为静陵[3]。

长陵陵园坐落在大致呈东南——西北向的黄土山梁上，平面近方形。陵园内有两座陵寝，孝文帝陵（大冢）位于中轴线偏北部，墓道向南为长斜坡式。封土南侧 21 米处，有两个对称的石墩，为石翁仲基座，原应有神道。陵园内发现建筑基址三座，建筑堆积一处。长陵陵园遗址具有中原陵寝制度特点，如圆形封土，方形陵园平面，四面构筑夯土垣墙，院内有祭祀建筑等[4]。

〔1〕　郭建邦：《洛阳北魏长陵遗址调查》，《考古》1966 年第 3 期。
〔2〕　黄明兰：《洛阳北魏景陵位置的确定和静陵位置的推测》，《文物》1978 年第 7 期。
〔3〕　黄明兰：《北魏洛阳景陵位置的确定和静陵位置的推测》，《文物》1978 年第 7 期。
〔4〕　洛阳市第二文物工作队：《北魏孝文帝长陵的调查和钻探——"洛阳邙山陵墓群考古调查和勘测"项目工作报告》，《文物》2005 年第 7 期。

1　西侧石门框
2　拱形门楣西侧捧莲蕾童子
3　拱形门楣东侧捧莲蕾童子
4　孔雀浮雕

(a) 门楣、门框雕饰

(b) 门砧石（左为邺城出土，右为永固陵甬道、前室中）

图 5-2-56　大同山北魏永固陵

　　宣武帝景陵封土略呈圆形。地宫由墓道、前甬道、后甬道和墓室组成，甬道内设三道封门墙，并有一重石门。墓室平面近方形，墓顶作四角攒尖式。墓室地面铺砌石板，西侧壁下为石棺床[1]。

　　历年来洛阳地区还出土多具北魏画像石棺，如著名宁懋石室等。石棺表面一般线刻乘龙升仙、四神、神兽、武士等图像和装饰图案，刻艺精湛，是研究当时绘画及雕刻的重要材料。

　　其他地区零星发掘北魏墓葬。如宁夏彭阳新集发现两座带天井墓道的北魏墓；固原西郊北魏墓中出土内容丰富的彩色漆棺画等。他如河北景县封氏墓群、高氏墓群、赞皇李氏墓群和山东临淄崔氏墓群等，为研究此期墓葬制度提供了依据[2]。

　　西魏[3]：永熙三年(534)魏孝武帝元脩西奔，投宇文泰，西魏立。次年孝武帝被杀，十

〔1〕　中国社会科学院考古研究所洛阳汉魏城队、洛阳古墓博物馆：《北魏宣武帝景陵发掘报告》，《考古》1994 年第 9 期。

〔2〕　马利清：《考古学概论》，北京：中国人民大学出版社，2010 年，第 288 页。

〔3〕　罗宗真：《魏晋南北朝考古》，北京：文物出版社，2001 年，第 84－90 页。

余年后葬云陵。文帝元宝炬继位,在位 17 年,551 年死葬永陵。其后,废帝元钦在位 3 年,为宇文泰废;恭帝元廓在位 3 年,禅于周,被杀。西魏四世,唯文帝以帝礼葬。

大统六年(540)文帝元宝炬废后乙弗氏被迫自杀,凿麦积崖为龛而葬(今第 43 窟)。文帝崩,合葬于永陵[1]。南北朝佞佛,在龙门、麦积山等多有藏骨的瘗窟。乙弗后陵,雕如一座正规殿宇(图 5-2-33)[2]。

北周代西魏(557),历五世,至 581 年为隋代。五世中孝文帝被废,静帝禅于隋,都无陵。故只有二世至四世即明帝毓、武帝邕、宣帝赟三陵。明帝遗诏"因势为坟,不封不树"[3];武帝遗诏"墓而不坟,自古通典"[4],不起坟。

东魏、北齐:东魏天平元年(534)孝静帝在邺城西郊漳河、滏阳河间营元氏皇陵区,称西陵,在今河北磁县南,目前仍有众多土冢。西陵与北齐高氏皇陵及其他陪葬墓一起,统称"磁县北朝墓群",发现墓葬 123 座[5]。2006 年,在此发现东魏皇族元祜墓[6]。

北齐文化多为隋唐所承[7]。高氏皇陵区位于东魏元氏皇陵区东北,其南与东魏皇陵相连。北齐历七帝,其中神武皇帝高欢和文襄皇帝高澄,均卒于北齐立国前,其皇帝身份系死后追赠。据东魏茹茹公主墓志及《北齐书》,可确定二陵位置。茹茹公主墓附近有两座高大墓冢,大冢应即高欢义平陵。长辈在南,晚辈在北,与东魏元氏皇陵区相同,应是磁县东魏北齐皇陵区的特点[8]。

东魏、北齐皇陵区附近,还交错一些重臣和望族的家族墓地,北朝聚族而葬的习俗仍然盛行。

目前,东魏、北齐皇陵兆域内,地上陵寝等礼制建筑均已不存,神道石刻极少,现可见元景植碑、兰陵王碑[9]等。已发掘的东魏、北齐陵墓中,东魏主要是茹茹公主墓,由墓道、甬道和墓室三部组成,墓道两壁及墓室内彩绘壁画,有神兽、仪仗、羽人、四神、墓主人、侍从与装饰图案等(图 5-2-57)[10]。

目前发掘的北齐重要墓葬有湾漳村大墓,根据地望及规模,应属文宣帝高洋(550—559 年在位)的武宁陵。该墓原有高大封土,直径过百米;墓葬总长 52 米,有墓道、甬道、墓室三部。甬道及墓室地面都铺青石。墓室内也满绘壁画,除墓顶的天象图外,其余已漫

〔1〕 [唐]李延寿:《北史》卷十三《文帝乙弗后传》,北京:中华书局,1974 年标点本,第 507 页。
〔2〕 傅熹年:《麦积山石窟中所反映出的北朝建筑》,文物编辑部编辑:《文物资料丛刊(4)》,1981 年,第 158 页。
〔3〕 [唐]李延寿:《北史》卷九《周本纪上》,北京:中华书局,1974 年标点本,第 332 页。
〔4〕 [唐]李延寿:《北史》卷十《周本纪下》,北京:中华书局,1974 年标点本,第 372 页。
〔5〕 张子英、张利亚:《河北磁县北朝墓群研究》,《华夏考古》2003 年第 2 期。
〔6〕 朱岩石、何利群、沈丽华:《河北磁县北朝墓群发现东魏皇族元祜墓》,《考古》2007 年第 11 期。
〔7〕 黄永年:《论北齐的文化》,《陕西师大学报(哲学社会科学版)》1994 年第 4 期。
〔8〕 中国社会科学院考古研究所洛阳汉魏故城工作队:《西晋帝陵勘察记》,《考古》1984 年第 12 期。
〔9〕 马忠理:《北齐兰陵王高肃墓及碑文述略》,《中原文物》1988 年第 2 期。
〔10〕 朱全升、汤池:《河北磁县东魏茹茹公主墓发掘简报》,《文物》1984 年第 4 期。

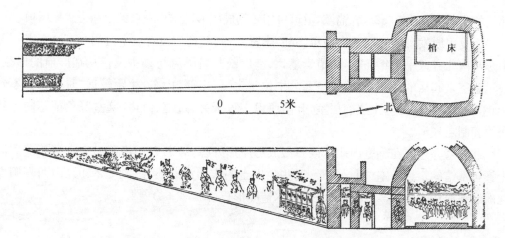

图 5-2-57　磁县北朝墓群北齐茹茹公主墓平、剖面图

漶不清。墓前发现一石人，表明前有神道[1]。

（2）一般墓葬

目前，发现大量北魏、东魏、北齐、西魏、北周墓葬，多砖砌方形单室墓，前有很短的砖砌甬道，连通到地面的斜坡墓道。北齐王陵亦然，仅墓室规模较大而已[2]。此期也发现个别双室墓，前、后室中间连以甬道，如大同北魏司马金龙墓（太和八年 484，图5-2-58）[3]、河北赞皇李希宗墓（兴和二年 540）[4]等。一些墓道特别长而深的墓，墓道后半段做成隧道，利用竖井开挖，使墓道后段交替出现过洞和天井[5]。这些大墓内都绘有壁画，一

图 5-2-58　大同北魏司马金龙墓出土的帐座石跌之一

般在墓道、甬道两侧画车骑、仪仗、侍从，墓室内下部画侍女、伎乐和生活起居事物，顶绘日月或星图。

值得注意的是，此时出现用壁画题材，把墓室、甬道、墓道模拟地上建筑。典型者如山西

[1]　中国社会科学院考古研究所、河北省文物研究所邺城考古工作队：《河北磁县湾漳北朝墓》，《考古》1990 年第 7 期。
[2]　磁县文化馆：《河北磁县北齐高润墓》，《考古》1979 年第 3 期。
[3]　山西大同市博物馆、山西省文物工作委员会：《山西大同石家寨北魏司马金龙墓》，《文物》1972 年第 3 期。
[4]　石家庄地区革委会文化局文物发掘组：《河北赞皇东魏李希宗墓》，《考古》1977 年第 6 期。
[5]　宁夏回族自治区博物馆、宁夏固原博物馆：《宁夏固原北周李贤夫妇墓发掘简报》，《文物》1985 年第 11 期。

祁县的北齐天统元年(567)韩裔墓,甬道口用砖砌成屋形,上有斗栱、叉手和带鸱尾屋顶[1]。

宁夏固原发现的北周天和四年(569)李贤墓,其墓道后段有三个过洞和三个天井[2]。山东济南北齐武平二年(571)□道贵墓,墓室后壁九扇屏风与墓主及侍从在屏前的形象,表示墓室是起居的堂[3]。此三座墓分别位于宁夏、山西、山东,相距较远,时代相去不到十年,都以墓室象征墓主生前居室,开隋唐以多重天井、过道、甬道、墓室等象征不同等级居第葬制之先河。

北朝墓葬还有在墓室内用木或石做成房屋形外椁,著名者如洛阳出土今藏于美国波士顿美术馆的宁懋石室(图 5-3-6)、近些年出土的宋绍祖墓石椁(图 5-2-59)、山西寿阳发现的北齐河清元年(562)库狄迴洛墓的木造屋形椁(图 5-2-60)[4]。

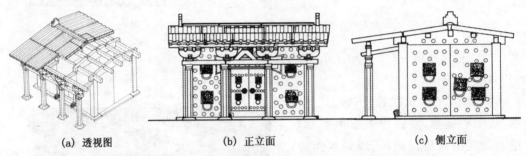

| (a) 透视图 | (b) 正立面 | (c) 侧立面 |

图 5-2-59   北魏宋绍祖墓石椁结构示意图、立面图、侧立面图

南朝禁止墓中设墓志铭,历年出土极少,而地上碑、石兽、石柱还有存者。北朝不禁墓志铭,历年出土达千件;北朝效法南朝,在地上墓园设石兽、石柱、石碑,但存者极少。

4. 南朝

(1) 帝王

南朝四代,宋、陈二代帝陵主要在南京;齐、梁同族,先后葬南京以东的曲阿(今丹阳)。

目前认为,南京有宋武帝初宁陵、宋文帝刘义隆长宁陵、陈武帝陈霸先万安陵和陈文帝陈蒨永宁陵;丹阳有齐高帝萧道成泰安陵、齐武帝萧赜景安陵、齐明帝萧鸾兴安陵、梁武帝萧衍之父萧顺之建陵以及齐废帝东昏侯萧宝卷墓、和帝萧宝融恭安陵也在丹阳[5]。

丹阳市境内现有南北朝南齐帝王陵墓 9 座,建山金家村墓"可能即废帝肖宝卷之墓。而胡桥吴家村墓,或许就是文献上失载的和帝肖宝融恭安陵"[6](有研究者认为墓主,正相反[7]。)

[1] 陶正刚:《山西祁县白圭北齐韩裔墓》,《文物》1975 年第 4 期。

[2] 宁夏回族自治区博物馆、宁夏固原博物馆:《宁夏固原北周李贤夫妇墓发掘简报》,《文物》1985 年第 11 期。

[3] 济南市博物馆:《济南市马家庄北齐墓》,《文物》1985 年第 10 期。

[4] 王克林:《北齐库狄迴洛墓》,《考古学报》1979 年第 3 期。

[5] 罗宗真:《六朝陵墓及其石刻》,《南京博物院集刊》(第一集),1979 年。

[6] 南京博物院:《江苏丹阳县胡桥、建山两座南朝墓葬》,《文物》1980 年第 2 期。

[7] 邵玉健:《丹阳两座南朝失名陵墓墓主考》,《东南文化》1989 年第 2 期。

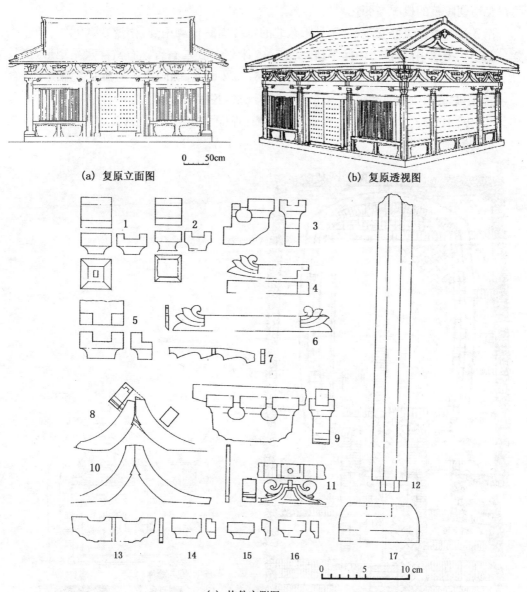

(a) 复原立面图　　　　　　　　(b) 复原透视图

0　　50cm

(c) 构件实测图

1. 栌斗　2. 散斗　3. 半栱　4. "雀替"状构件　5. 角栌斗　6. 贴耳"雀替"　7. 壸门牙子
8. 叉手　9. 令栱替木　10. 贴耳叉手　11. 驼峰　12. 角柱　13. 贴耳泥道栱　14. 贴耳栌斗
15. 贴耳散斗　16. 贴耳散斗　17. 角柱础

图 5-2-60　寿阳北齐厍狄迴洛墓"明器式"建筑图

　　齐、梁二代帝陵在丹阳，形成集中陵区。齐梁时谒陵由水路沿秦淮河东行，经方山过破岗埭到丹阳陵口，进入陵区。陵口夹河一对石兽，为整个陵区的入口标志。南京陈文帝永宁陵、陈宣帝显宁陵，丹阳齐景帝修安陵、齐高帝泰安陵（或齐宣帝永安陵）、东昏侯萧宝卷墓与和帝萧宝融恭安陵，经过发掘。其中萧道生修安陵修建较早，陈宣帝显宁陵较迟，可窥见南朝陵墓的概况与变化[1]。

　　南齐景帝萧道生修安陵,位于丹阳东北的水径山鹤仙坳南麓,南齐建武元年(494)改建。墓室在山岗中部,前为山间平地,墓前510米处对置二石兽。石凿墓穴呈矩形,全长15、宽6.2米,穴内用砖砌墓室及甬道(图5-2-61、5-2-62)。除画像砖壁画为整幅预制拼合外,各种图案砖由于花纹和位置不同,有33种规格,各在端面模印处砖名,如正方砖、厚方砖、薄方砖、中方砖、大宽鸭舌、大鸭舌、中鸭舌、小鸭舌、中斧砖、下斧砖、大马垱砖等,反映较复杂的模制花砖技术[2]。

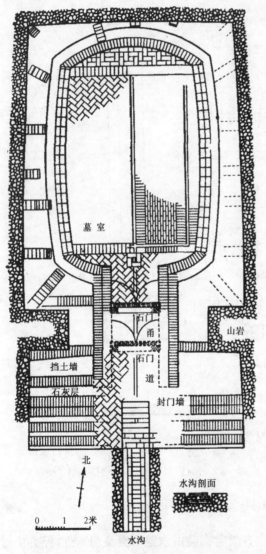

图 5-2-61　南京齐景帝萧道生修安陵平面图

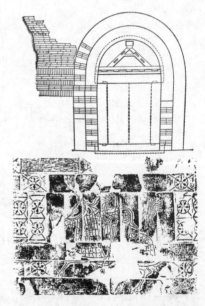

图 5-2-62　南京齐景帝萧道生修安陵甬道第二进墓门及人字栱结构图及"骑马武士""执戟侍卫""执伞盖侍从"拓片图

〔1〕 罗宗真:《六朝考古》,南京:南京大学出版社,1994年,第54－106页。
〔2〕 南京博物院:《江苏丹阳胡桥南朝大墓及砖刻壁画》,《文物》1974年第2期。

陈宣帝陈顼显宁陵在南京西善桥油坊村罐子山北麓,陈太建十四年(582)下葬。建墓时先在山体中凿出长 45、宽 9 米的墓穴,前建甬道后为墓室(图 5-2-63)[1]。

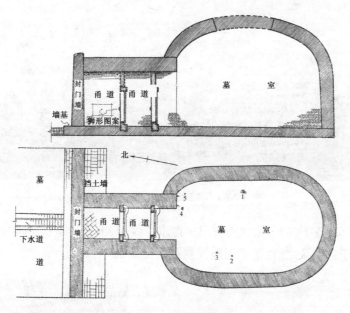

图 5-2-63　南京西善桥陈宣帝陈顼显宁陵平、剖面图

二陵前者改葬于 494 年,后者葬于 582 年,差 88 年,形制基本相同。故南朝帝陵陵制:依山而建,大部分面南、也有向北,依风水形胜而定。墓穴多开在山麓离地面 10 米左右处,墓穴铺多层砖为地面,是为在内暗砌排水沟,以排除墓内渗水。墓室纵长形,由矩形、后壁外凸逐渐变为四壁外凸,最后为椭圆形。一般南朝墓甬道只用封门墙或装一道门,帝陵则均装两重门。帝陵或夯筑与山齐平不起坟;或起坟,高约 14 尺至 20 尺,周长 175 尺(35 步)与 300 尺(60 步)之间,尺度很小。

陵墓前都有较长墓道,石柱刻字"神道",史书或称"隧"[2]。神道上自前向后,依次立石兽、石柱、石碑,都是神道两侧各一,两两相对。一般三对,帝陵中丹阳梁萧顺之建陵在石碑后又有方石础一对,共四对,础上原物已佚(图 5-2-64)。

神道最前端为石兽,称"麒麟""麟"。现存石兽以梁武帝萧衍修陵最大,都是整石雕成,异常雄伟[3]。陵道前对立石兽在东汉已有,南朝陵墓承其旧制。

南朝石兽有两种:一种身躯足颈都略瘦于后者,长颈昂首,身上有较多双钩压地隐起阳线,体型和纹饰更近汉以来传统,另一种身躯肥硕,短颈长鬣,头向后仰,兽身纹饰简单,以形体劲健胜,源自狮子。有学者认为,前者名麒麟,用于帝陵(图 5-2-65);后一种应名辟

[1]　罗宗真:《南京西善桥油坊村南朝大墓的发掘》,《考古》1963 年第 6 期。
[2]　"孝武帝大明七年,风吹初宁陵(宋武帝刘裕陵)隧口左标折。"[梁]沈约:《宋书》卷三十四《五行志》,第 958 页。
[3]　朱偰:《丹阳六朝陵墓的石刻》,《文物参考资料》1956 年第 3 期。

图 5-2-64　丹阳梁萧绩墓神道石刻

邪,用于王侯墓(图 5-2-66)[1]。《南齐书·豫章王嶷传》云宋文帝长宁陵"麒麟及阙,形势甚巧。宋孝武于襄阳致之后,诸帝王陵皆模范而莫及也"[2]。

图 5-2-65　南京陈文帝永宁陵神道石麒麟(西)

图 5-2-66　南京梁萧景墓辟邪

　　石兽之后隔一定距离,夹神道立石柱。石柱为方形圆角断面,自下而上作直线内收(图 5-2-67)。柱顶有顶盖(图 5-2-68),柱下有础。柱础下为方形素平基座,座上雕近覆盆形础身,外形雕作双螭盘绕形象,中间雕一圆形平台,中心有卯口以承柱身(图 5-2-69)。所谓墓表,又称标或石柱。

〔1〕　刘敦桢:《中国古代建筑史》,北京:中国建筑工业出版社,1980 年,第 62 页。
〔2〕　[梁]萧子显:《南齐书》卷二十二《豫章文献王传》,北京:中华书局,1972 年,第 414 页。

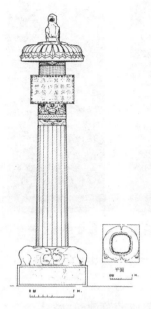

图 5-2-67　南京梁萧景墓墓表平、立面图

图 5-2-68　南京梁吴平忠侯萧景墓墓表顶部

图 5-2-69　梁安成康王萧秀墓墓表柱础

　　石柱后隔一定距离在神道两侧立石碑,碑下龟座(图 5-2-70),碑身上部稍窄,半圆形碑首,侧棱雕交龙,碑身有"穿"(图 5-2-71)。神道末端是否如东晋之例,于墓前建前殿,有待探查证实。

　　文献载南朝陵墓有门、阙。《旧唐书·礼仪志五》:"(梁)武帝即大位后亦朝于建陵(其富萧顺之墓)……因谓侍臣曰:陵阴石虎与陵俱创二百(按应作五十)余年,恨小。可更造碑、石柱、麟并二陵中道,门卫三闼"[1]。可知萧顺之墓原有门,改帝陵后,墓门改并列三门。《南齐书·豫章王嶷传》:"宋长宁陵隧道出(嶷)第前路……乃徙其表、阙、麒麟于东

〔1〕[后晋]刘昫等:《旧唐书》卷二十五《礼仪志》,北京:中华书局,1975 年标点本,第 972 页。

图 5-2-70　南京梁鄱阳忠烈王萧恢墓墓碑龟座　　图 5-2-71　梁安成康王萧秀墓神道石碑

岗山。麒麟及阙形势甚巧，宋孝武（帝）于襄阳致之。后诸帝王陵皆模范而莫及也。"[1]文中表、阙并举。

东晋南朝地面建筑无存，石刻、壁画图像较少。目前，唯陵墓建筑、陵墓石刻及偶尔发现的建筑石刻。石刻中麒麟、辟邪宏大雄伟，墓表雕琢秀美简洁，均登峰造极。除继承我国汉以来传统外，又有外来影响。此期帝王墓室规模、墓内殉葬品等，比秦汉简省甚多，地上石刻却颇为侈大。

（2）一般墓葬

多为规模较小的砖室墓，随葬品少且粗陋，墓前石刻极少[2]。晋元帝太兴元年（318）有人为江南名族顾荣营葬，请求立碑，特旨允许，以后立碑之禁又渐松弛[3]，墓前立石兽、碑、表之风又现。

南朝后期，梁武帝曾于天监六年（507）"申明葬制：凡墓不得造石人、兽、碑，听作石柱，记名位而已"[4]。

第三节　理论与技术

一、理　论

此时期建筑成就突出，唯相关理论古籍较少。

城市规划方面。例如，邺南城为完全新建的都城，其规划原则是"上则宪章前代，下则

[1]　[南朝梁]萧子显：《南齐书》卷二十二《豫章文献王传》，第414页。
[2]　罗宗真：《六朝考古》，南京：南京大学出版社，1994年，第106-123页。
[3]　[梁]沈约：《宋书》卷十五《志第五·礼二》，第407页。
[4]　[唐]魏徵等：《隋书》卷八《礼仪志》，第153页。

模写洛京"(《魏书》),综合北魏洛阳和前此历代都城的优点。著名儒生李业兴"披图按记,考定是非,参古杂今,折中为制,召画工并所须调整,具造新图",再"申奏取定"后施工,这一过程本身就标志着此时城市规划已达到一个新水平。

东魏营都邺南城,为营造其天下文化、政权正统,巧妙地利用古漳河的泛滥与大禹治水时"河出图、洛出书"神话的相似性,将后者嫁接在前者之上,试图实现其象征意义的替代。在实际操作上不仅制造"筑城得龟"的事实,且切实依照龟的形状来营建邺南城,欲图将邺城营建成新的政治、文化正朔中心[1]。

姑臧城(武威)五城、五宫攒聚的布局,在我国古代建筑史上极其特别。其规划思想应源自儒家的"五行",同时又与当时的政治形势密切相关[2]。

魏晋南北朝是我国历史上一个动荡的时代,在这样一个时代里作为上层建筑的艺术,却没有因此衰落,反以一种新的形态发展。儒、佛、道相互冲撞、融合,玄学的盛行及"施用用宜"[3]等设计伦理评判标准的确立,艺术创作中主观情感的表达,构成了人与设计物的互动。这些设计伦理,充分体现在此时的建筑、石刻、服饰及各类器物上,影响深远[4]。

二、技　术

木结构技术而言,三国宫殿或沿用秦汉以来的高台建筑,如《魏都赋》描写的邺城文昌殿、《景福殿赋》描写的许昌宫景福殿等,可能采用叠梁式与叉手式构架,魏沿用旧法而非创新。

此期木构架中的斗栱向规则化发展,斗栱的种类大为减少,然做法趋向严谨,因应经济衰退。从出土的吴国青瓷院落明器可知,当时大宅第是木构架、土墙混合结构(图5-3-1)。《世说新语》云,曹魏在洛阳北宫西侧建的陵云台上的楼观,在建造时先称量构件使其重量互相平衡,然后架构。说明此期在建造某些巨大建筑时,均经过一定权衡。

图5-3-1　中国历史博物馆展出的湖北鄂城吴孙将军墓明器住宅

〔1〕　王静、沈睿文:《一个古史传说的嫁接——东魏邺城形制研究》,《北京大学学报》(哲学社会科学版)2006年第3期。

〔2〕　傅熹年:《中国古代建筑史·第二卷》(第二版),北京:中国建筑工业出版社,2009年,第49页。

〔3〕　夏燕靖:《中国艺术设计史》,沈阳:辽宁美术出版社,2002年,第94-114页。

〔4〕　王志强:《"人化"与"物化":魏晋南北朝时期的设计伦理》,《艺术百家》2009年第5期。

　　我国建筑在两晋南北朝发生重大变化。此前，基本属于古拙端严的秦汉风格，屋面多以劲直方正的直线为特点，构造上以土木混合结构为主；在此之后，遒劲豪放、仪态万方的隋唐建筑为著，屋面用内敛挺拔的曲线见长，构造上以全木构架为主。这两种截然不同的建筑风格和构造方法的演化，就孕育在本期[1]。

1. 土木混合结构向全木构发展

　　土木混合结构逐渐衰落肇始于西汉末。目前推测，三国西晋时仍以台榭为宫殿。史籍对魏晋太极殿虽无具体描写，但据《景福殿赋》，比它早几年建的许昌景福殿，有壁柱、壁带加强的夯土墙承重，亦属土木混合台榭，太极殿应与之相同；北魏洛阳宫太极殿亦然。六朝晚期，宫室、官署、大宅第基本采用全木构架。由此，用木构架代替土木混合结构建造宫室、官署、大宅第、寺院等，有一个长期的过程。

　　我国南方潮湿多雨、木材资源丰富，气候湿热，不需厚墙重屋防寒，自汉以降即流行全木构房屋。广州出土大量西汉至东汉陶屋，多全木构，且多穿斗架。

　　永嘉南迁，中原文化流布江南。魏晋都城、宫室制度为正统，东晋应遵行。当然，整体而言，南方汉以来形成的全木构架房屋仍流行，技术更有发展。南朝修建大量木塔，塔中立有贯通地面的刹杆，为高层木构。梁建康同泰寺塔高九层，可知南朝后期全木构已达相当水平。

　　近来云南昭通发现东晋太元十□年下葬的霍承嗣墓，墓内壁画出现一座土木混合结构建筑剖面图，室内有暗层用栾（曲栱）承托，与汉代建筑几无区别（图5-3-2）[2]。

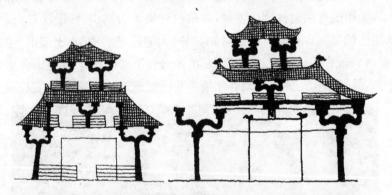

图5-3-2　昭通后海子东晋霍承嗣墓壁画中的建筑（东壁、西壁）

　　南朝宋孝武帝时（五世纪中叶）起，大修宫室，趋于豪华、绮丽，开始改变魏晋旧风。北魏在都平城后期也开始效法中原魏晋遗规和南朝新风，改建宫室，变化显著。梁朝建立后，境内长期安宁、经济繁荣，注重建设，形成南朝建筑发展高峰。北魏迁都洛阳亦然（图5-3-3）。

〔1〕　傅熹年:《中国古代建筑史·第二卷》（第二版），北京：中国建筑工业出版社，2009年，第35－37、277－312页。
〔2〕　云南省文物工作队：《云南省昭通后海子东晋壁画墓清理简报》，《文物》1963年第12期。

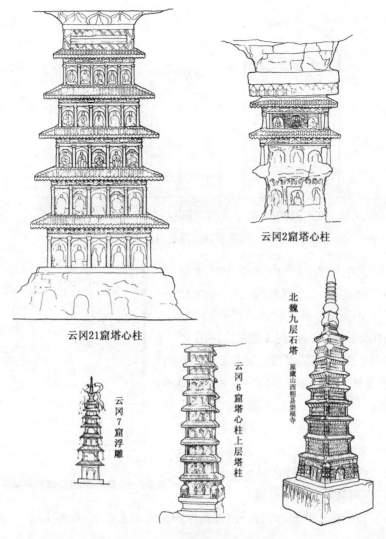

云冈21窟塔心柱

云冈2窟塔心柱

北魏九层石塔
原藏山西朔县崇福寺

云冈6窟塔心柱上层塔柱

云冈7窟浮雕

图 5-3-3　北魏楼阁式木塔形象

遗憾的是东晋、十六国、南北朝地面建筑几无存续。北朝建筑除建于正光四年(523)的登封嵩岳寺塔(图 5-2-17)、安阳北齐石塔[1]等个别砖石建筑外,其余只能在云冈、敦煌、龙门、响堂山、天龙山、麦积山等诸石窟中了解。

迄今为止,南朝地面建筑连最简单图像也未见,只在南朝诸大墓甬道内石门楣上,看到门额、叉手,与北朝石室、石窟中所见基本相同(图 5-3-4)。日本现存飞鸟时代遗构,或是经朝鲜半岛间接传入的南朝末期式样,可反推我国南朝建筑技艺。

〔1〕　近有学者其年代提出质疑,认为建造年代不在北齐,应在唐永徽元年至七年间,塔上的题记年款为宋人伪刻,见曹汛:《走进年代学》,《建筑师》2004 年第 3 期(总 109 期);也有学者认为西塔建造年代与题铭年代相符,为北齐河清二年(563);推测东塔为后人仿建,其建造年代至少比西塔晚100 年以上,见钟晓青:《安阳灵泉寺北齐双石塔再探讨》,《文物》2008 年第 1 期。

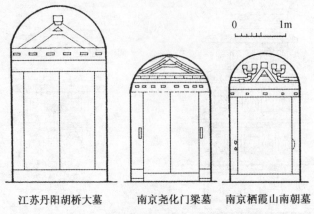

江苏丹阳胡桥大墓　　南京尧化门梁墓　　南京栖霞山南朝墓

图 5-3-4　南京南朝陵墓墓门上雕刻的斗栱

此外,河北邯郸南响堂山北齐天统年间(565—569)开凿的第一、二窟窟檐上,已雕出柱承栌斗,斗上挑出两跳华栱,栱上承枋(梁头或枋头)的柱头铺作(图5-3-5),此时木构更应使用。

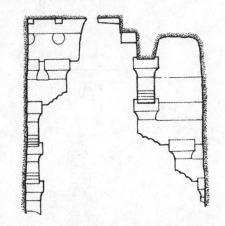

图 5-3-5　邯郸南响堂山第 2 窟北齐窟檐斗栱

山西省寿阳市发现北齐河清元年(562)下葬的库狄迴洛墓,墓室中有木构房形木椁,即"明器式"建筑[1],保留下一些木制柱、额、斗栱构件,提供了珍贵资料[2],可据以探讨其模数制(图5-2-60)与唐宋建筑之关系,尤其与《营造法式》对照。或认为唐宋建筑"以材为祖"的模数制设计方法,南北朝已基本形成。

炳灵寺石窟中的 172 窟内,有一内有塑像的小式木构建筑,值得重视[3]。

2. 举折

《周礼·考工记》"葺屋三分,瓦屋四分",屋面坡度"三分"是脊高与房屋进深之比为1：3;瓦屋面防渗比草顶好,排水较畅,故举高进深比 1：4[4]。但有"举"高,无"折"。

秦汉时我国古代建筑屋顶应无举折。

魏晋南北朝建筑檐口起翘明显,开始有举折,屋脊逐渐由直线向曲线发展,加以侧脚、生起逐渐规范化,整体形象渐趋柔和,刚柔相济,充满内在、遒劲、奔放的张力,为隋唐建筑趋向鼎盛,提供了充足的养分(图5-2-7)。

东汉跌落(两折)式屋顶,应为扩大进深、增大规模而来。此时无论抬梁式、穿斗式或

〔1〕　周学鹰:《"建筑式"明器与"明器式"建筑》,《建筑史(第18辑)》,北京:机械工业出版社,2003年,第45-58页。王欣然:《山西寿阳县北齐库狄迴洛墓木椁复原及探讨》,南京大学本科毕业论文,2015年。

〔2〕　王克林:《北齐库狄回洛墓》,《考古学报》1979年第3期。

〔3〕　王泷:《新发现的北朝木构建筑——炳灵寺石窟172窟佛帐》,《美术研究》1979年第3期。

〔4〕　王天:《中国古代屋面防水浅谈》,《中国建筑防水材料》1987年第4期。

叉手式屋架,因木材用料所限,进一步增大进深,均难满足所需。因此,屋顶构架拼接顺理成章,"跌落式"屋顶出现。进一步演化,"举折"逐渐产生。

3. 砖石进一步模拟木结构

三国时砖石结构,主要用于地下墓室,亦有用于地面建筑的情况。《三国志·曹爽传》载曹爽宅,"作窟室,绮疏四周,数与(何)晏等会其中,饮酒作乐"。北魏时在曹爽宅址建永宁寺,曾发掘出这座窟室(《水经注》)。

两晋南北朝砖石结构技术有所提高。石结构除建石阙、石祠(石室)等建筑外,主要用来建桥,梁式石桥、石拱桥都有发展。砖结构包括拱券、筒壳、双曲扁壳和叠涩等不同砌筑方式,如拱券门、十字或丁字相交筒拱、方形或矩形双曲扁壳、壳体或叠涩穹窿顶等,多用于地下墓室。

砖石用于地面佛塔、佛寺等宗教建筑中。《魏书·释老志》:"皇兴中,又构三级石佛图,榱栋楣楹,上下重结,大小皆石,高十丈。镇固巧密,为京华壮观"[1]。可见,此塔应为石质仿木构楼阁式塔,亦此类塔最早文献。

北魏末宁懋石室的形制构造(图5-3-6),前檐并列四根檐柱,柱顶栌斗口支撑水平向的横梁,其上再立一斗三升支承檐槫及屋顶。檐柱与金柱间有斜梁,梁头在檐部由一斗三升的坐(栌)斗口伸出。

图 5-3-6　北魏宁懋石室

现存河南安阳灵泉寺北齐双石塔与河北定兴北齐建义慈惠石柱(图5-3-7),均为优秀的石雕建筑作品。

《建康实录》载建康瓦官寺梁天监元年(502)立,"陈亡,寺内殿宇,悉皆焚尽。今见有石塔,三层,高一丈二尺,周围八尺,形状殊妙,非人工焉"[2],为石雕小塔。南朝最大的石

〔1〕 [北齐]魏收撰:《魏书》卷一百一十四《释老志》,第3038页。
〔2〕 [唐]许嵩撰,张忱石点校:《建康实录》卷十七,高祖武皇帝天监元年条,北京:中华书局,1986年,第673页。

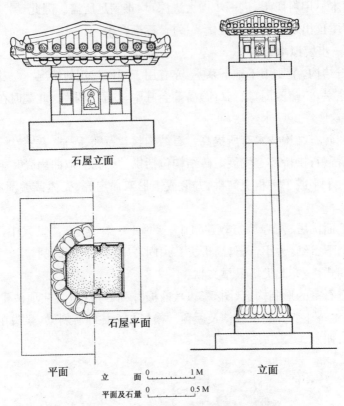

石屋立面

石屋平面

平面　　立　面 | 0 —— 1 M

平面及石量 | 0 — 0.5 M

立面

图 5-3-7　定兴县义慈惠石柱平、立面图

结构工程，是陵墓神道上的石墓表、象生、碑等石雕。

此期砖结构，主要用来修建地上的塔与地下的墓室，墓室数量众多。嵩岳寺砖塔为孤例。此外，还出现用砖包砌城门墩、城墙、高台等。

三国、两晋、南北朝基本沿袭两汉砌筑墓室技术，用小砖砌筒壳或穹窿，局部地区仍沿用汉代楔形砖或榫卯砖砌筒壳。吴国辖区出现新砌法（暂名"四隅券进穹窿"）。曹魏限于财力提倡薄葬，两晋南北朝亦然，墓室规模和砌造水平几无改进。两晋时，多有采用并列拱砌筒壳作墓道和墓室之例，如南京幕府山 1 号墓为晋穆帝永平陵、南京富贵山大墓为晋恭帝冲平陵（图 5-3-8）。

北朝墓室大多为方形穹窿顶，筒壳主要用以建甬道及前室，如北魏太和八年（484）造大同司马金龙墓[1]。同年所建大同方山冯太后永固陵，以筒壳建前室，净跨 4 米，是迄今北魏跨度最大的砖筒壳[2]。可见，南北方帝陵所用筒壳净跨仅 4 米余，砌法三平一立，南北均同。

此时之穹窿主要有双曲扁壳、四隅券进、叠涩、四面攒尖等多种。

〔1〕　山西省大同市博物馆等：《山西大同石家寨北魏司马金龙墓》，《文物》1972 年第 3 期。

〔2〕　大同市博物馆等：《大同方山北魏永固陵》，《文物》1978 年第 7 期。

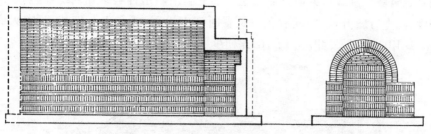

纵联筒壳——湖北枝江东晋隆安二年(339年)墓

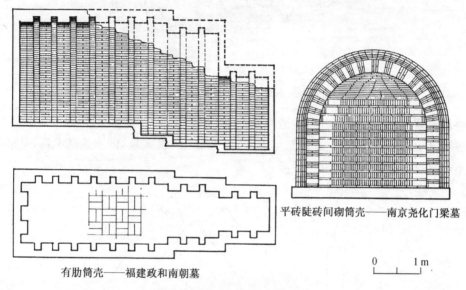

有肋筒壳——福建政和南朝墓

平砖陡砖间砌筒壳——南京尧化门梁墓

0　　　　1 m

图 5-3-8　东晋南朝筒壳墓室

双曲扁壳：西晋洛阳沿用，如西晋元康九年(299)徐美人墓。此为东汉旧法，东晋南北朝时未见[1]（图 5-3-9）。

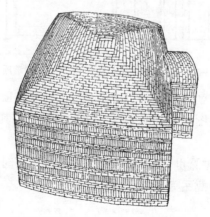

图 5-3-9　洛阳西晋元康九年(299)徐美人墓的双曲扁壳顶

[1]　河南省文化局文物工作队第二队：《洛阳晋墓的发掘》，《考古学报》1957 年第 1 期。

四隅券进穹窿：三国时，吴地方形或矩形墓室墙顶四角各斜砌并列拱，随墙顶逐层加大券脚跨度，向上方斜升，至中间收顶。两晋时江南沿用，晋元康七年（297）宜兴周处墓前、后室顶，均用此法[1]。此法砌墓，南北朝少见（图5-3-10）。

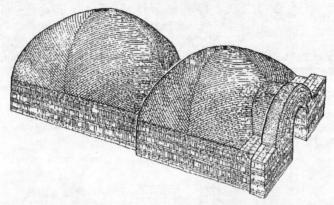

图5-3-10　宜兴晋永宁二年（302）周处家族墓四隅券进穹隆顶

叠涩穹窿：在北方偶有砌造，构造原始。

四面攒尖穹窿：主要用在北朝墓室中，如河北磁县湾漳大墓，即东魏高澄墓，是迄今所见此型墓室最大之例（图5-3-11）[2]。

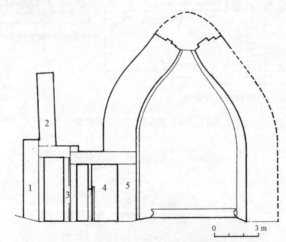

图5-3-11　磁县湾漳北朝墓为四面攒尖穹窿顶之例

椭圆形穹窿：仅用于南朝诸帝陵，平面椭圆形，上砌穹窿顶。或以西善桥油坊村大墓最大，为陈宣帝显宁陵[3]（图5-3-12）。综上，六朝砖砌墓室，其拱壳形成、砌法，基本未超出汉代。

砖塔：《魏书·释老志》"晋世，洛中佛图有四十二所"，其时佛寺以塔为主，代称寺庙。现存此期砖塔，仅河南登封嵩岳寺塔，技术精湛。

---

〔1〕　罗宗真：《江苏宜兴晋墓发掘报告》，《考古学报》1957年第4期。

〔2〕　徐光冀，江达煌，朱岩石：《河北磁县湾漳北朝墓》，《考古》1990年第7期。

〔3〕　罗宗真：《南京西善桥油坊村南朝大墓的发掘》，《考古》1963年第6期。

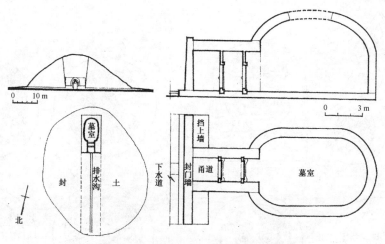

图 5-3-12　南京陈宣帝显宁陵实测图

第四节　成就及影响

1. 国内外技艺融汇

三国两晋南北朝我国各民族大融合,国内外建筑技艺、文化等精彩纷呈。

十六国和北朝统治者多西北游牧民族,入主中原后,极力汲取汉族文化。在城市建设和单体建筑方面,均按照汉族城市规划、结构体系和建筑形象,在洛阳、邺城旧址上,修建都城和宫殿,促进各民族建筑融合。

东晋定都建康,在三国东吴旧都建业故址上,沿用汉魏中原形式建造宫殿,依据洛阳旧都模式改造建康。此后,南朝又继续改建和扩建。

魏晋南北朝外来佛教落地生根,儒、释、道三教互融互摄[1],建筑技艺融合。

2. 类型增加,形式多彩

除宫殿、住宅、园林、道教等继续发展外,又出现新类型——佛教建筑。各朝统治者多崇佛信道,广建寺塔道馆,遍及全国。就数量而言,遗留迄今的元及元代之前我国古代建筑遗产,佛教、道教建筑至少占据 90% 以上。

此时开凿了若干规模巨大和雕刻精美的石窟,成为当今极宝贵的遗产。

3. 出现举折,斗栱简洁,纹饰精美

屋顶出现举折、檐口起翘,鸱尾形象饱满、成熟。墙身直棂窗、版门逐渐普及。战乱、经济力下降及木材减少等,使得大木斗栱渐趋规范,一斗三升逐渐固定。

莲瓣柱础大量使用,覆盆础曲线流畅。

南北朝瓦当艺术风格一变,莲瓣瓦当较多,更具时代特征(图 5-4-1)[2]。

---

〔1〕 张广保:《魏晋南北朝道教、佛教思想关系研究》,《宗教学研究》2013 年第 4 期。
〔2〕 杨泓:《北朝瓦当》,《收藏家》1996 年第 5 期。

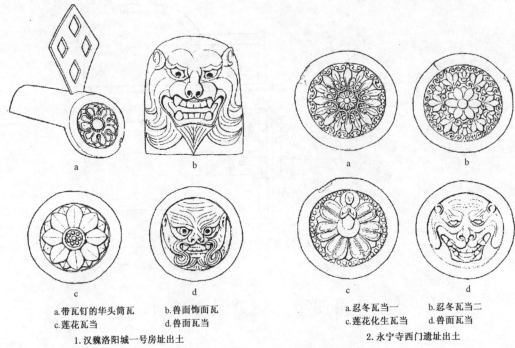

a.带瓦钉的华头筒瓦　　b.兽面饰面瓦　　　　a.忍冬瓦当一　　　b.忍冬瓦当二
c.莲花瓦当　　　　　　d.兽面瓦当　　　　　c.莲花化生瓦当　　d.兽面瓦当
1.汉魏洛阳城一号房址出土　　　　　　　2.永宁寺西门遗址出土

(a) 河南出土的北魏洛阳时期的瓦件

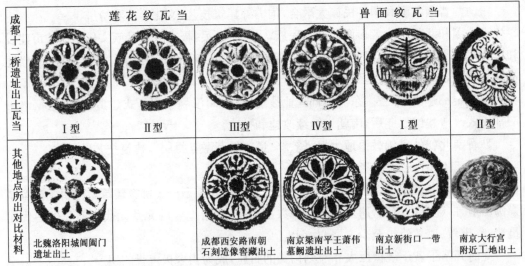

(b) 成都十二桥遗址出土瓦当与其他地区同类瓦当对比图

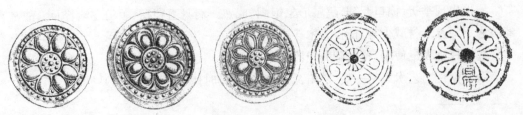

(c) 南京出土的南朝莲花瓦当复原图　　(d) 九江六朝寻阳城址出土东晋瓦当(拓片)

图 5-4-1　南北朝瓦当

此期建筑规模较秦汉时期为小,然装饰华丽,颇为精致,出土铜构件(图 5-4-2)、家具(图 5-4-3)、纹饰(图 5-4-5)等可为佐证。

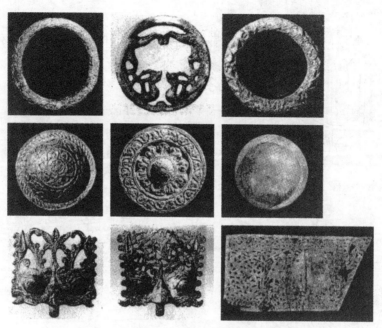

图 5-4-2　大同南郊北魏建筑遗址出土的鎏金铜件

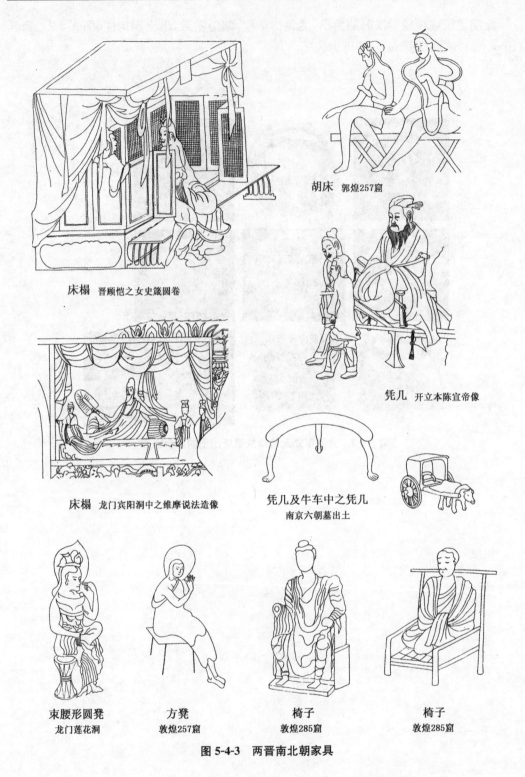

胡床　郭煌257窟

床榻　晋顾恺之女史箴圆卷

凭几　开立本陈宣帝像

床榻　龙门宾阳洞中之维摩说法造像

凭几及牛车中之凭几
南京六朝墓出土

束腰形圆凳
龙门莲花洞

方凳
敦煌257窟

椅子
敦煌285窟

椅子
敦煌285窟

图 5-4-3　两晋南北朝家具

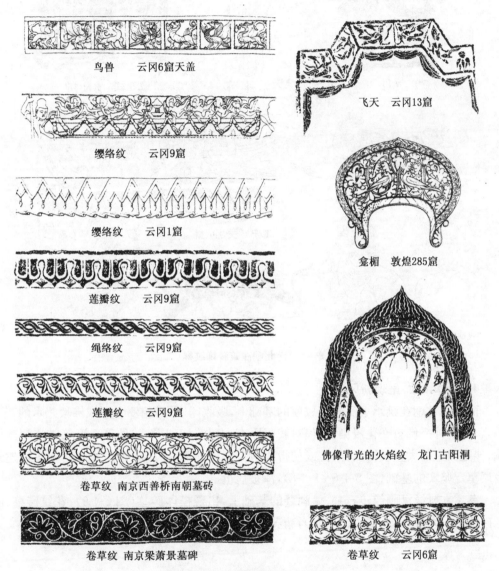

鸟兽　云冈6窟天盖

缨络纹　云冈9窟

缨络纹　云冈1窟

莲瓣纹　云冈9窟

绳络纹　云冈9窟

莲瓣纹　云冈9窟

卷草纹　南京西善桥南朝墓砖

卷草纹　南京梁萧景墓碑

飞天　云冈13窟

龛楣　敦煌285窟

佛像背光的火焰纹　龙门古阳洞

卷草纹　云冈6窟

图 5-4-4　南北朝建筑装饰纹样(一)

图 5-4-5　南北朝建筑装饰纹样（二）

4. 整体精致，呈现新风

两晋南北朝在继承秦汉建筑成就的基础上，吸收印度、犍陀罗和西域佛教艺术的若干因素，深受外来佛教文化浸染，不仅对我国原有古建筑构架形式、外部造型等带来深刻影响，伴随而来的大量装饰纹样，甚或使得我国古建内外面貌一新，为后来隋唐及东亚建筑发展奠定坚实的基础（图 5-4-6～5-4-8），泽被后世。

墓室在延续汉画像砖石墓、壁画墓的基础上，出现模印砖墓（图 5-4-9），花纹砖墓、画像砖墓持续发展（图 5-4-10、5-4-11），精美绝伦。

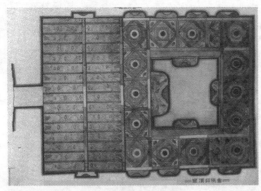

(a) 北魏莫第245窟

(b) 北魏莫第431窟

(c) 北周莫第428窟

(d) 西魏莫第288窟

图 5-4-6 敦煌石窟人字坡顶、天花藻井样式

图 5-4-7 大同云冈石窟北魏第9窟
前廊天花(局部)

图 5-4-8 天水麦积山石窟第4窟帐顶之一

图 5-4-9　南京西善桥南朝墓出土的"七贤与荣启期"砖印壁画摹本

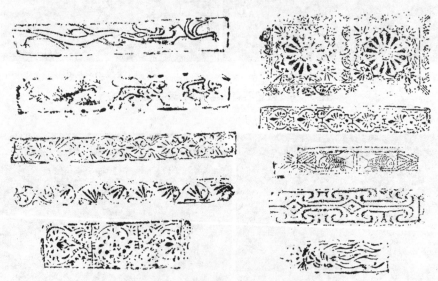

图 5-4-10　安康汉魏南北朝墓砖纹饰

图 5-4-11　邓县"贵妇出游画像砖"拓片

　　此时单体规模比秦汉相对较小并趋向简洁,整体风貌由秦汉的古拙渐趋爽朗柔美,颇具"瘦骨清像"之风(图 5-4-12～5-4-14)。

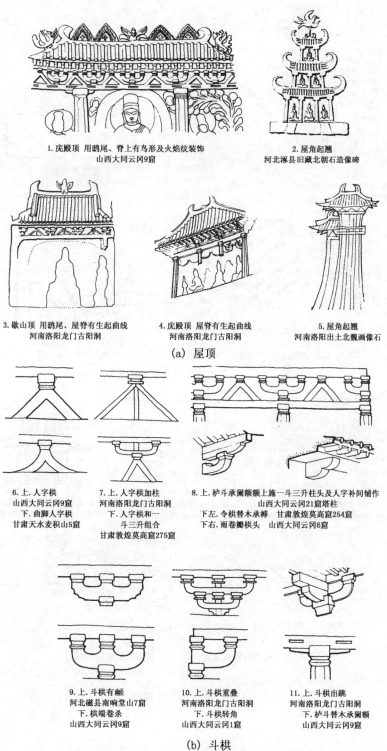

1. 庑殿顶 用鸱尾、脊上有鸟形及火焰纹装饰
山西大同云冈9窟

2. 屋角起翘
河北涿县旧藏北朝石造像碑

3. 歇山顶 用鸱尾、屋脊有生起曲线
河南洛阳龙门古阳洞

4. 庑殿顶 屋脊有生起曲线
河南洛阳龙门古阳洞

5. 屋角起翘
河南洛阳出土北魏画像石

(a) 屋顶

6. 上.人字栱
山西大同云冈9窟
下.曲脚人字栱
甘肃天水麦积山5窟

7. 上.人字栱加柱
河南洛阳龙门古阳洞
下.人字栱和一
斗三升组合
甘肃敦煌莫高窟275窟

8. 上.栌斗承阑额上施一斗三升柱头及人字补间铺作
山西大同云冈21窟塔柱
下左.令栱替木承樽 甘肃敦煌莫高窟254窟
下右.雨卷瓣栱头 山西大同云冈6窟

9. 上.斗栱有𪐙
河北磁县南响堂山7窟
下.栱端卷杀
山西大同云冈9窟

10. 上.斗栱重叠
河南洛阳龙门古阳洞
下.斗栱转角
山西大同云冈1窟

11. 上.斗栱出跳
河南洛阳龙门古阳洞
下.栌斗替木承阑额
山西大同云冈9窟

(b) 斗栱

图 5-4-12　南北朝建筑细部(一)

1. 方形平棊
甘肃敦煌莫高窟428窟

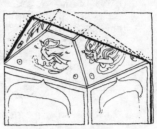

2. 覆斗形天花
山西太原天龙山石窟

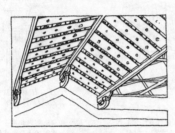

3. 人字坡
甘肃敦煌莫高窟254窟

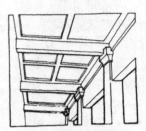

4. 长方形平棊（部分复原）
甘肃天水麦积山5窟

(a) 天花

5. 人字叉手加蜀柱
河南洛阳出土北魏宁懋石室

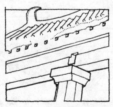

6. 栌斗上承阑额额上承梁
甘肃天水麦积山30号

7. 直棂和勾片栏杆间用
甘肃敦煌莫高窟257窟

8. 人字叉手
江苏南京西善桥六朝墓

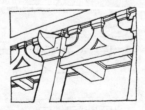

9. 栌斗上承梁尖
甘肃天水麦积山5窟

(b) 梁枋

图 5-4-13　南北朝建筑细部（二）

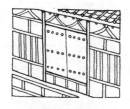

版门、直棂窗
河南洛阳出土北魏宁懋石室
(a) 门窗

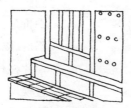

台基和砖铺散水
河南洛阳出土北魏宁懋石室
(b) 台基

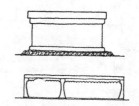

上、须弥座 甘肃敦煌莫高窟428窟佛座
下、壶 门 河北磁县南响堂山6窟佛座

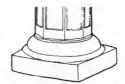

勾片栏杆 山西大同云冈9窟
(c) 栏杆

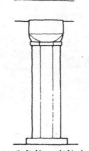 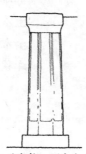 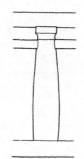

1.八角柱—直柱身　　2.八角柱—下大上小　　3.圆形梭柱
甘肃天水麦积山1号　　甘肃天水麦积山30号　　河北定兴义慈惠石柱
(d) 柱

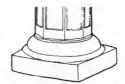 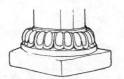

1.覆盆柱础　　　　　2.莲花柱础
甘肃天水麦积山43窟　河北定兴义慈惠石柱
(e) 柱础

图 5-4-14　南北朝建筑细部（三）

本章学习要点

平城宫殿

石崇金谷园

塔院式

堂塔并列

前塔后殿

舍宅为寺

造像塔

永宁寺塔

嵩岳寺塔

龟兹石窟

莫高窟

麦积山石窟

云冈石窟

龙门石窟

响堂山石窟

天龙山石窟

一斗三升

生起

侧脚

举折

鸱尾（吻）

勾片栏杆

直棂窗

造像塔

六朝石刻

南朝砖画

曹操高陵

南朝陵墓

平城永固陵

马鞍山朱然墓

鄂城孙将军墓

土木混合结构

全木构

厍狄迴洛墓

六朝建筑技艺

附录一 图版目录

第一章

王学理：《咸阳帝都记》，西安：三秦出版社，1999年，图版4

图1-3-5　帝陵风水图（a）帝陵风水模式平面，（b）帝陵后宝山砂山立面

王其亨：《风水理论研究》，天津：天津大学出版社，1992年，第140页，图1、2、3

第二章

图2-1-1　西藏岩画中的帐篷

李永宪：《西藏原始艺术》，石家庄：河北教育出版社，2000年，第182页，图71

图2-1-2　江浙沪马家浜文化遗址分布示意图（图片提供：秦堂山考古队）

图2-1-3　秦安大地湾遗址（a）平面图，（b）F901发掘平面与剖面示意图，（c）二期遗址复原建筑之一

（a）甘肃省文物考古研究所：《甘肃秦安县大地湾遗址仰韶文化早期聚落发掘简报》，《考古》2003年第6期，第20页，图二

（b）钟晓青：《秦安大地湾建筑遗址略析》，《文物》2000年第5期，第66、67页，图四

图2-1-4　西安半坡遗址（a）遗址模型，（b）半坡人建造房屋示意

半坡博物馆：《半坡遗址画册》，西安：陕西人民美术出版社，1987年，第18页图，第14页图

图2-1-5　西安半坡遗址房屋复原举例（a）方形房屋，（b）圆形房屋

刘敦桢：《中国古代建筑史》，北京：中国建筑工业出版社，1980年，第25页图11，第26页图12

图2-1-6　陶寺遗址（a）房址，（b）房址上的白灰墙面刻划图案

中国社会科学院考古研究所山西队、山西临汾行署文化局：《山西襄汾县陶寺遗址Ⅱ区居住址1999—2000年发掘简报》，《考古》2003年第3期，第6页图六、七；图版贰，1

图2-1-7　泗洪顺山集遗址平面图（资料来自顺山集遗址考古队）

图2-1-8　顺山集遗址F1复原（a）F1清理后（东南—西北），（b）F1复原图，（c）F1复原外观图

（a）林留根、甘恢元、闫龙、江枫：《江苏泗洪县顺山集新石器时代遗址》，《考古》2013年第7期第6页图四

图2-1-9　屈家岭文化遗址举例（a）应城门板湾遗址1号房基址，（b）城头山早期聚落平面图，（c）城头山早期聚落模型

（a）湖北省文物局：《湖北文化遗产全国重点文物保护单位》，北京：文物出版社，2009年第139页图

图2-1-10　石首走马岭城壕聚落示意图

王红星：《从门板湾城壕聚落看长江中游地区城壕聚落的起源与功用》，《考古》

第三章

图 3-3-9   陶斗图

　　　　陈应祺、李士莲：《战国中山国建筑用陶斗浅析》，《文物》1989 年第 11 期，第 81 页，图二

图 3-4-1   木梁柱构架方式，(a) 成都十二桥商代小型建筑复原图，(b) 偃师二里头夏代宫室建筑柱下做法示意

　　　　(a) 李昭和等：《成都十二桥商代建筑遗址第一期发掘简报》，《文物》1987 年第 12 期，第 8 页

　　　　(b) 刘叙杰：《中国古代建筑史·第一卷》，北京：中国建筑工业出版社，2003 年，第 199 页图 2 - 113

图 3-4-2   藁城台西商代房址平面图

　　　　刘叙杰：《中国古代建筑史·第一卷》，北京：中国建筑工业出版社，2003 年，第 175 页图 2 - 71

图 3-4-3   安阳殷墟妇好墓青铜偶方彝(中国国家博物馆藏)

图 3-4-4   扶风召陈 F3 磉、础、柱

　　　　杨鸿勋：《建筑考古学论文集》，北京：文物出版社，1987 年，第 104 页图一二

图 3-4-5   陶制建材，(a) 岐山凤雏村遗址出土的西周瓦，(b) 东周瓦当和瓦钉

　　　　(a) 刘叙杰：《中国古代建筑史·第一卷》，北京：中国建筑工业出版社，2003 年，第 342 页图 3 - 160

　　　　(b) 据刘叙杰：《中国古代建筑史·第一卷》，北京：中国建筑工业出版社，2003 年，第 344 页图 3 - 163，与刘敦桢：《中国古代建筑史》，北京：中国建筑工业出版社，1980 年，第 38 页图 26 改绘

图 3-4-6   陶制砖瓦，(a) 铺地与包砌壁体(齐都博物馆藏)，(b) 模印花砖，(c) 易县燕下都出土的各式阑干砖

　　　　(b) 刘叙杰：《中国古代建筑史·第一卷》北京：中国建筑工业出版社，2003 年，第 344 页图 3 - 164、第 345 页图 3 - 165、166 改绘

　　　　(c) 刘敦桢：《中国古代建筑史》，北京：中国建筑工业出版社，1980 年，第 67 页图 45 - 1、图 45 - 2

图 3-4-7   安阳殷墟出土的三通陶水管(安阳殷墟博物馆藏)

图 3-4-8   西周陶制建材

　　　　刘叙杰：《中国古代建筑史·第一卷》北京：中国建筑工业出版社，2003 年，第 343 页图 3 - 161

图 3-4-9   周代铜器装饰纹样

　　　　刘叙杰：《中国古代建筑史·第一卷》，北京：中国建筑工业出版社，2003 年，第 354 页图 3 - 180

图 3-4-10   战国装饰纹样

　　　　刘敦桢：《中国古代建筑史》，北京：中国建筑工业出版社，1980 年，第 79 页

第四章

刘庆柱、白云翔主编，中国社会科学院考古研究所编著：《中国考古学·秦汉卷》，北京：中国社会科学出版社，2010 年，第 39 页，图 1－4

图 4-2-3　绥中石碑地秦汉建筑遗址平面图

刘庆柱、白云翔主编，中国社会科学院考古研究所编著：《中国考古学·秦汉卷》，北京：中国社会科学出版社，2010 年，第 57 页，图 1－9

图 4-2-4　西安汉长乐宫第四号建筑遗址、剖面图

刘庆柱、白云翔主编，中国社会科学院考古研究所编著：《中国考古学·秦汉卷》，北京：中国社会科学出版社，2010 年，第 197 页，图 5－10

图 4-2-5　未央宫遗址平面图

中国社会科学院考古研究所：《汉长安城未央宫（1980—1989 年考古发掘报告）》，北京：中国大百科全书出版社，1996 年，第 6 页，图四

图 4-2-6　未央宫前殿遗址，(a) 勘探平面图，(b) 复原设想鸟瞰图

（a）刘庆柱、白云翔主编，中国社会科学院考古研究所编著：《中国考古学·秦汉卷》，北京：中国社会科学出版社，2010 年，第 187 页，图 5－6

（b）杨鸿勋：《宫殿考古通论》，北京：紫禁城出版社，2001 年，第 235 页，图二二七

图 4-2-7　未央宫椒房殿遗址平面图

中国社会科学院考古研究所：《汉长安城未央宫（1980—1989 年考古发掘报告）》，北京：中国大百科全书出版社，1996 年，第 189 页，图七九

图 4-2-8　未央宫少府（或其所辖官署）建筑遗址平面图

刘庆柱、白云翔主编，中国社会科学院考古研究所编著：《中国考古学·秦汉卷》，北京：中国社会科学出版社，2010 年，第 192 页，图 5－8

图 4-2-9　汉长安城武库西院南部建筑遗址平面图

刘庆柱、白云翔主编，中国社会科学院考古研究所编著：《中国考古学·秦汉卷》，北京：中国社会科学出版社，2010 年，第 204 页，图 5－16

图 4-2-10　汉"马甲天下""甘泉宫"瓦当

张强：《汉"甲天下"瓦当考辨及解读》，《中国典籍与文化》2003 年第 2 期，第 67 页，图二；周晓陆：《西汉甘泉宫三字瓦当跋》，《考古与文物》2008 年第 1 期，第 78 页，图一

图 4-2-11　洛宁东汉墓出土的塔式陶楼

洛阳地区文化局文物工作队：《河南洛宁东汉墓清理简报》，《文物》1987 年第 1 期，第 42 页，图一三—1

图 4-2-12　塞墙结构示意图

吴礽骧：《河西汉塞》，《文物》1990 年第 12 期，第 52 页，图八

图 4-2-13　燧、塞剖面示意图

吴礽骧：《河西汉塞》，《文物》1990 年第 12 期，第 54 页，图一二

图 4-2-14　秦始皇陵平面示意

第五章

敦煌文物研究所：《中国石窟：敦煌莫高窟（一）》，北京：文物出版社，平凡社，1981年，第185页图1（部分）

图5-2-29　敦煌莫高窟北魏第254窟、西魏第285窟实测图
敦煌文物研究所：《中国石窟：敦煌莫高窟（三）》，北京：文物出版社，平凡社，1984年，第224、225页

图5-2-30　敦煌莫高窟北朝壁画中的汉地建筑
孙毅华、孙儒僩：《敦煌石窟全集22·石窟建筑卷》，香港：商务印书馆，2003年，第23页图9、图10

图5-2-31　天水麦积山石窟东崖立面图
天水麦积山石窟艺术研究所：《中国石窟天水麦积山》，北京：文物出版社，1998年附页

图5-2-32　天水麦积山石窟北魏第30窟平、立、剖面图
刘敦桢：《中国古代建筑史》，北京：中国建筑工业出版社，1980年，第101页，图66-2

图5-2-33　西魏乙弗后墓，（a）实测图，（b）柱头及檐下
（a）天水麦积山石窟艺术研究所：《中国石窟：天水麦积山》，北京：文物出版社，1998. 6，第204页，图5

图5-2-34　云冈石窟（摄影：吴伟），（a）北魏第20窟大佛正面，（b）北魏第7窟主室内顶仰视图

图5-2-35　云冈石窟北魏第9、10、12窟，（a）9、10窟平、剖面图，（b）第10窟前廊西壁屋形龛（柱身无窟），（c）第9窟前廊后壁正中门洞，（d）第9窟主室内顶仰视图，（e）第12窟前廊东壁屋形龛（柱身有窟）
（a）、（d）傅熹年：《中国古代建筑史·第二卷》（第二版），北京：中国建筑工业出版社，2009年，第231页，第232页图2-7-54

图5-2-36　云冈石窟北魏第1、2、39窟（摄影：吴伟），（a）北魏第1窟中心塔柱，（b）北魏第2窟中心塔柱，（c）北魏第39窟中心塔柱

图5-2-37　大同云冈石窟北魏第6窟，（a）平面及内顶仰视图，（b）内景（摄影：吴伟）
（a）傅熹年：《中国古代建筑史·第二卷》（第二版），北京：中国建筑工业出版社，2009年，第235页，图2-7-60、61

图5-2-38　龙门石窟西山窟群平面示意图
刘敦桢：《中国古代建筑史》，北京：中国建筑工业出版社，1980年，第95页，图61

图5-2-39　龙门石窟北魏窟室典型平面图
龙门文物保管所，北京大学考古系：《中国石窟龙门石窟全二册》，北京：文物出版社，1991年，第225页图一（部分）

图5-2-40　龙门石窟北魏宾阳中洞，（a）内顶展开图，（b）入口往内观看
（a）傅熹年：《中国古代建筑史·第二卷》（第二版），北京：中国建筑工业出版

（a）大同市博物馆、山西省文物工作委员会:《大同方山北魏永固陵》,《文物》1978 年第 7 期,图版三

（b）俞伟超:《邺城调查记》,《考古》1963 年 1 期,图版贰图 3;大同市博物馆、山西省文物工作委员会:《大同方山北魏永固陵》,《文物》1978 年第 7 期第 35 页图一六

图 5-2-57　磁县北朝墓群北齐茹茹公主墓平、剖面图

朱全升,汤池:《河北磁县东魏茹茹公主墓发掘简报》,《文物》,1984 年,第 4 期,第 2 页,图二

图 5-2-58　大同北魏司马金龙墓出土的帐座石跌之一

图 5-2-59　北魏宋绍祖墓石椁结构示意图、立面图、侧立面图,（a）透视图,（b）正立面,（c）侧立面

刘俊喜,张志忠,左雁:《大同市北魏宋绍祖墓发掘简报》,《文物》2001 年第 7 期第 24 页图八、第 25 页图一一

图 5-2-60　寿阳北齐厍狄回洛墓"明器式"建筑图,（a）复原立面图,（b）复原透视图,（c）构件实测图

傅熹年:《中国古代建筑史·第二卷》(第二版),北京:中国建筑工业出版社,2009 年,第 315、316 页图 2-11-31、32、33

图 5-2-61　南京齐景帝萧道生修安陵平面图

南京博物院:《江苏丹阳胡桥南朝大墓及砖刻壁画》,《文物》,1974 年,第 2 期第 45 页图二

图 5-2-62　南京齐景帝萧道生修安陵甬道第二进墓门及人字栱结构图及"骑马武士""执戟侍卫""执伞盖侍从"拓片图

南京博物院:《江苏丹阳胡桥南朝大墓及砖刻壁画》,《文物》,1974 年,第 2 期第 45 页图四、图一八

图 5-2-63　南京西善桥陈宣帝陈顼显宁陵平、剖面图

南京博物院:《南京西善桥油坊村南朝大墓的发掘》,《考古》,1963 年,第 6 期第 294 页图七、八、九

图 5-2-64　丹阳梁萧绩墓神道石刻

图 5-2-65　南京陈文帝永宁陵神道石麒麟(西)

图 5-2-66　南京梁萧景墓辟邪

图 5-2-67　南京梁萧景墓墓表平、立面图

刘敦桢:《中国古代建筑史》,北京:中国建筑工业出版社,1980 年,第 104 页图 68 - 2

图 5-2-68　南京梁吴平忠侯萧景墓墓表顶部

图 5-2-69　梁安成康王萧秀墓墓表柱础

图 5-2-70　南京梁鄱阳忠烈王萧恢墓墓碑龟座

图 5-2-71　梁安成康王萧秀墓神道石碑

　　　　(a)、(c)、(d) 傅熹年：《中国古代建筑史·第二卷》（第二版），北京：中国建筑工
业出版社，2009 年，第 270 页图 2-10-6；第 270 页图 2-10-7；第 271 页图 2-10-8
　　　　(b) 易立：《成都十二桥遗址瓦当材料初步认识》，《四川文物》，2011 年，第 4 期
第 48 页图

图 5-4-2　大同南郊北魏建筑遗址出土的鎏金铜件
　　　　胡平：《山西大同南郊出土北魏鎏金铜器》，《考古》1983 年第 3 期第 998 页图
三、图版肆

图 5-4-3　两晋南北朝家具
　　　　刘敦桢：《中国古代建筑史》，北京：中国建筑工业出版社，1980 年，第 89 页图 58

图 5-4-4　南北朝建筑装饰纹样（一）
　　　　刘敦桢：《中国古代建筑史》，北京：中国建筑工业出版社，1980 年，第 113 页，图
74 - 1

图 5-4-5　南北朝建筑装饰纹样（二）
　　　　刘敦桢：《中国古代建筑史》，北京：中国建筑工业出版社，1980 年，第 114 页，图
74 - 2

图 5-4-6　敦煌石窟人字坡顶、天花藻井样式
　　　　孙毅华、孙儒僴：《敦煌石窟全集 22·石窟建筑卷》，香港：商务印书馆，2003 年，
第 55 页图 28（局部），第 81 页图 51、50，第 76 页图 44

图 5-4-7　大同云冈石窟北魏第 9 窟前廊天花（局部）

图 5-4-8　天水麦积山石窟第 4 窟帐顶之一

图 5-4-9　南京西善桥南朝墓出土的"七贤与荣启期"砖印壁画摹本
　　　　林树中：《江苏丹阳南齐墓砖印壁画探讨》，《文物》1977 年，第 1 期第 68 页图七

图 5-4-10　安康汉魏南北朝墓砖纹饰
　　　　安康地区博物馆：《安康地区汉魏南北朝时期的墓砖》，《文博》，1991 年，第 2
期第 26 页图十一、第 28 页图十三

图 5-4-11　邓县"贵妇出游画像砖"拓片
　　　　王少毅：《河南邓州南朝妇女出游画像砖探析》，《美术学刊》，2010 年，第 11 期
第 53 页图 1

图 5-4-12　南北朝建筑细部（一）
　　　　刘敦桢：《中国古代建筑史》，北京：中国建筑工业出版社，1980 年，第 108 页图
72 - 1

图 5-4-13　南北朝建筑细部（二）
　　　　刘敦桢：《中国古代建筑史》，北京：中国建筑工业出版社，1980 年，第 109 页图
72 - 2

图 5-4-14　南北朝建筑细部（三）
　　　　刘敦桢：《中国古代建筑史》，北京：中国建筑工业出版社，1980 年，第 110 页图
72 - 3

附录二　宋式、清式和苏南地区建筑主要名称对照表

戚德耀　编著

目　录

前　言

我国古建筑历来沿用的名词和施工术语，由于类型多样，构件复杂，加以时间、地区和官式、民间的不一，其称呼也多不一致，使了解和修缮古建产生了一定的难度，在有关文章中有时甚至造成概念混乱。故极需要这方面的对照资料，供开展文物普查和文物古建修缮时参考。

本附录在古代建筑名词陈述时，前后时期的划分按传统惯例，明代以前的建筑名称均按李诫所编《营造法式》所提到的名词为准；明清时期的建筑均照清工部《工程做法》为准则；以姚承祖《营造法原》一书中所提述的建筑名称，来代表江南水乡苏州地区工匠技艺为民间术语。这样，既有前后时代之区别，又有官式与民间之对照。但有些构件为某时代所特有，所以在其他时代中只能空缺，无法对照；也有少数条目目前尚未搜集或未了解则暂付阙如，容后补充。关于名词说明，有的按原书抄录，也有是编者加以概括的。

宋式、清式和苏南地区建筑主要名称对照表

一、平　面

宋式名称	清式名词	苏南地区名词	说明
地盘	平面	地面	建筑物水平剖视图
	面阔 通面阔 （总面阔）	开间 共开间	（1）建筑物平面之长度　（2）建筑物正面檐柱间之距离　（3）建筑物总长度称"通面阔"或"共开间"
	进深 通进深（总进深）	进深 共进深	建筑物由前到后的深度，总深度称"总进深"、"共进深"
间	间	间	房屋宽深之面积，为计算房屋的单位
当心间	明间	正间	房屋正中之一间
次间	次间	次间	房屋正间两旁之间（见附图）
梢间	梢间	再次间 （边间、落翼）	房屋次间两端之间。苏地又称"落翼"，但用在硬山屋顶建筑时，可称"边间"
	尽间	落翼	房屋两极端之间（见附图）

续 表

宋式名称	清式名词	苏南地区名词	说明
		腮肩 （左腮右肩）	如面阔三到五间的正房，前两侧置厢房，使正房的两边房屋大部分受厢房侧面所遮，余者外露处称腮肩
副阶	廊子	廊、外廊、一界	建筑物之狭而长，用以通行者，分有"明廊、内廊、走廊、曲廊、通廊"等，苏地称"一界"（附图）
副阶周匝	周围廊	围廊、骑廊和骑廊轩	殿身、塔底层四周外围，加有迴廊构成重檐之下层檐屋以供通行 用于楼厅上檐柱之下端架于楼下檐枋与老檐柱间之梁上，其屋架形式称骑廊，做成轩形式的称骑廊轩
月台	平台、露台	露台	殿堂建筑前之四方形平台，低于台阶
	下檐出	台口	台基四周在柱中线以外的部分
	似倒座	对照厅	前后两进房屋之间不设界墙分隔，两屋正面相对之厅
	后侧屋	拉脚平房	正房后附属之平房
挟屋	似耳房	侧殿（房）或配殿（侧室）	殿堂、左右两侧置有较小的殿堂，一般与主体殿堂不相连单独成立之殿屋，而宅第中多相连，仅小于主体建筑
	弄	备（避）弄、弄、更道	次要的交通道（见附图）
		内四界	屋内金柱之间深五架，两柱上所承的木梁简称，等于清式的五架梁长度（见附图）
金厢斗底槽			由二组矩形列柱套框组成的平面布置。
前后槽			前后金柱分划为大小不等的前后二部分的平面布置
分心槽	显二间		置中柱等分前后二部分的平面布置
满堂柱			在柱网各纵横交点上都置柱的平面布置，现称它为"满堂柱"
移柱法			若干内柱移到柱网交点以外的位置，今称它为"移柱"
减柱法			在柱网纵横交点上、减少一些柱点的布置，今称"减柱"

二、大木作

1. 斗栱

宋式名称	清式名词	苏南地区名词	说明
铺作	斗栱	牌科	古代木框架结构中,立柱与横梁交接处和柱头上加一层层逐渐挑出的弓形短木,称作"栱"。两层栱之间的斗形方木块称"斗"。这种栱和斗拼成的综合构件叫作"斗栱"
铺作	跴、踩(彩)	参、级	铺作有二种意义 (1) 指每朵斗栱分布在各个部位的名称 (2) 斗栱出跳的次序,即跳数
柱头铺作	柱头科	柱头牌科	用在柱头上前面跳出承屋檐,后面承托梁架的斗栱
补间铺作	平身科	外檐桁间牌科	用于两柱之间枋子上的斗栱
转角铺作	角科	角栱、转角牌科	用于转角地方的角柱上的斗栱
襻间铺作	隔架科	桁间牌科	用于房屋内部的檩枋梁架之间,来承托上层檩枋梁架
平坐铺作	平坐斗科(栱)	阳台牌科	用于楼阁建筑,缠腰部分承托跳出"平台"的楼板
出跳(出抄)	出踩 (出彩、出踩)	出参	
外跳	外拽(yè)	外出参	
内跳(里跳)	里拽	内出参	斗栱逐层跳出以承屋檐和梁架,在檐柱外的谓"外跳",清称"外拽",苏地称"外出参"。向内跳,清式称"里拽",苏地称"内出参"
	一拽架	一级	踩与踩中心线间的水平距离。清代规定每跳三斗口谓之一拽架
朵	攒	座	斗栱结合成一组之总名称
材、契 单材	斗口(料头口份)	斗口	是宋、清木构架基本量度单位,即斗之开口处
足材	单材	栱料(亮栱) 实栱 实材料	宋代计算材料时,凡木料断面为 15×10 分°即为"一材"(栱身的高度)称"单材",上面加高 6 分°、厚 4 分°的栔谓"足材",共高 21 分°。材按建筑等级分八等。清代的斗口,单材的高宽比为 14:10,足材为 20:10,也按建筑等级分斗口为十一级。苏地不以斗口计算材料,而用斗高为准数
	外檐斗栱	前檐牌料 桁间牌料	用于外檐柱头之上各部位的斗栱总称
	内檐斗栱	里檐牌科或轩步梁牌科	用于内槽金柱之上的各部位斗栱的总称

宋式名称	清式名词	苏南地区名词	说明
计心造与偷心造			逐跳栱或昂上,每一跳上均置有横栱的称"计心造"。凡有一跳不安横栱而仅有单方向的栱出跳称"偷心造"。二者皆是斗栱组合方法之一
单栱	一斗三升	斗三升	在大斗或内外跳头上仅置一层栱
重栱	一斗六升	斗六升	在大斗或内外跳头上置二层栱。苏地总称"桁间牌科"
把头交项作	相当于"一斗三升"交蚂蚱头	相当于"斗三升"正出耍头	梁与"一斗三升"斗栱正交,梁头穿过大斗,故正面不出栱,而改做"耍头"的斗栱形制
斗口跳		(似)斗三升挑梓桁	大斗正中置一层栱,正前出华栱一跳,栱头承枋子的斗栱形制
卷头造			出跳木做昂,仅用华栱的斗栱形制
四铺作	三踩(彩)	三出参	华栱(清称翘)或昂自大斗出一跳(苏地三至十一出参均以里外各出同等数而定称的)
五铺作	五踩(彩)	五出参	华栱(翘)或昂自大斗出二跳
六铺作	七踩(彩)	七出参	华栱(翘)或昂自大斗出三跳
七铺作	九踩(彩)	九出参	华栱(翘)或昂自大斗出四跳
八铺作	十一踩(彩)	十一出参	华栱(翘)或昂自大斗出五跳
四铺作外插昂	三踩单昂	丁字牌科	斗栱之一种形制,仅一面出跳,又称"丁字科"
单斗支替			柱顶大斗前后出跳不作栱,而仅安"替木"
	溜金斗栱	琵琶科	后尾起挑杆之斗栱,又称"溜金斗"
	如意斗栱	纲形科	在平面上除互成正角之翘昂与栱外,在其角内45°线上另加翘昂
	品字斗栱	十字科	斗栱之一种,其内外出跳相同,不用昂只用翘,多用于殿里柱头上,其两侧可以承天花,在老檐柱或金柱上,又称"步十字科"或"金十字科",因它仰视,小斗如"品"字,因而得名
缝	中心线	中线	一般多用于垂直向的中线
子荫	槽(浅槽)	槽口	插相交斗栱构件的浅槽
隐出			线刻或挑出很少的意思
相闪			指位置相隔交差
栌斗			斗栱最下之斗,为全攒斗栱重量集中之点。宋代有圆栌斗称"圆栌斗","方形栌斗四隅做小圆形的讹角斗"。苏式斗栱以坐斗的宽高定各部件比例,如"五、七"式,即斗高五寸、宽七寸,斗底宽也为五寸,另有"四、六"式和"双四六"式二种
圆栌斗	坐斗(大斗)	坐斗(大斗)	
讹角斗			

宋式名称	清式名词	苏南地区名词	说明
交互斗	十八斗	升	斗栱翘头或昂头上承上一层栱与翘或昂的形似斗之小方木
齐心斗		升	斗栱中心栱上的斗,又称"心斗"
柱头枋上之散斗和齐心斗	槽升子	升	正心栱缝上的升
散斗	三才升	升	位于栱两端承上一层栱或枋之斗
连珠斗			两斗重叠
平盘斗	贴升耳、平盘斗	无腰斗、无腰升	无斗耳的斗或升
斗耳	耳	上斗腰	斗分耳、平、欹三段,苏地也将上斗腰、下斗腰合称"斗腰",升也同样,分上升腰、下升腰和升底
斗平	腰、升腰	下斗腰	斗、升之中部
斗欹、斗底	底、升底	斗底	斗、升之下部倾斜部分
欹			斗、升之欹凹入的曲线,清式无·　　　,为直线
包耳		五分胆、留胆	包耳又有"隔口包耳"之称。在大斗开口里边留高宽寸余之木榫而与栱下面凿去寸余的卯口相吻合,使其不致移动
开口	卯口	缺口	斗、升上开挖槽口镶纳纵横的栱、材,按位不同分有顺、横、斜、十字、丁字、开口等名称
泥道栱	正心瓜栱	斗三升栱	坐斗左右位于枋上的第一层横栱
慢栱(泥道慢栱)	正心万栱	斗六升栱	坐斗左右位于枋上的第二层横栱
瓜子栱	里(外)拽瓜栱(单材瓜栱)	斗三升栱简称栱	位于翘头或昂头上第一层横栱
单材慢栱	里(外)拽万栱(单材万栱)	斗六升栱、简称长栱	位于翘头或昂头上第二层横栱
华栱或卷头	翘	十字栱	坐斗上内外出跳之栱
重抄	重翘	十字栱二级	斗栱出跳用两层华栱谓重抄(翘)
令栱	厢栱	桁向栱	位于翘头或昂头上最外出之栱
斜栱	斜栱	斜栱(纲形斜栱)	由坐斗上内外出跳35°或45°的华栱
丁华抹颏栱			脊檩下与叉手缠交形似"耍头"状的栱
鸳鸯交手栱	把臂厢栱		左右相连的栱
翼形栱			做成翼形的栱,栱头不加小斗,以代横向栱
丁头栱	半截栱、丁头栱	实栱,蒲鞋头、丁字栱	不用大斗,由栱身直接出跳半截华栱来承托梁枋(见附图)

宋式名称	清式名词	苏南地区名词	说明
角华栱	斜头翘	斜栱	斜置在转角位置成45°出跳的华栱
	搭角闹翘把臂栱或搭角闹二翘		角科上由正面伸出至侧面之翘与昂
扶壁栱	正心瓜栱		正心瓜栱,万栱与壁体附贴一起的单层或双层栱
		枫栱(风潭)	南方特有之栱。为长方形木板其形一端稍高,向外倾斜,板身雕镌各种纹样,以代横向栱
		寒梢栱	梁端置梁垫不作蜂头,另一端作栱以承梁端,有一斗三升及一斗六升之分
		亮栱鞋麻板	栱背与升底相平,两栱相叠或与连机相叠中成空隙者称亮栱。该处嵌木板称鞋麻扳
栱眼	栱眼	栱眼	栱上部三才升分位与十八斗之间弯下之部分
栱眼壁板	栱垫板	垫栱板	正心枋以下平板枋上两攒斗栱间之板
卷杀	栱弯	卷杀、折角	栱之两端下部之折线或园弯部分
瓣	瓣	板	栱翘头为求曲线而斫成之短面。宋式规定令栱卷杀五瓣,其他均四瓣,清式规定万栱三瓣,翘、瓜栱四瓣,厢栱五瓣
昂	昂	昂	斗栱中斜置的构件,起斜撑或杠杆作用,有"上昂、下昂"之分,两层或以上昂称"重昂"
上昂			用于殿堂、厅堂、塔内昂身杆向上斜跳来承托天花梁,浙江楠溪江地区也有用在牌楼、门楼等等
插昂			不起斜撑作用单作装饰的昂,故又称假昂
	象鼻昂	象鼻昂、凤头昂	纯为装饰性的昂形如象鼻向上卷
角昂	角昂(斜昂)	斜昂	位于转角的45°斜置的昂
由昂	由昂	上层斜昂	在角斜45°斜线上架在角昂之上的昂
琴面昂	昂	靴脚昂	昂咀背面凹作琴面
批竹昂			昂咀背面作斜直线
昂身	昂身	昂根	昂咀以上均称"昂身"
昂尖	昂嘴	昂尖	昂之斜垂向下伸出之尖形部分
鹊台	凤凰台		昂咀上一部分
昂尾、挑斡	挑杆	琵琶料、琵琶撑	昂后杆斜撑部分,苏地在琵琶科后端之栱延长成斜撑部分称琵琶撑
耍头	蚂蚱头、耍头	耍头	翘、昂头上雕砍成折角形的装饰法之一种
华头子			斗栱中,下层出跳材与上层昂底斜面下的填托构件

宋式名称	清式名词	苏南地区名词	说明
靴楔	菊花头	眉插子	昂杆后尾雕饰法之一种
衬枋头（切几头）	撑头木（撑头）	水平枋	斗栱前后中线耍头以上桁椀以下之木枋。衬枋头在转角上称"切几头"
	三伏云（三福云）	似山雾云	斗栱出跳、跳头不架横向栱改作刻有云、雾装饰的构件
	六分头	似云头	木材头饰之一种
	麻叶头		翘、昂后尾雕饰法之一种
	博缝头		翘、昂后尾雕饰法之一种
头	（似）霸王拳		翘昂后尾雕饰法之一种
角神	相当于宝瓶	相当于宝瓶	斗栱由昂之上承托老角梁下之构件，宋代多做"力士"，后期改置瓶形或木块垫托
遮椽板	盖斗板	盖板	斗栱上部每攒间似天花作用之板

2. 梁架

宋式名称	清式名词	苏南地区名词	说明
大木作	大木殿式（大式）	大式殿庭	有斗栱或带纪念性之建筑形式
大木作	小式大木	大式厅堂	无斗栱或不带纪念性建筑形式
小木作	小木作	小木作	做装饰的木工种总称
庑（无）殿、吴殿、四注、四阿顶（殿）	庑（无）殿、五脊殿	四合舍	是四面五脊之顶为古建筑殿堂中最尊贵的屋顶形式
曹殿、九脊殿，厦两头造	歇山	歇山	悬山与庑殿相交所成之屋顶结构。为一道正脊四道垂脊和四道戗脊组成，故为九脊顶（殿）
不厦两头造	悬山、挑山	悬山	前后两坡人字顶，并将桁头伸出至两尽间之外，以支悬出的屋檐
	硬山	硬山	山墙直上至与屋顶前、后两坡之结构
撮尖（斗尖）	攒尖	攒尖（尖顶）	几道垂脊交合于顶部，上覆宝顶
抱厦（屋）龟头屋	似雨搭	似外坡屋或带廊	殿、堂出入口正中前方的附加似"门厅"式凸出于正殿堂外的建筑物，山面向前
	勾连搭		为了扩大建筑物的进深，遂将二座以上的屋架直接联系在一起的结构形式
	卷棚、元宝顶、过陇脊	回顶	屋顶做圆弧不起脊的屋顶形式
腰檐	重檐、三重檐廊檐	重檐，双滴水、三滴水	多层建筑，下上层有外廊复以付檐（腰檐）成上下数层檐。按建筑层数，分付檐、重檐、三重檐等（苏地称三滴水）

宋式名称	清式名词	苏南地区名词	说明
檐出	出檐	出檐	檐顶伸出至建筑之外墙或外柱以外
出际、华厦	支出部分	边贴挑出	房屋两山屋檐悬跳部分
屋山	山尖	山尖	房屋山面的上身与屋架坡成的三角形部位
	推山	推山	庑殿正脊加长向两山推出的做法
	排山	排山	硬山、悬山或歇山山部之骨干构架
	收山	收山	歇山山顶在两山的正心桁中线上向里退回一桁径（清式），即缩短正脊的长距
干阑	干阑		地下立短柱网上部盖造屋宇，让底下空着的悬架建筑，又称阁阑
	井干		房屋的屋架和围墙均用原木实叠而成
	抬梁	抬梁式	用两柱架过梁，梁普通长五～七架，其下不加用立柱支撑的结构形式
	穿斗式（穿逗穿）	穿斗	一般每檩下置立柱落地，柱间只有枋（川）不用梁的结构
方木（材梁）	敦木、方木、收料	扁作	用矩形木料做房屋的称"扁作"
圆木	圆木	圆料（堂）	房屋构造木材，有加工过的圆木。未加工的"原木"，用料又有独木、实叠、虚斫三种
屋厅、屋堂	厅堂	厅堂	厅堂比普通平房构造复杂而华丽，按苏地构造材料用扁方者称为"扁作厅"，用园料者则称"圆堂"。因其地位性质等不同而称大厅、正厅、茶厅、对照厅、女厅、轿厅、门厅、船厅、花厅、鸳鸯厅、四面厅、花篮厅、贡式厅等
平座（坐）	平台	阳台	楼阁、塔多层建筑，二层以上的外廊
叉柱造（插柱造）			将上层柱底叉立在下层的斗栱中或梁枋上
缠柱造			平面上加一根45°递角梁，上层之柱置于此梁上（注：我们认为缠柱造更有可能是通柱造的一种）[1]
永定柱			见大木作，柱项
举折	架举	提栈侧样	举折是取得屋盖斜坡曲线的方法，"举"是脊檩比檐檩举高的程度，"折"是各步架升高的比例不同，求得屋面坡度不在一条直线，而是若干折线组成曲线

---

[1]　马晓：《中国古代楼阁架构研究》第146页，2004年东南大学博士学位论文。

3. 梁枋、垫板

宋式名称	清式名词	苏南地区名词	说明
槽（分槽）			槽是殿堂内身，内柱排列及铺作所分割出来的殿内空间，其组合形式见平面项
×间缝	×缝（品）	贴式，×贴（正贴、边贴）	苏地称明间的梁架为正贴，次间称"边贴"建筑物之构架，梁、柱、枋等组成一组，其构架式样统称"贴式"（见附图）
架椽或椽	步架（步）	界	梁架上檩间之水平总距离（见附图）
徹上明造	梁架	梁架	殿（厅）堂内不按置天花，而梁架暴露在外，构件表面加工过的称呼
草架	草架	草架	宋式殿堂内安平棊（天花）者，其天花以上的梁架称"草架"，梁称"草栿"，苏地在天花以上的构件名称，其上都加一个"草"字（见附图）
明栿	梁	梁	天花以下的表面加工较细的梁称"明栿"
	天花梁、帽儿梁、天花板、垫板		见天花项
椽栿	梁架、叠梁、柁梁	梁架	架于两柱上之横木，上用短柱短墩加较短的梁，再上支重叠的木架，最下一根梁称"大柁"，其上较短之梁称"二柁"，再上之梁称"三柁"
	柁头	梁头	柁梁外端悬搁于檐柱外之梁头
		金上起脊	厅堂做草架，天花之上草脊适对五架梁之金桁上
月梁 琴面	月梁、顶梁	似荷包梁 骆驼梁	月梁为形如孤虹状的梁，梁两面向外侧微膨称"琴面"。清式和苏地对卷棚结构其顶屋的梁也称"月梁"，与宋代月梁形制略有不同
斜项、项		剥腮（拔亥）	月梁之两端将梁厚度两侧各包去 1/5 成斜三角，使梁端减薄易于架置坐斗或柱身，两者厚薄交接处成斜线称"斜项"，三角形尖头称腮嘴，宋式称项首
平梁（栿）	三架梁、太平梁	山界梁、二界梁	两步架上共承三桁之梁。位于"山尖"的三架梁庑殿两侧清式称"太平梁"
三椽栿	三步梁（三穿梁）	三界梁、三界轩梁	深三步架，一端梁头上有桁，另一端无桁而安在柱上之梁，或用于卷棚顶月梁下的梁
四椽栿	五架梁（四步梁）	四界大梁（内界大梁、大承重）	深四步架之梁栿
五椽栿	五步梁	五界梁	深五步架之梁栿
六椽栿	七步梁	六界梁	深六步架之梁栿

宋式名称	清式名词	苏南地区名词	说明
七椽栿	七步梁	七界梁	深七步架之梁栿
八椽栿	九架梁	八界梁	深八步架之梁栿
劄牵	单步梁 （抱头梁）	单步梁、廊川、短川、眉川	位在檐柱与金柱之间的乳栿（双步梁）之上，一般做成月梁形式，深约一步
乳栿	双步梁	双步梁 （双步、二界梁）	梁首放在外檐铺作上，梁尾一般插入内柱柱身，其长两椽（见附图）
	桃尖梁 抱尖梁	廊川、川	大式大木，柱头科上与金柱间联系之梁。小式中称"抱头梁"，由梁头出跳做成耍头和撑头形，称桃尖求梁头（见附图）
	桃尖随梁 穿插枋	夹底（枋）	在桃尖梁或抱头梁下有一条平行的辅助桃尖梁的小梁，称桃尖随梁，小式称穿插枋，苏地有川夹底，及双步夹底之别（见附图）
		轩梁	见小木作，天花项
		鳖壳（抄界）	回顶建筑顶椽上安置脊桁，椽部分之结构形式
丁栿梁	顺扒梁、顺爬梁、顺梁		顺梁，与主梁架成正角之梁，两端或一端放在桁或梁上，而非直接放于柱上之梁
头栿	采步金	枝梁	歇山大木，在梢间顺梁上，与其他梁架平行，与第二层梁同高，以承歇山部分结构之梁，做假桁头与下金桁交放在金墩上
抹角梁（栿） （金）	抹角梁	搭角梁	在建筑物转角处，内角与斜角线成正角之梁。宋较少，金代、元代后大量应用
递角栿	递角梁	山面×界梁、门限梁	由角檐柱上至角金柱上之梁
角梁、大角梁、阳马	角梁、老角梁	角梁、老戗	正侧屋架斜度相交处最下一架在斜角线上伸出角柱以外之骨干构架
子角梁	仔角梁、小角梁	嫩戗	仔角梁置于老角梁以上，其断面方向与老角梁同
隐角梁	似小角梁后半段	角梁	仔角梁以上，续角梁之间的角梁
续角梁	由戗	担檐角梁	庑殿正侧面屋架斜坡相交处之骨干构架
			"原木"和用料又有独木、实叠、虚轖三种
簇角梁	六角或八角亭上之由戗	角梁	用于亭上屋架，按位分上、中、下折簇梁三种，下折簇梁似苏式嫩戗，老戗间之斜曲木"菱角木"和"扁担木"
		猢狲面	嫩戗头作斜面，形似猢狲面孔而得名
翼角升起	翼角起翘	发戗	房屋于转角处，配设老角梁、仔角梁，使屋角翘起之结构制度

宋式名称	清式名词	苏南地区名词	说明
檐角生出	翼角斜出	放叉	翼角出檐较正面出檐挑出成曲线形,向外叉出部分
顺栿串（顺身串）	随梁枋	随梁枋（抬梁枋）	贯穿前后两内柱间的起联络作用的木枋
襻间枋	相等于老檐枋、金枋	四平枋或水平枋	是内柱间与各架槫平行以联系各缝梁架相交关系之长木条
	金枋	步枋	步柱上之枋,金枋按位分上、中、下金枋(见附图)
	老檐枋	廊枋	位在老檐桁下金柱柱头间与建筑物外檐平行之联络材(见附图)
	脊枋、门头枋	过脊枋	脊桁之下与之平行,两端在脊瓜柱上之枋,过脊枋功能不一,用于门厅分心柱正中最上之枋
普拍枋	平板枋	斗盘枋	在阑额及柱头之上承托斗栱之枋
阑额	大额枋檐枋	廊枋或步枋	大式大额枋又称"檐枋",是檐柱间的联络枋材,并承平身科斗栱
由额	小额枋		柱头间大额枋下平行辅助材
柱头枋（素枋）	正心枋（正心桁）	廊桁	斗栱左右中线上正心栱以上之枋或桁(见附图)
罗汉枋	拽枋(桁)	牌条	华栱里外挑头之上的枋
撩檐枋（撩风搏）	挑檐檩（挑檐枋）	梓桁（托檐枋）	挑檐檩清大式又称"挑檐枋",斗栱外拽厢栱之上枋或檩(见附图)
平棊枋（算桯枋）	井口枋与机枋	牌条	里拽厢栱之上,承托天花之枋,和里拽厢栱所承之枋称"机枋"
压槽枋		水平枋	用于大型殿堂斗栱之上以承草栿之枋
叉手		斜撑木	叉手在平梁上顺着梁身的方向把住蜀柱(或脊檩),不让它向前或向后倾斜
托脚			支撑平槫的斜撑
	采步金枋		采步金下与之平行的木枋,和采步梁下的辅助木枋
承椽枋	承椽枋	承椽枋（半月桁条）	重檐上檐之小额枋,但上有孔以承下檐之椽尾
承椽串			相当于额枋位置承受副阶椽子的枋子
	燕尾枋		悬山伸出桁头下之辅材
		软、硬挑头和雀缩檐	以梁式承重之一端挑出承上层阳台或雨搭称"硬挑头"。以短材连于柱上,下撑斜撑承跳出之构件为软挑头,其中承屋面,附于楼房者称雀缩檐(见附图)

宋式名称	清式名词	苏南地区名词	说明
	承重	大承重	承托楼板重量之横梁
钊版枋	楞木(龙骨木)	搁栅	承托楼板的枋子
	博脊枋		楼房下檐博脊所倚之枋
柱脚枋			高层建筑"缠柱造"中上层檐柱间下段横木
搭头木			平座永定柱间的阑额
缴背	似拼梁	(似)叠轩料	凡梁的材料小,不够应用的高度,可以在梁上面紧贴着加一条木料
	扶脊木	帮脊木	脊桁上通长木条,与桁平行,以助桁之负重(见附图)
	脊椿		扶脊木上竖立之木椿穿入正脊之内,以防止脊移动
生头木	枕头木、衬头木	戗山木	屋角檐桁上将椽子垫托使椽高与角梁背相平之三角形木材
		平水	(1) 梁头在桁以下,檐枋以上之高度 (2) 脊瓜柱上端举架外另加高度
	交金墩		下金顺扒梁上,正面侧面下金桁下之柁墩
驼峰与侏儒柱(矮柱、蜀柱)	柁墩与瓜柱	童柱	在梁或顺梁上将上一层垫起使达到需要的高度的木块,其本身高度小于本身之长,宽者为"柁墩",大于本身之长宽者为"瓜柱","蜀柱"是矮柱的通称(见附图)
角替	雀替(角替)		置于阑额之下与柱相交处,是柱中伸出承托阑额的构造,用以加强额与柱的接触点
绰幕枋	替木	(似)连机	位于枋下的辅助木枋,相等于通长替木
替木	替木	(似)机	位于桁与斗栱联系处之短木枋,苏地称"机",按部位形状分有短机、金机、川胆机、分水浪机、幅云机、花机、滚机等,长木条者又称"连机"(见附图)
合沓	角背		交撑童柱下端,两侧的木构件
		棹木	架于大梁底两旁蒲鞋头(无跳栱)上之雕花木板,微倾斜,似"抱梁云",俗称"纱帽",位在外檐斗栱上称"枫栱"(见附图)
小连檐	大连檐	眠檐	飞椽头上之联络材,其上安瓦口,苏地有的不按里口木,改用"遮雨板"(见附图)
大连檐	小连檐	里口木	位于出檐椽与飞椽间之木条,以补椽间之空隙者。用于立脚飞椽下者名"高里口木",椽头上之联络材称"连檐"(见附图)
鸊领版	瓦口板	瓦口	在飞檐椽头上挖成瓦弧形,以按瓦陇的木板(见附图)

宋式名称	清式名词	苏南地区名词	说明
飞魁	闸挡板	勒望	钉于界椽上，以防望砖下泻之通长木条，形同眠檐
雁翅板	滴珠板		楼阁上平坐四周保护斗栱之板
博风版	博缝版	博缝板	悬山、歇山屋顶两山沿屋顶斜坡钉在桁头上之板
照壁版	走马板	垫板	大门上槛或博脊枋以下中槛以上的板
		裹里	每界（步）之间用木板分隔之称
	山花、山花板	山花、山花板	歇山两山顶之三角形部分称山花，山尖外钉之板称"山花板"
垂鱼和惹草		垂鱼	歇（悬）山两山博缝板上之装饰
地面板	楼板	楼地板	楼层之地面木板
皿板		斗垫板	斗栱大斗下的垫木
	垫板	楣板	川或双步与夹底间所镶之木板
	垫板	夹堂板	桁与枋间之板，按位置分有脊垫板、老檐垫板，上、中、下金垫板，由额垫板等（见附图）
平闇版或平棊版	天花板	天花板	见小木作天花项
	摘风板	滴檐板、遮雨板	檐口瓦下钉于飞椽上之木板（见附图）
	椽挡板	椽稳板与闸椽、闸挡板	椽与桁间隙处所钉之通长木板，间断的木板称"闸椽""闸挡板"

4. 檩、椽

宋式名称	清式名词	苏南地区名词	说明
	桁椀与椽椀	开刻	斗栱撑头木之上承托桁檩之木称桁椀，桁上置木开口承椽，谓椽椀
榑	檩（桁）	桁（栋）	置于梁端或柱端，承载屋面荷重的重要构件，清式大式称"桁"，小式称"檩"（见附图）
上、中、下平榑	上、中、下金檩（桁）	上、中、下金桁（栋）	置在金柱上的檩子，因上下位置不同分上、中、下三种（见附图）
平榑	老檐桁	上廊桁	桁位于重檐之廊柱上者
搭角榑	搭角桁	叉角桁	角梁后端架于正侧二桁直角交接之桁
牛脊枋（榑）	似正心桁	廊桁	置在柱头枋中心上的桁（见附图）
挑檐枋（檩）	挑山檩	梓桁	挑出廊柱中心外位于斗栱出跳、跳头上的桁条（见附图）
		草架桁条	按置天花板以上成草架的桁或檩（见附图）
	两山金桁	两山步桁	悬山、歇山大木两山伸出至山墙或排山之外的檩
	轩桁	轩桁	卷棚（轩）月梁（荷包梁）上的桁（见附图）

续 表

宋式名称	清式名词	苏南地区名词	说明
	假檩头		在歇山两山采步金上皮与下金桁上皮平,两头与桁底做成桁的样子
椽	花架椽	花架椽	两端皆由金桁承托之椽,清式花架椽有上、中、下之分(见附图)
椽	檐椽	出檐椽	最下出跳之椽,楼阁上层称"上出檐椽"
	哑叭椽	回顶椽	歇山大木在采步金以外、塌脚以内之椽
	蝼蝈椽(顶椽)	顶椽、弯椽	卷棚顶用各式弯椽,苏地分有鹤颈三弯椽、菱角、船篷、弓形、茶壶档、贡字、一枝香椽等数种,轩的形式,按此而得名
(似)支条	峻脚椽	(似)复水椽	副阶(廊)的下部一架椽向外挑出为檐,上一架的下端放在副阶的下平槫上,上端由额承托,这上一架椽称峻脚。室内起天花作用,做成斜度假椽子,称"复水椽"(见附图)
飞子	飞檐椽	飞椽	出檐椽之上,椽端伸出稍翘起,以增加屋檐伸出之长度
(似)转角布椽	翼角檐椽(角椽翘椽)	摔网椽(戗椽)	出檐及飞椽,至翼角处,其上端以步柱为中心,下端依次分布,逐根伸长成曲弧与戗端相平者似摔网而得名,在角翘头起的飞椽称"翘飞椽"
(似)檐角生出	翘飞椽	立脚飞椽	戗角处之飞椽作摔网状,其上端逐渐翘立起,与嫩戗之端相平
椽当	椽当	椽豁	两椽间之距离

5. 柱子

宋式名称	清式名词	苏南地区名词	说明
副阶柱或檐柱	檐柱	廊柱	柱用于廊下或副阶前列,承支屋檐,在楼阁中有上、下檐柱之分(见附图)
内柱	金柱 通柱	步柱、金柱 通柱	在檐柱(廊柱)一周以内即廊柱后一步之柱,楼房柱可直通上层为上层的檐柱称"通柱",按柱位不同分有上、下、前、中、后、内、外金柱(见附图)
	廊柱	轩步柱	廊柱与金柱间因界数增加,因作翻轩而加的立柱(见附图)
永定柱			(1) 楼房内通上下二层 (2) 自地面立柱架托平台平座的柱子(我们理解的永定柱[1])
分心柱	中柱、脊柱、山柱	中柱、脊柱	在建筑物纵轴中线上的内部之柱

---

[1] 马晓:《中国古代楼阁架构研究》第 146 页,2004 年东南大学博士学位论文。

宋式名称	清式名词	苏南地区名词	说明
平柱	直柱	直柱	不升高之柱,是与其他平列柱比较而言
	上金交瓜柱	童柱	跨置于横梁上之短柱,按置位不同,名称也不一。在上金顺、扒梁上,正面及山面上金桁相交之瓜柱,称"上金交瓜柱";在金桁下的称"金瓜柱";在脊桁下的称"脊瓜柱"(见附图)
角柱	角柱	角柱	在建筑物角上之柱
	草架柱子		歇山山花之内立在榻脚木上支托挑出桁头之柱
枨杆	雷公柱	灯心木	(1) 庑殿推出太平梁上承托桁头并正吻之柱 (2) 攒尖亭榭正中之悬柱
梭柱			有收分之柱,可分二种。柱分三段:上段有收杀(收分),中下为直柱;另一种上、下两段均有收杀,中段直柱,形成"梭子"形之柱
瓜楞柱(花瓣柱)		花瓣柱	平面为半圆拼合成花瓣形的柱
倚柱	间柱	漏柱	依附在壁体凸出半片的立柱
合柱	拼柱	段柱	由二至四根小料拼合成一大料的柱
侧脚			外檐柱上端在正面和背面向内倾斜
生起			檐柱的高度由当心间逐渐向二端升起,形成缓和曲线,因此,自次间柱开始相应提高
	擎檐柱(方柱)	撑檐角柱	楼阁式建筑外檐下四角以支远挑檐角之柱
	垂莲柱	垂莲花柱、荷莲柱	一般是步柱不落地,代之以悬挂之短柱。另,墙门上枋子之两端作垂莲悬挂之短柱
		攒金、金童落地	苏式内四界梁(五架梁)金瓜柱下再置柱子落地,称"金童落地"
矮柱、蜀柱	瓜柱	童柱	见大木,梁枋项

三、小木作

1. 外檐装修——门窗

宋式名称	清式名词	苏南地区名词	说明
小木作	外檐装修	装折	装修是小木作总称,外檐装修就是露在房屋外面的间隔物。在外檐柱之间的清代称"檐里安装",在廊子里面金柱之间的称"金里安装"
小木作	内檐装修	装折	是建筑物内部的间隔物,如隔断等

宋式名称	清式名词	苏南地区名词	说明
版门	板门	木板门	用木材作框镶钉木板之门,分有棋盘门、框档门、鱼鳃门(苏地称塞板或排束板)
实拼门	拼门	实轋门	用几块木枋拼成之门,也有门后加横木联系如"镜面板门"
断砌门	断砌门(大门)	将军门	用高门限(槛)可以自由启落并能通车马之门屋
	垂花门	似门楼	通常作中门使用,椽檩下不做立柱,而改置倒挂的莲花垂柱。其屋顶由前为"清水脊"后带"元宝脊"的形式组合而成
	大门、门罩、门楼	墙门、库门、门楼	门头上施数重砖砌仿木结构的砖雕,有梁、枋、有斗栱等装饰,上复屋面,其高度低于墙者称"库门",高于墙者称"门楼"
		门景	凡门户框宕之边,满嵌清水砖壁都称"门景"
乌头门、棂星门	棂星门	棂星门	二立柱一横枋,上面不加屋顶,柱头露出在门上
软门			四边作门框,中用横料(腰串),框与腰串间均装木板的门
	屏门	屏门	门形体类同格门,在框架上装置木板门,表面光平如镜,装于大门后,檐柱之间。苏地在殿堂里金柱间置一排似格扇式的门也称"屏门"
	栅栏门	木栅门	安装在祠庙、府第的最外层的门
	园洞门、月亮门	园洞门	一般用于寺庙,宅第中分隔院落,做正园砖砌外框门,一般不装门,也有装两扇格门或板门
	(似)风门	矮挞	为矮框门之一种,其上部流空以木条镶配花纹棂子
	框槛、槛框(门框)	宕子(门宕)	柱之间安置上下横枋、左右立枋成木框,其内安装门窗,安门称框槛(门宕子),安窗者称窗框(窗宕子)。有的柱间面宽大,须抱框以内再加"门框"
额或腰串	上槛(替桩)	上槛(门额)	额又称"楣、衡",是门框上之横木
门楣(门额)	中槛(挂空槛、门头枋)	中槛(额枋)	一般用于大门上,下槛距离太大,中间加一横木枋为中槛
地栿	下槛、门槛、地脚枋	下槛、门槛、门限	门框下边之横木,古代称地栿或地袄
立颊(搏立颊)	抱框(抱柱枋)	抱柱(门当户对)	门框左右竖立的木枋,古代称"帐",苏地在将军门上称"门当户对"
搏肘(肘)	转轴	摇梗	门窗的转轴
门关(卧关)	横关	门闩	关门之通长横闩木

宋式名称	清式名词	苏南地区名词	说明
立（门关）	栓杆	竖闩	关闭门的竖立闩
手拴（伏兔）	插关	闩	短木做的门闩
桯	大边（边挺）	边挺	门左右之竖木枋，用于窗上称窗挺
	腰枋	门档	门框与抱框间的横木
门簪	门簪	阀阅	大门中槛上将连楹擘于槛上之材
肘板（通肘板）	门板	门板	门间之木板，通常实拼板门很厚，其里边那块上下做出门轴，称上下全纂，又对肘板外边的那块叫"付肘板"
身口版	门心板	门板	实拼板门中间之板，或框门形式的大边与抹头内之板
楅（幌子）	穿带	光子	大门左右大边间之次要横材。苏地对木板隔断，在木板的中间钉横料者称光子
挟门柱			用于乌头门两边立柱，柱下端插入地下，上施乌头帽
门砧	门枕、荷叶墩	门臼、地方	承大门之转轴的构件，苏地有用铁制的称"地方"
	抱鼓石	砷石	门前所置的一对石鼓，亦用于牌坊及栏杆望柱前。有的前为鼓石后为门枕二者合一。也有前改做"上马石"
立柣		似金刚腿	在门下槛两端做榫以装卸下槛（门槛），苏地做靴腿状的带榫木块
泥道板	馀塞板	垫板	大门门框腰枋间用来遮住空挡的木板
障日板	走马板、门头板	高垫板	大门中槛与上槛之间用来遮住空挡的木板
辅首	门钹、兽面	门环	做有装饰性的金属拉门，清式有"鎏钑兽面"之称
镮	仰月千年锦	门环	做有装饰性的金属拉门环
	角叶		门窗纵横木框相接处起加固作用并带装饰性的金属件，以防门扇角松脱或歪斜。如带钩花钮头圈子"梭叶""人字叶"等
鸡栖木	连楹（门楹）	连楹（门楹、门龙）	大门中槛上安放转轴（即上纂）枋，前由门簪系连之横材
	拴斗		用于格扇门上安放转轴的木料，有作如荷叶形者称荷叶栓斗
护缝版和牙头护缝	护板条	似雨挞板、支条	障水版与腰串上下相接处之缝上，加一条起防风作用之木，宋代称牙头护缝
格子门	格扇、格门（隔扇）	长窗	柱与柱间用木材做成隔断，周围有框架，横向用横木（抹头），上下分划数道，为花心、绦环板、裙板等，花心（格心）是透光通气部分

宋式名称	清式名词	苏南地区名词	说明
两明格子	夹实纱（夹堂）	纱隔（纱窗）	形与长窗相似，但内心仔钉以青纱或书画装于内部，作为分隔内外之用。宋式上下均做双层，清式仅格心做双层，余皆单层
桯、腰串	抹头	横头料	门窗木框之横木，在外称"桯"，在里称"腰串"
双腰串	四抹头、三抹头		按抹头用数，一般分三到六根。宋式双腰串等于清式四抹头，宋式单腰串等于清式三抹头
单腰串			于清式四抹头，宋式单腰串等于清式三抹头
上桯（串）	上抹头	横头料	门窗木框上部之横料
下桯（串）	下抹头	横头料	门窗木框下部之横料
子桯（难子）	仔边（仔替）	边条	格扇内槅子边木
条绦（槅子）	槅子（条）	心仔	格扇内槅子边条
格眼	隔心（花心）	内心仔	格扇上部之中心部分，用木条搭交成各种形式的空档以供采光
腰华版	绦环板	夹堂板	格扇下部之小心板，明代称"束腰"
障水版	裙板	裙板	格扇下部主要之心板，明代称"平板"
难子	引条	楹条（隐条）	门窗裙板四周所虚隙处钉一小木条使其坚固
毬文	碗花或菱花		门窗格子做法之一种，清式分有双交四椀菱花、三交六椀，两交四椀，三交满天星等。宋式有桃白毬文、四斜四直毬文等
直棂窗与破子棂窗"卧棂造"	栅栏窗	直棂窗	木断面为三角形的直窗栅称"破子棂窗"，四方形断面的棂木称"直棂窗"，但二者习惯上统称"棂窗"。棂条横置者称"卧棂造"
板棂窗	（似）"一码三箭"或马蜂腰	木栅窗	用条板作屏藩，但板与板间有空隙，仍通光线明代称"柳条式"
隔间坐造	槛窗	地坪窗或半窗	窗下有矮墙（称槛墙、南方有木板或石板）托塌板，可以里外启闭之窗。宋式在直棂窗下，槛墙位改用障水板称"隔减坐造"
	支摘窗	和合窗	上部可以支起，下部可以摘下之窗
	横拨	横风窗	窗装于上槛与中槛之间，成扁长方形窗可以向上、下开
	抱框、抱柱	边梃	柱旁安装窗牖用之框，用于和合窗上，苏地将抱框称"边梃"
柱	间柱	矮柱、窗间柱、中梃	支摘窗中柱
	榻板	（似）捺槛	平放槛墙面上之板，上置窗格

宋式名称	清式名词	苏南地区名词	说明
楹	风槛	横头料	槛窗之下槛
出线	线条	起线	门窗框木表面做出各种线脚，宋式分通混压边、素通混枭线、通混出双线、四混中心出双线，方直破瓣；清式有溷、亚、浑、斌面；苏地另有木角、合跳等
·	（似）双榫实肩大割角	合角	门窗横直条交接方法之一
		实叉虚交	门窗横直条交接方法之一
		合把哨	门窗横直条交接方法之一
		平肩头	门窗横直条交接方法之一

2. 内檐装修

（1）隔断

宋式名称	清式名词	苏南地区名词	说明
	格门（碧纱橱）	（似）纱隔、屏门	内檐装饰隔断之一，形似外檐格子门，但做工细巧，格心改用裱糊书画
	罩（地帐）	落地罩（地帐）	罩是拢罩的意思，为古代"地帐"演变来的屋内起分隔作用的装饰。分落地罩、飞罩、月洞式落地罩（苏称圆光罩）、几腿罩、栏杆罩、花罩等
	几腿罩	挂落	用木条相搭成各种纹样的装饰，悬装在廊柱或金柱间
	花牙子	透空雀替	内檐装饰之一，形似雀替，但用镂空刻花板做成
	倒挂楣子	挂落、楣子	挂落的一种形式

（2）天花

宋式名称	清式名词	苏南地区名词	说明
平棊	天花、顶棚、承尘	天花、棋盘顶	屋内上部用木条交叉为方格，放木板，板下施彩绘或彩纸，称天花，亦有称"藻井"
平闇	天花	天花	天花之一种，作密而小透空的方格
藻井与斗八	藻井	鸡笼顶	将天花作成复杂且华丽的层叠式，成穹隆状或八边形（称斗八，斗八又有大、小之分）、方形的顶棚
背版	天花板	天花板	建筑物内上部，用木条交叉为方格称井，井内铺板为"天花板"，以遮蔽梁以上之部分
难子（护缝）与楹	板条	支条	贴与天花空隙处用木条遮蔽小木条，用于四边较宽厚的木条称"楹"
贴	（似）贴梁		贴在楹身上安天花板之木料
楅	（似）穿带	（似）脚手木	为天花板背上的半圆形木料

续　表

宋式名称	清式名词	苏南地区名词	说明
明栿	天花梁	天花梁	在大梁及随梁枋之下,前后金柱间安放天花之梁
	天花枋	枋或串	在左右金柱间,老檐枋之上,与天花梁同高放天花之枋
	天花垫板		老檐枋之下,天花枋之上,两枋间之垫板
	井口枋		里拽厢栱之上,承托天花之枋
	帽几梁		天花井支条之上,安于左右梁架上以挂天花之圆木
方井	井与井口、井口天花	方井	天花支条按面阔进深列成方格,每个方格称"井",方形称"方井",八角形称"八角井",井内装天花板,并绘彩画。其最外一周部分称"井口",又称"井口天花",或"明镜"
角			天花梁抹角部分三角形装饰
明镜	明镜		藻井正中的圆形或多边形的顶
随瓣方			斗八藻井中位在压厦板上45度抹角之枋子,上承斗栱及斗槽板
压厦版			位在八角井斜形盖顶
斗槽版			在算桯方斗栱朵与朵间之木板
背版			阳马间之顶板
阳马			藻井转角处弧弯形顶板
		轩梁	在轩梁深一步或二步,其二柱之间的底层横梁
	轩(卷棚)	轩、卷棚、回顶	轩为厅堂里外廊,其屋顶架重椽(天花)作假屋面,使内部对称,因位置不同分下轩、骑廊轩、副檐轩、满轩等,其形式见"弯椽"项
		磕头轩	轩之形式之一,轩梁底低于五架大梁底者
		抬头轩	轩之形式之一,轩梁之底与五架大梁底相平的组合形式
		半抬头轩	轩之形式之一,五架大梁比轩梁高,而二者不同在一屋面斜形线的屋面上,称半抬头轩
		付檐轩	楼房之下层廊柱与金柱之间翻轩,上复屋面、附于楼房者

3. 扶梯

宋式名称	清式名词	苏南地区名词	说明
胡梯	楼梯	楼梯	用踏步供垂直上下的构件
望梯	扶梯柱	楼梯柱	安扶手木的短立柱
促踏版	踏步	踏步	楼梯的阶级

宋式名称	清式名词	苏南地区名词	说明
踏版	踏步	拔步	楼梯阶级之水平部分
促版	起步（晒版）	脚板（起步）	楼梯阶级之垂直部分
頰	大料	梯大料	安梯档搁促踏版的通长大料
棍		横料（串）、光子	頰边之横木
两盘、三盘告	折	二折、三折	梯中置平座（平台）转折二至三折而上的扶梯

四、土石作

1. 基础、台阶

宋式名称	清式名词	苏南地区名词	说明
筑基（屋基）	地脚（地基）	基础	房屋基础的地下部分，把房屋本身及其他一切荷重传给土层地基上
开基（址）	刨槽（基槽、土槽）	开脚	房屋基础掘土筑槽
布土	填箱	填土	房屋台基内的填土
	栏土		在台基之下，柱的礅墩间砌的短墙，栏土按位有砌栏土，金栏土，檐栏土等称
	豆渣石、糙石	领夯石	基础最下层三角石，以夯实的基石，其上砌块石，苏地称"一领二叠石，一领三叠石"等
	豆渣石	纹脚石	叠石以上乱绞砌的块条石，又称"乱纹绞脚石"
地丁	桩丁	桩	用木打入地内以增加土的荷载量，木径大者称"桩"，"径小而短者"为"丁"
	斗板石、埋头陡板	塘石	条石，砌地下基础之塘石称"糙塘石"，露出台身的称"侧塘石"
土衬石	土衬	土衬石	基础部分之一，糙塘石以上露出地面之石
压栏石、地面石、子口石	阶条	阶沿石（锁壳石）	台基四周外椽露面之石条
角柱	角柱石（好头石）		台基角上或墀头上半立置之石
台（阶基）	台明（台基）	阶台	砖、石砌成之平台状之建筑物
须弥座	须弥座	金刚座（细眉、露台）	露台上下均有凹凸线脚的台基或坛座，苏地在内檐装修罩下之座称"细眉座"
地栿（圭角）	圭脚（龟脚）	地坪枋	须弥座最下层枋子，四角镌有三角形纹饰，称圭角
下罨牙砧	（似）下枋	拖泥部分或仰浑（下荷花瓣）	须弥座下枋以上部分

续　表

宋式名称	清式名词	苏南地区名词	说明
束腰	束腰	宿腰(肷)	须弥座上下叠涩线脚之间(正中)部分
上枭涩砖	(似)上枭	托浑(上荷花瓣)	上枭位在须弥座束腰之上枋
角柱	(似)八达马	(似)荷花柱	须弥座转角处雕有纹样的短柱
合莲砖(通浑)或下枭牙砖	(似)下枭或带复莲	托浑(下荷花瓣)	须弥座束腰以下之枋
方涩平砖	上枋或地栿	台口(台口石)	台阶口之石
注	栏干	台周围	栏置干、踏跺、见栏干、踏跺条

2. 石础

宋式名称	清式名词	苏南地区名词	说明
柱础(石磋)	柱顶石、础石	磉石	石鼓磴下所填方形石,与阶檐石平,来承托柱下之石。苏地按磉位分有步磉,半磉,前、后廊磉,半边游磉等
覆盆	磉墩	磉窠(磴)	柱下之石础形式之一,形如倒复之盆形
	古镜(今)		柱下之石础形式之一。圆形石础周边起　　形
(鼓)	石鼓	石鼓墩或木墩	柱下石或木础之一种

3. 石刻与石料加工

宋式名称	清式名词	苏南地区名词	说明
壸门		欢门	门首做枭混弧线的门,其意义是一尊贵的入口
叠涩	叠涩		用砖石层层向内外出跳的结构
螭首	螭首	角兽	须弥座转角和望柱外椽下,镌成龙兽形出水用的装饰构件
出混	枭混	枭浑	上凹下凸的嵌线。枭是凸面嵌线,混是凹面嵌线,圆角的称"混棱",方折角称"棱"
剔地起突	(似)混雕	地(底)面起突	石、木雕镌中高浮雕,去地(底)
压地隐起	(似)半混雕	铲地起阳	石、木雕镌中低浮雕,去地(底)
减地平钑	线雕	阴纹	石、木雕镌中线刻
素平	素平	素平	石、木雕镌中无花纹
混作	混雕(全雕)	圆作	石作雕镌中圆雕方法,清式又称"全形"
平钑	(似)影(隐)雕	起阴纹花饰	石作雕镌中不去地(底)的线刻
实雕	实雕		石作雕镌中去地底的高或低浮雕
	采铲地雕		石、木作雕饰物在表面、地部雕有花饰,来突出主题的一种雕法

宋式名称	清式名词	苏南地区名词	说明
打剥	(似)做粗	双细	造石次序之一。石胚加剥凿去其棱角
粗博	(似)做粗	市双细	造石次序之一。石料经剥凿再加一次凿平,使表面大致平坦
细	(似)做细	凿细	造石次序之一。经双细后再上錾凿,使其平面均匀密整之工作,使石面基本平整
褊棱	(似)凿褊	勒口	造石次序之一。石料经做细后在表面边缘斩出轮廓线的光口
斫作	(似)占斧	督细	造石次序之一。石经勒口等工序,再加凿,使表面进一步平整
磨砻	褊光		造石次序之一。石材表面和雕物经最后加工磨砂,使其光滑
抹角	小圆角	(似)篾篇混	底侧转角(折角处)做成小圆形或小斜面
		泼水	构件上部向外倾斜所成之斜度
	海棠纹	木角线	构件转角凿成或刨成两小圆相连之凹线
	券石	拱券石	见城墙项

五、栏 干

宋式名称	清式名词	苏南地区名词	说明
钩栏	栏干	栏干	台、坛、楼或廊边上防人或物下坠之障碍物,宋式分"重台钩栏"与"单钩栏"二类
鹅项	靠背栏干(鹅颈椅)	吴王靠(美人靠)	可以坐的半栏,在外缘附加曲形靠背
	朝天栏干		临街商店门面平顶上之栏干
	坐凳栏干	坐栏	用木、石、砧做墩子,搁横斜的低栏,也可供坐凳之栏
卧棂		横栏杆	用横向木料分栏的形式,长栏板部分
拒马叉子	纤子栏干	木栅	只有望柱,立柱不围栏板,仅用横木与地栿的栏干
华版(大小华板)	栏板	栏干(栏板)	位于地栿,扶手间的版状构件,有木、石、砖三种,镌刻花纹的称华板
寻杖	扶手、寻杖	扶手(木)	栏干及扶梯上供人上下扶拉用的通长材料
撮项	廖项	花瓶撑	石栏干中部凿空,存留花瓶状之撑头
云栱(廖项)	净瓶荷叶云子	花瓶撑、三伏云撑	石栏干中部凿空,存留花瓶状一部分

宋式名称	清式名词	苏南地区名词	说明
盆唇		栏杆	压栏板之横枋
地栿	地栿	(似)拖泥	临地面最下一层木或石枋子
	平头土衬		踏步象眼之下,与砚窝石、土衬石平之石
踏道	踏跺	阶沿(踏步)	由一高度达另一高度之阶级,正面及左右皆可升降之踏跺,清式称"如意踏跺"。殿堂左右各做一踏道,宋式称"东西阶"
踏	级石	踏步(副阶沾)	踏跺组成部分之一,每级可踏以升降之石
促面	踢	影身	阶级竖立部分
	如意石(燕窝石)	副阶沿石	踏跺之最下一级之石,较地面微高一、二寸
幔道	礓(马道)	礓	用斜面做成锯齿形之升降道
副子	垂带石	垂带石	踏跺两旁由台基至地上斜置之石
陛	御路	御道	宫殿台基前,踏跺之中,不作阶级而雕龙凤等花纹斜铺之石
	抱鼓石	坤石	垂带栏杆下端多用抱鼓石或类似的石构件将柱扶住
象眼	象眼	菱角石	清式对建筑物上直角三角形部分之统称。另踏跺垂带石下三角形部分

六、屋 顶

宋式名称	清式名词	苏南地区名词	说明
	瓦顶	瓦面	瓦顶盖瓦形式有:灰顶、仰瓦顶、棋盘心、仰瓦灰梗等
	灰顶	灰泥顶	青灰涂墁之屋顶
青灰瓦	青瓦,布瓦,阴、阳合瓦	蝴蝶瓦、小青瓦	灰色无釉之瓦,又称"片瓦"
版瓦	板瓦	板瓦	横断面作小于半圆弯凹状之弧形瓦
筒瓦	筒瓦	筒瓦	断面作半圆形之瓦,有上釉和不上釉二种
合瓦	合瓦、盖瓦、盖瓦	盖瓦(复瓦)	俯置之瓦多于两片
仰版瓦	仰瓦	底瓦	瓦之仰置、叠连接成的瓦陇
	罗锅筒瓦	黄瓜环瓦	盖于回顶建筑,无正脊即卷棚顶之脊瓦
	沟	豁	两楞瓦之距离填于底瓦
陇	陇	楞	屋面盖瓦一排称"楞"

宋式名称	清式名词	苏南地区名词	说明
	当沟	沟中	正脊之下瓦陇之间之瓦称正当沟，吻座下称"吻下当沟"，在戗脊之下瓦陇间称斜当沟
剪边	剪边	镶边	围屋面四周或左右二侧铺筒瓦、青瓦，其他做灰顶、青瓦也有
正脊	正脊	正脊	屋顶前后两斜坡相交而成之脊，有砧瓦叠砌，有预制的，形式很多。苏地有"清水脊"，两端做有"甘蔗"、雌毛、纹头、哺鸡、哺龙等脊形
清水脊	清水脊		
	叠瓦脊	游脊	两瓦顶合角处，以瓦斜平铺，简陋之正脊
		亮花筒	屋脊中部用砧瓦叠砌各种漏空纹样
戗脊	戗脊、岔脊	戗、水戗	用于歇山顶与垂脊在平面上成45°角之脊
垂脊	垂脊	竖带、竖带戗	自正脊处沿屋面下垂之脊
	角脊	戗	重檐副檐（腰檐）四角屋顶之成45°的脊
	博脊	起宕脊	一面斜坡之屋顶与建筑物垂直之部分相交处之脊
	花边瓦	花边	小式瓦陇最下翻起有边之瓦，边做曲折花纹
华头筒瓦	勾头	钩头瓦	勾头与滴水通称"檐边之瓦"
		钩头狮	殿堂建筑水戗尖端连于钩头筒上之饰物
重唇版瓦与垂头华头版瓦	滴水	滴水（花边）	檐端之滴水瓦
华废	排山勾滴	排山	硬山、悬山的两山博缝上之勾头与滴水
滴当火珠	钉帽	搭人（帽钉、钉帽子）	屋面出檐头、盖瓦上有瓦人或其他装饰
柴栈（版栈）	苫背	（似）大帘	苇、竹编席做屋面垫层，即椽上铺望板或苇箔、胶泥、灰泥、煤渣做成
鸱尾	正吻	吻	正脊两端具龙头形翘起的雕饰，苏地有鱼龙、龙吻之分
兽头	合角吻（垂兽、角兽）	（似）人物（天王、广汉）	垂脊下端之兽头形的雕饰
	戗兽	戗兽（吞头）	戗脊（飞戗）端之兽头形雕饰
蹲兽	走兽	走狮或坐狮	垂脊下端上仙人背后排列的兽形雕饰，按清式走兽顺序：龙、凤、狮、麒麟、天马、海马、鱼、獬、吼、猴十种
嫔伽	仙人		放在戗脊端的装饰
套兽	套兽	兽头	仔角梁梁头上之瓦质雕饰

宋式名称	清式名词	苏南地区名词	说明
	背兽		正吻背上兽头形之雕饰
	吻座	吻座	正吻背下之承托物

七、墙壁与城墙

宋式名称	清式名词	苏南地区名词	说明
墙垣	墙(墙壁)	墙垣	我国古建筑中各部墙壁的名称,多依地位、功能、用材、时间的不同而异,大体分三类,城壁(清式称城墙)、露墙(清式称转围院墙),可分为:围墙、院墙、影壁、屋墙(似抽纤墙)、山墙、檐墙、槛墙、隔断墙、扇面墙等
土墙(版筑)	夯土墙(版筑)	土墙	用木板做模,其中置土,以杵分层捣实的墙故名"版筑""椿土墙"
土墼	土坯	土坯	将泥和稻草或麦秆置模中压实,晒干成矩形土块,它叠砌的墙称土坯墙
版壁	本墙壁或原木墙	板壁	用木板分隔室内空间的墙称版壁,用原木实叠之墙为"原木墙",通常用于"井干屋"结构的外墙
隔截编道	竹夹泥墙(编条夹泥墙)	竹筋泥墙	用竹为横直主筋,内外涂刷灰泥之墙,一般多用于室内作间隔墙
栱眼壁			用于二朵正心缝斗栱空隙之壁
露墙	围墙(院墙)	围墙	房屋外围划分空间的墙,在住宅园林中往往在墙身中做透空的漏窗或花墙。围墙是宋式露墙之一种
	山墙	山尖墙(屏风墙)	房屋左右两山之墙。其超出屋面起防火和装饰作用的有五花、花山墙(苏地称三山、五山屏风墙、观音兜等)
(似)抽纤墙	檐墙(露檐墙、封檐墙)	出檐墙或包檐墙、塞口墙	墙位于檐柱出檐处,高及枋底,其椽头挑出墙外为"出檐墙",墙顶封护椽头称"包檐墙"或"塞口墙"
	大枋子	抛枋	墙顶部曲线条称"壶细口"和托浑凸出墙面的枋子称"抛枋"
	槛墙	半墙或月(玉)兔墙	槛窗下的矮墙,将军门下槛之下的半墙
护险墙		墙墩(丁头墙)	城墙墙身附支墙
	扇面墙	隔墙	室内左右金柱间的墙
露墙之一	花墙	花墙	花墙多数应用在园林中,墙上叠砌各种透空纹样的墙

宋式名称	清式名词	苏南地区名词	说明
露墙之一	影壁(萧墙)	照壁、照墙	通常位于大门正前的单立墙,有八字照墙、过河照墙等
	群肩(下肩)、碱	(似)勒脚(下脚)	地面以上,墙的下部称群肩,清式多用石砖叠砌而成,转角有"角柱石",肩面用"腰线石"与压砖板,以下再砌墙身(墙的中部)
	上身	墙身	山墙身,群肩之上的壁体
	墙肩(签尖)	(似)山尖	墙身顶部向上斜收做成坡形叫作墙肩
	墀头	垛头	山墙伸出至檐柱外之部分,墀头上有挑檐石梢子、荷叶墩、博缝、盘头、戗檐砖等组合而成
	封护檐	包檐	墙不出屋面,而且保住屋架檩、椽,用"拨檐、博缝"来出挑(其形式有冰盘、抽屉、菱角、圆珠混等)
菱角牙与板檐砖	菱角	菱角(齿形砖)和飞砖	用砖叠涩出跳方法之一。采用一层平铺另一层斜铺,上下重叠,再在出跳外露成锯齿形成菱角牙(子),另一层即板檐砖
女儿墙	城踩	栏	城墙上的矮墙
	垛口		防御敌人做成高低凹凸之矮墙
	瞭望口与射孔	望孔、射孔	在垛口上面开一洞孔来观察敌情或供射击用之小孔
	墙台		每隔若干距离做一凸面城墙身,扩大城面以供作战活动
	敌楼(灯火台)		在墙台面上用筑屋,供监视敌情
闸楼	闸楼	闸楼	在城台面上覆盖闸门的建筑物
缴背	伏		砖圈或石券(发圈)中一皮按圆形卧铺之砖或石
门券石	券石	拱券石	加工成折扇扇面形石块
卷輂	石券(圈)	石拱券	由若干块折扇扇面形的拱石拼合而成圆弧拱。其砌置方法有两种:一是并列砌置,二是纵联砌置

八、彩 画

宋式名称	清式名词	苏南地区名词	说明
	大式(殿式)	宫式	清宫式建筑彩画
	苏式	彩画	江南地方彩画
	地底	底色	彩画背底
	枋心		梁枋彩画之中心部分

续 表

宋式名称	清式名词	苏南地区名词	说明
	箍头		梁头彩画两端部分,有:狗丝咬,一整二破,一整二破加一路、二路,喜相逢等
	藻头(找头)		彩画箍头与枋心间部分
	搭袱子	包袱	苏式彩画将檐、桁垫板檐、枋心联合成半圆形为主题之彩画
	和玺		最高等级之彩画,以"Σ"形线画分为三部分,内绘金龙
	旋子(学子、蜈蚣圈)		梁枋上以切线圆形为主题之彩画,它分七种:有金,烟琢墨,石碾玉,金线大、小点金,雅乌墨等箍头
	盒子		彩画箍头内略似方形之部分
	花心		旋子彩画旋子之中心
	空心枋		枋心之内无画题之彩画
	退晕		彩画内同颜色逐渐加深或逐渐减浅之画法
	沥粉贴金		用胶、灰土等组成膏状可塑物粘出纹样来突出彩画轮廓线,再贴金
	披麻捉灰(地杖)		在木构件的表面用油灰与麻布层叠包裹,由一麻三灰到三麻二布七灰共十几种的油漆或彩绘打底方法
五彩遍装			多用于梁、斗栱上,用青绿"迭晕"为轮廓线内五彩花纹的彩画
碾玉饰			以青绿"迭晕"楼间装以青绿为主的彩画
解绿装			以刷土朱暖色为主的彩画,包括"解绿结华装"和"丹粉刷饰"
杂间装			将两种彩画交错配置,如"五彩间碾玉""青绿三晕间碾玉"等
七朱八白(八白)			在枋子上浅刻矩形块,再涂朱、白二色,为土朱刷饰之一种

九、牌坊、牌楼

宋式名称	清式名词	苏南地区名词	说明
	牌坊	牌坊	用华表(清称冲天柱)加横梁(额枋),其上不起楼,不用斗栱及屋檐,下可通行之纪念性建筑物
	牌楼	带楼牌坊	柱间横梁上有斗栱,托屋檐并起翘,下可通行之纪念性建筑物,也有用冲天柱的

宋式名称	清式名词	苏南地区名词	说明
	牌坊门	门楼	牌坊上安门扇的大门,古称"衡门"
乌头	毗卢帽		乌头门的冲天柱出头处刻的雕饰
	云罐	云冠	乌头门的冲天柱出头处刻的雕饰
	火焰珠	火焰	石牌坊上枋正中安置的似火焰状之装饰
	管脚榫		柱下凸出以防柱脚移动之榫
	日月牌	日月牌版	石牌坊额枋之两端所镌刻的日、月形装饰物
	梓框	(似)矮柱、抱柱	仿木牌楼枋柱的做法
	花板	夹堂	石牌坊上枋与下枋间垫板上雕出的透空花饰
	明楼(正楼)	中楼	牌楼明间上之楼
	次楼	下牌楼	三间或五间牌楼等,在次间上之楼
	边楼		牌楼上两边之楼
	夹楼		牌楼在一间上之中安一楼,旁安二小楼,二小楼即夹楼
	摺柱	短柱	上、下枋或花枋间的短支柱
	龙门枋	定盘枋	正间有楼的横枋为龙门枋,次间为"大额枋",上层横枋为"单额枋"
	小额枋	下枋	龙门枋或大额下的横枋
	单额枋	上枋	枋柱头与檐柱头之间无小额枋及由额之额枋
		花枋	石牌枋下枋上面之一条石枋,在中枋上之石枋则名上花枋
	戗木	斜戗木	戗支立柱以防倾斜之木
	戗风斗		支柱戗木的构件
	云墩		承受雀替之座
	云板	三伏云板	雕有流云版的雕饰
	斗板		琉璃牌楼和琉璃坊贴面之花版
	高架桩		牌楼上层柱立在龙门枋或大额枋上的柱子
	木杆石		夹边柱、中柱脚下部的石构件,又称夹杆石
华表	冲天柱		牌楼、坊的出头柱。柱头做云罐等纹饰
	中柱与边柱		明间两边的立柱称中柱,次间两边立柱称"边柱"
	灯笼榫		牌楼柱上伸起以安斗栱之长榫
		角昂	石牌坊转角斗栱上作平铺石檐、屋面之石板
		脊板	石牌楼中用石板做脊
	石地栿	石槛	石制之门限

十、塔　幢

宋式名称	清式名词	苏南地区名词	说明
佛塔	塔	塔	塔原是佛陀的建筑物,起源于印度,故释名斯突帕、屠堵婆、浮图、塔婆、兜婆等,按性质分佛塔、舍利塔、经塔、墓塔,按形制分单层塔、楼阁式塔、密檐式塔、喇嘛塔、金刚宝座塔、花塔、过街塔、光塔等
舍利	舍利	舍利	埋藏佛的骨化称舍利,也称法生身舍利。埋藏佛教徒纪念物称法身舍利
支提			石窟洞内的塔形石柱
	塔庙	塔身	以塔、庙连称的佛教建筑
	塔身		塔本身部分,如楼阁式塔,包括平座、腰檐、内廊、穿廊、塔室、塔壁等
	塔基	塔基或塔座	塔台基,也可以包括地面以下的建筑物
	塔室	塔室	塔内正间的空间,平面有多角形、矩形、圆形三种
	回廊(迴廊)	内走廊	塔内回绕塔心之走廊
	塔壁	塔体	塔砖砌墙体,规模较大之塔分内、外壁两部
	塔顶	塔顶	塔屋盖,包括支承屋面的梁架、屋面、瓦饰等
	天地宫	地宫 天宫	塔基下的暗室,为埋藏"舍利"等珍贵文物而建,又称龙宫、海眼、地宫,在塔身上作暗室或塔刹部者称"天宫"
刹	塔刹	刹(塔顶)	塔顶正中套层层的金属构件,单体称"刹件"
刹	刹木杆	塔心木(刹桩)	从塔内正中审出塔顶面承套各金属刹件的大立柱
	刹座	塔顶座	位于塔顶屋面正中,承载刹件最下复钵的台座
	复钵	合缸	金属刹件之一,形如倒置之钵而得名,又名复莲、荷盖顶等
相轮(金盘)	相轮	蒸笼圈	金属刹件之一,相轮一般为奇数,五至九个串套在木刹上
	套筒	膝裤通	金属刹件之一,刹件间串套在木刹杆上的套管
	仰莲	莲蓬缸	金属刹件之一,钵形大口向上,四面刻有莲花的刹件
	火焰	火焰	金属刹件之一,做成火焰状的装饰品
	露盘	露盘	金属刹件之一
	宝盖	风盖	金属刹件之一,形如漏空伞骨复在相轮上
	宝珠(宝球)	球珠	金属刹件之一,圆球形的构件

宋式名称	清式名词	苏南地区名词	说明
	胡芦（宝瓶）	上顶胡芦	金属刹件之一，做成葫芦形的刹件
	圆光与仰月	（似）天王版	金属刹件之一，版面铸有各种漏空纹样，圆形的称圆光，有天王武士的称天王版
	胡芦（宝瓶）	上顶球葫芦	金属刹件之一，做成葫芦形的刹件
	垂链	旺链	金属刹件之一，上由宝盖周边的风形头开始，下垂至屋顶戗脊端的铁制链条
铎	铎	檐下之铃	挂于屋角外椽的金属钟
大柁	承重	千斤承重大料	承搁塔心木的横木
副阶周匝	外廊	塔衣	围绕塔身底层的外廊
	山华蕉叶		塔刹刹件之一，覆钵上植物叶形的装饰品
	塔肚子		喇嘛塔之实心塔身
	十三天		喇嘛塔的刹件之一，即"相轮"
	流苏		喇嘛塔宝盖周围的装饰品
	塔脖子	幢	喇嘛塔塔肚子与宝盖间的部分
幢	陀罗尼经幢	幢	佛教刻经的石建筑
	道德经经幢	幢	道教刻经的石建筑
	屋盖		幢身的盖顶
	土观石		幢的基石

1. 绞角石　2. 土衬石　3. 侧塘石　4. 阶沿石
5. 踏步　6. 尽间阶沿石　7. 副阶阶沿石　8. 磉石
9. 半磉　10. 磉磴　11. 前廊柱　12. 轩步柱
13. 前步柱　14. 后步柱　15. 后廊柱　16. 硬挑头
17. 轩梁　18. 抱梁云　19. 轩桁　20. 鹤颈轩
21. 轩包梁　22. 荷包梁　23. 廊桁　24. 夹堂板
25. 廊枋　26. 梓桁　27. 步桁　28. 柱头斗
29. 连机　30. 步枋　31. 梁垫　32. 蒲鞋头
33. 大梁　34. 三架梁　35. 峰头　36. 拔亥
37. 金桁　38. 金机　39. 寨棋栱

40. 脊桁　41. 山雾云　42. 脊机　43. 后双步
44. 眉川　45. 草金桁　46. 草脊桁　47. 帮脊木
48. 脊童柱　49. 小驼梁　50. 复水椽　51. 船篷
52. 头停椽　53. 下花架椽　54. 檐椽　55. 飞椽
56. 草川　57. 草川　58. 里口木　59. 正
60. 亮花筒　61. 望板　62. 椽底　63. 正
64. 瓦口板　65. 滴水　66. 勾头瓦　67. 垫
68. 遮雨板　69. 埭头　70. 观音兜　71. 山
72. 钻门台　73. 勒脚

眠檐　60. 亮花筒　57. 草川　56. 草川　59. 正
脊　64. 瓦口板　65. 滴水　63. 正
层　68. 遮雨板　69. 埭头　70. 观音兜　71. 山
墙　72. 钻门台　73. 勒脚

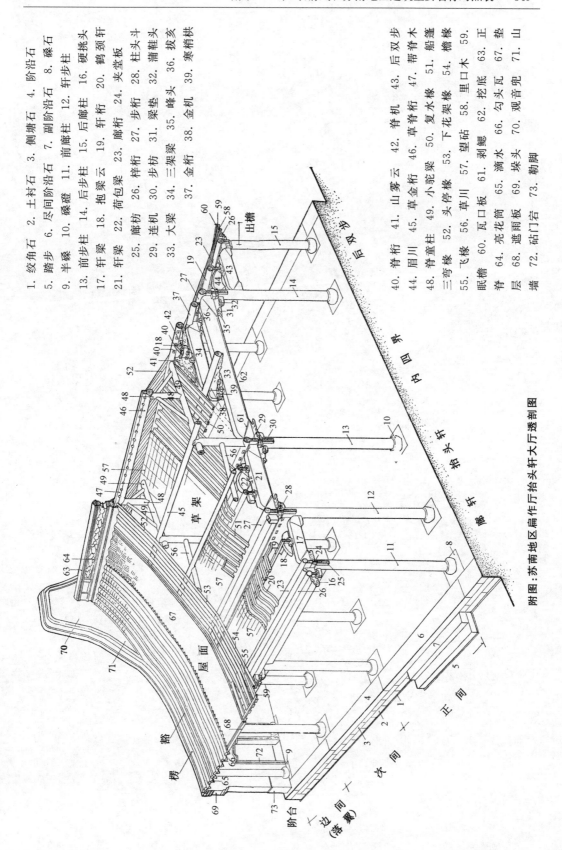

附图：苏南地区扁作厅抬头轩大厅透剖图

图书在版编目(CIP)数据

中国古代建筑史纲要. 上 / 周学鹰，李思洋编著
. — 南京：南京大学出版社，2020.4
ISBN 978 - 7 - 305 - 23073 - 8

Ⅰ. ①中… Ⅱ. ①周… ②李… Ⅲ. ①建筑史－中国
－古代 Ⅳ. ①TU－092.2

中国版本图书馆 CIP 数据核字(2020)第 045886 号

出版发行　南京大学出版社
社　　址　南京市汉口路 22 号　　　　邮　编　210093
出 版 人　金鑫荣

书　　名　**中国古代建筑史纲要(上)**
编　　著　周学鹰　李思洋
责任编辑　朱彦霖　　　　　　　　编辑热线　025 - 83597482

照　　排　南京南琳图文制作有限公司
印　　刷　南京玉河印刷厂
开　　本　787×1092　1/16　印张 22.75　字数 540 千
版　　次　2020 年 4 月第 1 版　2020 年 4 月第 1 次印刷
ISBN 978 - 7 - 305 - 23073 - 8
定　　价　65.00 元

网址：http://www.njupco.com
官方微博：http://weibo.com/njupco
官方微信号：njupress
销售咨询热线：(025) 83594756